一线资深工程师教你学 CAD/CAE/CAM 丛书

SolidWorks 2018 快速入门及应用技巧

北京兆迪科技有限公司　编著

机 械 工 业 出 版 社

本书是系统学习 SolidWorks 2018 软件的快速入门及应用技巧书籍，内容包括 SolidWorks 2018 的安装方法和过程、软件用户设置、二维草图设计、零件设计、曲面设计、钣金设计、焊件设计、装配设计、工程图设计和模具设计等，各功能模块都配有大量综合实例，供读者进一步深入学习和演练。

　　本书以"入门快速、简明实用"为指导，讲解由浅入深，内容清晰简明、图文并茂。在内容安排上，书中结合大量的范例对 SolidWorks 2018 软件各个模块中一些抽象的概念、命令、功能和应用技巧进行讲解，所使用的范例或综合实例均为一线真实产品，这样的安排能使读者较快地进入工作实战状态；在写作方式上，本书紧贴 SolidWorks 2018 软件的真实界面进行讲解，使读者能够直观、准确地操作软件，从而提高学习效率。本书附带 1 张多媒体 DVD 教学光盘，制作了与本书全程同步的语音视频文件，光盘还包含了本书所有的素材源文件和已完成的实例文件。

　　本书可作为工程技术人员的 SolidWorks 自学教程和参考书，也可供大专院校机械专业师生参考。

图书在版编目（CIP）数据

SolidWorks 2018 快速入门及应用技巧/北京兆迪科技有限公司编著.
—2 版 . —北京：机械工业出版社，2019.5
（一线资深工程师教你学 CAD/CAE/CAM 丛书）
ISBN 978-7-111-62220-8

Ⅰ . ①S… Ⅱ . ①北… Ⅲ . ①计算机辅助设计—应用软件 Ⅳ . ①TP391.72

中国版本图书馆 CIP 数据核字（2019）第 044380 号

机械工业出版社（北京市百万庄大街 22 号 邮政编码：100037）
策划编辑：丁 锋 责任编辑：丁 锋
责任校对：樊钟英 肖 琳 封面设计：张 静
责任印制：张 博
北京铭成印刷有限公司印刷
2019 年 5 月第 2 版第 1 次印刷
184mm×260 mm · 23.75 印张 · 442 千字
0001—3000 册
标准书号：ISBN 978-7-111-62220-8
　　　　　ISBN 978-7-88709-993-8(光盘)
定价：69.90 元(含多媒体 DVD 光盘 1 张)

凡购本书，如有缺页、倒页、脱页，由本社发行部调换
电话服务　　　　　　　　　　　网络服务
服务咨询热线：010-88361066　　机工官网：www.cmpbook.com
读者购书热线：010-68326294　　机工官博：weibo.com/cmp1952
　　　　　　　　　　　　　　　　金 书 网：www.golden-book.com
封面无防伪标均为盗版　　　　　教育服务网：www.cmpedu.com

前　　言

SolidWorks 是一套功能强大的三维机械设计自动化软件系统。该软件以其优异的性能、易用性和创新性，极大地提高了机械工程师的设计效率，其应用范围涉及航空航天、汽车、机械、造船、通用机械、家电、医疗器械、玩具和电子等诸多领域。SolidWorks 在与同类软件的激烈竞争中已经确立了其市场地位，成为三维机械设计软件的标准。

本书是系统学习 SolidWorks 2018 软件的快速入门及应用技巧书籍，特色如下。

◆ **内容全面、实用。**书中涵盖了产品的零件设计（含曲面、钣金设计）、装配设计、工程图设计和模具设计等核心功能模块。

◆ **入门快速。**书中结合大量的案例对 SolidWorks 2018 软件各个模块中一些抽象的概念、命令、功能和应用技巧进行讲解，所使用的案例均为一线真实产品。

◆ **实例丰富。**因为书的纸质容量有限，所以随书光盘中存放了大量的范例或实例教学视频（全程语音讲解），这样可以进一步迅速提高读者的实战水平，同时也提高了本书的性价比。

◆ **附带 1 张多媒体 DVD 教学光盘。**光盘内容包括大量 SolidWorks 应用技巧和具有针对性实例的语音教学视频，可以帮助读者轻松、高效地学习。

本书由北京兆迪科技有限公司编著，参加编写的人员有詹友刚、王焕田、刘静、雷保珍、刘海起、魏俊岭、任慧华、詹路、冯元超、刘江波、周涛、段进敏、赵枫、邵为龙、侯俊飞、龙宇、施志杰、詹棋、高政、孙润、李倩倩、黄红霞、尹泉、李行、詹超、尹佩文、赵磊、王晓萍、陈淑童、周攀、吴伟、王海波、高策、冯华超、周思思、黄光辉、党辉、冯峰、詹聪、平迪、管璇、王平、李友荣。本书已经过多次审核，难免有疏漏之处，恳请广大读者予以指正。

本书随书光盘中含有"读者意见反馈卡"的电子文档，请认真填写本反馈卡，并 E-mail 给我们。E-mail: 兆迪科技 zhanygjames@163.com，丁锋 fengfener@qq.com。咨询电话：010-82176248，010-82176249。

编　者

读者回馈活动：

为了感谢广大读者对兆迪科技图书的信任与支持，兆迪科技面向读者推出"免费送课"活动，即日起，读者凭有效购书证明，可领取价值 100 元的在线课程代金券 1 张，此券可在兆迪科技网校（http://www.zalldy.com/）免费换购在线课程 1 门，也可以在购买在线课程时抵扣现金。活动详情可以登录兆迪网校或者关注兆迪公众号查看。

兆迪网校

兆迪公众号

本 书 导 读

为了能更好地学习本书的知识，请您仔细阅读下面的内容。

【写作环境】

本书使用的操作系统为 64 位的 Windows 7，系统主题采用 Windows 经典主题。本书采用的写作蓝本是 SolidWorks 2018 中文版。

【光盘使用说明】

为了使读者方便、高效地学习本书，特将本书中所有的练习文件，素材文件，已完成的实例、范例或案例文件，软件的相关配置文件和视频语音讲解文件等按章节顺序放入随书附带的光盘中，读者在学习过程中可以打开相应的文件进行操作、练习和查看视频。

本书附带多媒体 DVD 助学光盘 1 张，建议读者在学习本书前，先将 DVD 光盘中的所有内容复制到计算机硬盘的 D 盘中。

在光盘的 swxc18 目录下共有 2 个子目录。

（1）work 子文件夹：包含本书全部已完成的实例、范例或案例文件。

（2）video 子文件夹：包含本书讲解中所有的视频文件（含语音讲解），学习时，直接双击某个视频文件即可播放。

光盘中带有"ok"扩展名的文件或文件夹表示已完成的实例、范例或案例。

相比于老版本的软件，SolidWorks 2018 中文版在功能、界面和操作上变化极小，经过简单的设置后，几乎与老版本完全一样（书中已介绍设置方法）。因此，对于软件新老版本操作完全相同的内容部分，光盘中仍然使用老版本的视频讲解，对于绝大部分读者而言，并不影响软件的学习。

【本书约定】

● 本书中有关鼠标操作的简略表述说明如下。

　　☑　单击：首先将鼠标指针光标移至某位置处，然后按一下鼠标的左键。

　　☑　双击：首先将鼠标指针光标移至某位置处，然后连续快速地按两次鼠标的左键。

　　☑　右击：首先将鼠标指针光标移至某位置处，然后按一下鼠标的右键。

　　☑　单击中键：首先将鼠标指针光标移至某位置处，然后按一下鼠标的中键。

　　☑　滚动中键：只是滚动鼠标的中键，而不是按中键。

☑ 选择（选取）某对象：将鼠标指针光标移至某对象上，单击以选取该对象。

☑ 拖移某对象：首先将鼠标指针光标移至某对象上，然后按下鼠标的左键不放，同时移动鼠标，将该对象移动到指定的位置后再松开鼠标的左键。

● 本书中的操作步骤分为"任务""步骤"两个级别，说明如下。

☑ 对于一般的软件操作，每个操作步骤以 Step 开始。例如，下面是草绘环境中绘制矩形操作步骤的表述。

Step1. 选择命令。选择下拉菜单 工具(T) ➡ 草图绘制实体(K) ➡ ▢ 边角矩形(R) 命令。

Step2. 定义矩形的第一个对角点。首先在图形区某位置单击，放置矩形的一个对角点，然后将该矩形拖至所需大小。

Step3. 定义矩形的第二个对角点。再次单击，放置矩形的另一个对角点。此时，系统即在两个角点间绘制一个矩形。

Step4. 在键盘上按一次 Esc 键，结束矩形的绘制。

☑ 每个"步骤"操作视其复杂程度，其下面可含有多级子操作。例如，Step 下可能包含（1）、（2）、（3）等子操作，（1）子操作下可能包含①、②、③等子操作，①子操作下可能包含 a）、b）、c）等子操作。

☑ 如果有多个任务的操作，则每个"任务"冠以 Task1、Task2、Task3 等，每个"任务"操作下则包含"步骤"级别的操作。

☑ 因为已建议读者将随书光盘中的所有文件复制到计算机硬盘的 D 盘中，所以书中在要求设置工作目录或打开光盘文件时，所述的路径均以"D:"开始。

即日起，读者凭有效购书证明（购书发票、购书小票，订单截图、图书照片等），即可享受读者回馈、光盘文件下载、最新图书信息咨询、与主编大咖在线直播互动交流等服务。

● 读者回馈活动。为了感谢广大读者对兆迪科技图书的信任与支持，兆迪科技面向读者推出"免费送课"活动，即日起，读者凭有效购书证明，可领取价值 100 元的在线课程代金券 1 张，此券可在兆迪科技网校（http://www.zalldy.com/）免费换购在线课程 1 门，活动详情可以登录兆迪网校或者关注兆迪公众号查看。

● 图书光盘下载。为了方便大家的学习，我们将为读者提供随书光盘文件下载服务，如果您的随书光盘损坏或者丢失，可以登录网站 http://www.zalldy.com/page/book 下载。

咨询电话：010-82176248，010-82176249。

目　录

第 1 章　SolidWorks 2018 基础入门

1.1　SolidWorks 2018 详解

SolidWorks 是一套机械设计自动化软件，采用用户熟悉的 Windows 图形界面，操作简便、易学易用，被广泛应用于机械、汽车和航空等领域。

在 SolidWorks 2018 中共有三大模块，分别是零件、装配和工程图，其中"零件"模块中又包括草图设计、零件设计、曲面设计、钣金设计以及模具设计等小模块。通过认识 SolidWorks 中的模块，读者可以快速地了解它的主要功能。下面介绍 SolidWorks 2018 中的一些主要模块。

1. 零件

SolidWorks "零件"模块主要可以实现实体建模、曲面建模、模具设计、钣金设计以及焊件设计等。

（1）实体建模。

SolidWorks 提供了十分强大的、基于特征的实体建模功能。通过拉伸、旋转、扫描、放样、特征的阵列以及孔等操作来实现产品的设计；通过对特征和草图的动态修改，用拖拽的方式实现实时的设计修改；SolidWorks 中提供的三维草图功能可以为扫描、放样等特征生成三维草图路径或为管道、电缆线和管线生成路径。

（2）曲面建模。

通过带控制线的扫描曲面、放样曲面、边界曲面以及拖动可控制的相切操作，产生非常复杂的曲面，并可以直观地对已存在曲面进行修剪、延伸、缝合和圆角等操作。

（3）模具设计。

SolidWorks 提供内置模具设计工具，可以自动创建型芯及型腔。

在整个模具的生成过程中，可以使用一系列的工具加以控制。SolidWorks 模具设计的主要过程包括以下部分。

- 分型线的自动生成。
- 分型面的自动生成。
- 闭合曲面的自动生成。
- 型芯—型腔的自动生成。

（4）钣金设计。

SolidWorks 提供了顶端的、全相关的钣金设计技术，可以直接使用各种类型的法兰、薄片等特征，应用正交切除、角处理以及边线切口等功能使钣金操作变得非常容易。SolidWorks 2018 环境中的钣金件，可以直接进行交叉折断。

（5）焊件设计。

SolidWorks 可以在单个零件文档中设计结构焊件和平板焊件。焊件工具主要包括：

- 圆角焊缝。
- 结构构件库。
- 角撑板。
- 焊件切割。
- 顶端盖。
- 剪裁和延伸结构构件。

2. 装配

SolidWorks 提供了非常强大的装配功能，其优点如下。

◆ 在 SolidWorks 的装配环境中，可以方便地设计及修改零部件。

◆ SolidWorks 可以动态地观察整个装配体中的所有运动，并且可以对运动的零部件进行动态的干涉检查及间隙检测。

◆ 对于由上千个零部件组成的大型装配体，SolidWorks 的功能也可以得到充分发挥。

◆ 镜像零部件是 SolidWorks 技术的一个巨大突破。通过镜像零部件，用户可以用现有的对称设计创建出新的零部件及装配体。

◆ 在 SolidWorks 中，可以用捕捉配合的智能化装配技术进行快速的总体装配。智能化装配技术可以自动地捕捉并定义装配关系。

◆ 使用智能零件技术可以自动完成重复的装配设计。

3. 工程图

SolidWorks 的"工程图"模块具有如下优点。

◆ 可以从零件的三维模型（或装配体）中自动生成工程图，包括各个视图及尺寸的标注等。

◆ SolidWorks 提供了生成完整的、生产过程认可的详细工程图工具。工程图是完全相关的，当用户修改图样时，零件模型、所有视图及装配体都会自动被修改。

◆ 使用交替位置显示视图可以方便地表现出零部件的不同位置，以便了解运动的顺序。交替位置显示视图是专门为具有运动关系的装配体所设计的独特的工程图功能。

◆ RapidDraft 技术可以将工程图与零件模型（或装配体）脱离，进行单独操作，以加快工程图的操作，但仍保持与零件模型（或装配体）的完全相关。

◆ 增强了详细视图及剖视图的功能，包括生成剖视图、支持零部件的图层、熟悉的二维草图功能以及详图中的属性管理。

1.2 Solidworks 软件的安装与启动

1. 软件的安装

安装 SolidWorks 2018 的操作步骤如下。

Step1. SolidWorks 2018 软件有一张安装光盘，先将安装光盘放入光驱内（如果已经将系统安装文件复制到硬盘上，则可双击系统安装目录下的 SW setup 文件），等待片刻后，系统弹出"SOLIDWORKS 2018 SP0 安装管理程序"对话框（一）。

Step2. 定义安装类型。在"SOLIDWORKS 2018 SP0 安装管理程序"对话框（一）中默认系统指定的安装类型为 ⊙ 单机安装(此计算机上)，然后单击"下一步"按钮 ➡，系统弹出"SOLIDWORKS 2018 SP0 安装管理程序"对话框（二）。

Step3. 定义序列号。在"SOLIDWORKS 2018 SP0 安装管理程序"对话框（二）中的 输入您的序列号信息 区域中输入 SolidWorks 序列号，然后单击"下一步"按钮 ➡，此时系统弹出"SOLIDWORKS 2018 SP0 安装管理程序"对话框（三）。

Step4. 定义安装选项。稍等片刻，系统弹出"SOLIDWORKS 2018 SP0 安装管理程序"对话框（四），然后接受系统默认的安装位置及 Toolbox 选项，选中 ☑ 我接受 SOLIDWORKS 条款 选项，单击"现在安装"按钮 。

Step5. 开始安装。系统弹出"SOLIDWORKS 2018 SP0 安装管理程序"对话框（五），并显示安装进度。

Step6. 等待片刻后，系统弹出"SOLIDWORKS 2018 SP0 安装管理程序"对话框（六）；在该对话框中选择 ⊙ 以后再提醒我 单选项，其他参数采用系统默认设置值，然后单击"完成"按钮 ，完成 SolidWorks 的安装。

2. 软件的启动

一般来说，有两种方法可启动并进入 SolidWorks 软件环境。

方法一：双击 Windows 桌面上的 SolidWorks 软件快捷图标（图 1.2.1）。

说明：只要是正常安装，Windows 桌面上会显示 SolidWorks 软件快捷图标。快捷图标的名称可根据需要进行修改。

方法二：从 Windows 系统的"开始"菜单进入 SolidWorks，操作方法如下。

Step1. 单击 Windows 桌面左下角的 开始 按钮。

Step2. 如图 1.2.2 所示，在 Windows 系统"开始"菜单中依次选择 所有程序 ➡ SOLIDWORKS 2018 ➡ SOLIDWORKS 2018 命令，系统进入 SolidWorks 软件环境。

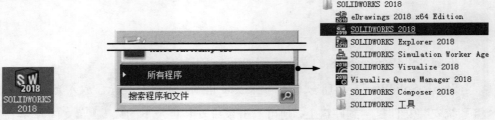

图 1.2.1　SolidWorks 快捷图标　　　　　图 1.2.2　Windows "开始"菜单

1.3　SolidWorks 2018 用户界面

1.3.1　用户界面简介

在学习本节时，请首先打开一个模型文件。具体操作方法是：选择下拉菜单 文件(F) ➡ 打开 (O)... 命令，在"打开"对话框中选择目录 D:\swxc18\work\ch01.03.01，选中"down_base.SLDPRT"文件后，单击 打开 按钮。

SolidWorks 2018 版本的用户界面包括设计树、下拉菜单区、工具栏按钮区、图形区、任务窗格、状态栏等（图 1.3.1）。

1. 设计树

设计树中列出了活动文件中的所有零件、特征以及基准和坐标系等，并以树的形式显示模型结构。通过设计树可以很方便地查看及修改模型。

通过设计树可以使以下操作更为简洁快速。

- 通过双击特征的名称来显示特征的尺寸。
- 通过右击某特征，然后选择 特征属性... 命令来更改特征的名称。
- 通过右击某特征，然后选择 父子关系... 命令来查看特征的父子关系。
- 通过右击某特征，然后单击"编辑特征"按钮 来修改特征参数。
- 重排序特征。在设计树中，通过拖动及放置来重新调整特征的创建顺序。

2. 下拉菜单区

下拉菜单中包含创建、保存、修改模型和设置 SolidWorks 环境的一些命令。

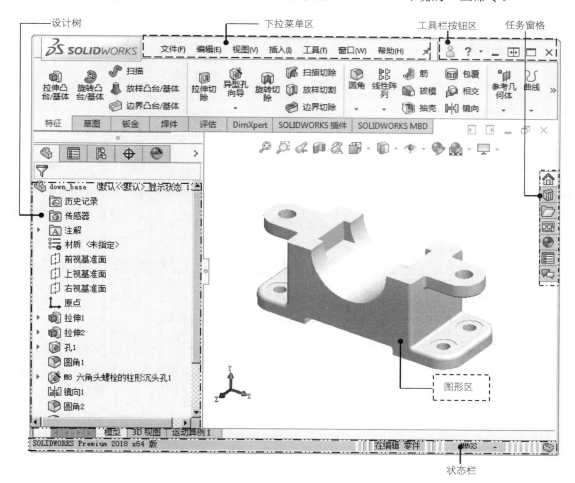

图 1.3.1　SolidWorks 工作界面

3. 工具栏按钮区

工具栏中的命令按钮为快速进入命令及设置工作环境提供了极大的方便，用户可以根据具体情况定制工具栏。

注意：用户会看到有些菜单命令和按钮处于非激活状态（呈灰色，即暗色），这是因为它们目前还没有处在发挥功能的环境中，一旦它们进入有关的环境，便会自动激活。

4. 状态栏

在用户操作软件的过程中，消息区会实时地显示当前操作、当前状态以及与当前操作相关的提示信息等，以引导用户操作。

5. 图形区

SolidWorks 各种模型图像的显示区。

6. 任务窗格

SolidWorks 的任务窗格包括以下内容。

- ⌂ （SolidWorks 资源）：包括"开始""工具""社区""在线资源"等区域。
- 🗑 （设计库）：用于保存可重复使用的零件、装配体和其他实体，包括库特征。
- 📂 （文件探索器）：相当于 Windows 的资源管理器，可以方便地查看和打开模型。
- 📇 （视图调色板）：用于插入工程视图，包括要拖动到工程图图样上的标准视图、注解视图和剖面视图等。
- 🌐 （外观、布景和贴图）：包括外观、布景和贴图等。
- 🗐 （自定义属性）：用于自定义属性标签编制程序。
- 🗨 （SolidWorks Forum）：SolidWorks 论坛，可以与其他 SolidWorks 用户在线交流。

1.3.2 用户界面的定制

本节主要介绍 SolidWorks 中的自定义功能。

进入 SolidWorks 系统后，在建模环境下选择下拉菜单 工具(T) ➡ 自定义 (Z)... 命令，系统弹出图 1.3.2 所示的"自定义"对话框，利用此对话框可对工作界面进行自定义。

1. 工具栏的自定义

在图 1.3.2 所示的"自定义"对话框中单击 工具栏 选项卡，即可进行开始菜单的自定义。通过此选项卡，用户可以控制工具栏在工作界面中的显示。在"自定义"对话框左侧的列表框中选中某工具栏，单击 □ 图标，则图标变为 ☑ ，此时选择的工具栏将在工作界面中显示出来。

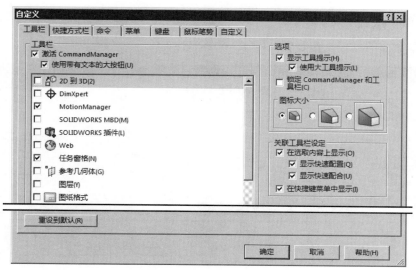

图 1.3.2　"自定义"对话框

2. 命令按钮的自定义

下面以图 1.3.3a 所示的"参考几何体（G）"工具条的自定义来说明自定义工具条中命令按钮的一般操作过程。

a）移除前　　　　　　　　　　　　　　b）移除后

图 1.3.3　自定义工具条

Step1. 选择下拉菜单 工具(T) ➡ 自定义 (Z)... 命令，系统弹出"自定义"对话框。

Step2. 显示需自定义的工具条。在"自定义"对话框中选择 参考几何体 (G) 复选框，则图 1.3.3a 所示的"参考几何体（G）"工具条显示在界面中。

Step3. 在"自定义"对话框中单击 命令 选项卡，在 类别(C): 列表框中选择 参考几何体 选项，此时"自定义"对话框如图 1.3.4 所示。

Step4. 移除命令按钮。在"参考几何体（G）"工具条中单击 按钮，按住鼠标左键，将其拖动至图形区空白处放开，此时"参考几何体（G）"工具条如图 1.3.3b 所示。

Step5. 添加命令按钮。在"自定义"对话框单击 按钮，按住鼠标左键，拖动至"参考几何体（G）"工具条上放开，此时"参考几何体（G）"工具条如图 1.3.3a 所示。

3. 菜单命令的自定义

在"自定义"对话框中单击 菜单 选项卡，即可进行下拉菜单中命令的自定义（图

1.3.5）。下面将以下拉菜单 工具(T) ➡️ 草图绘制实体(K) ➡️ ╱ 直线(L) 命令为例，说明自定义菜单命令的一般操作步骤（图 1.3.6）。

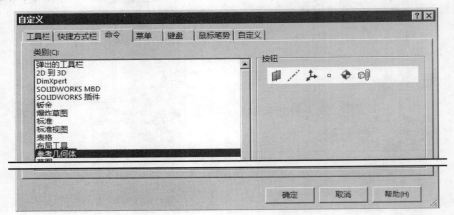

图 1.3.4　"命令"选项卡

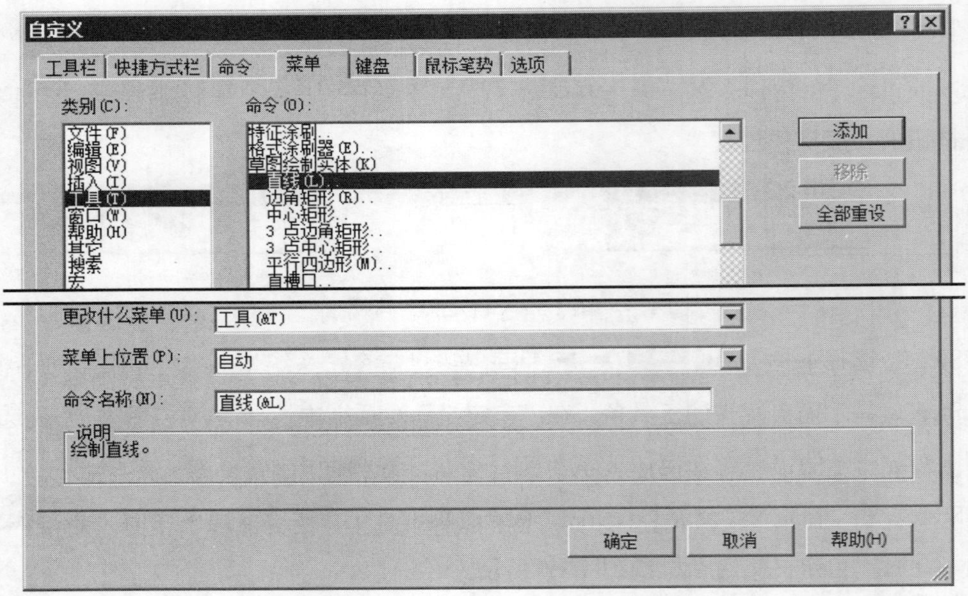

图 1.3.5　"菜单"选项卡

Step1. 选择需自定义的命令。在图 1.3.5 所示的"自定义"对话框的 类别(C): 列表框中选择 工具(T) 选项，在 命令(O): 列表框中选择 直线(L).. 选项。

Step2. 在"自定义"对话框的 更改什么菜单(U): 下拉列表中选择 插入(&I) 选项。

Step3. 在"自定义"对话框的 菜单上位置(P): 下拉列表中选择 在顶端 选项。

Step4. 采用原来的命令名称。在"自定义"对话框中单击 添加 按钮，然后单

击 确定 按钮完成命令的自定义（如图 1.3.6b 所示，在 插入(I) 下拉菜单中多出了 ∕ 直线(L) 命令）。

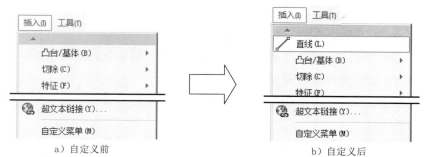

a）自定义前　　　　　　　　　　　　b）自定义后

图 1.3.6　菜单命令的自定义

4. 键盘的自定义

在"自定义"对话框中单击 键盘 选项卡（图 1.3.7），即可设置执行命令的快捷键，这样能快速方便地执行命令，提高效率。

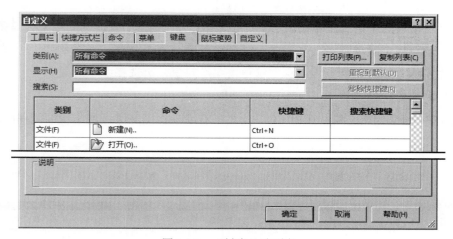

图 1.3.7　"键盘"选项卡

1.4 SolidWorks 2018 鼠标基本操作

1.4.1 模型控制操作

与其他 CAD 软件类似，SolidWorks 提供各种鼠标按钮的组合功能，包括执行命令、选择对象、编辑对象以及对视图和树的平移、旋转和缩放等。

在 SolidWorks 工作界面中选中的对象被加亮，选择对象时，在图形区与在设计树上选择是相同的，并且是相互关联的。

移动视图是最常用的操作，如果每次都单击工具栏中的按钮，将会浪费用户很多时间。SolidWorks 中可以通过鼠标快速地完成视图的移动。

SolidWorks 中鼠标操作的说明如下。

◆ 缩放图形区：滚动鼠标中键滚轮，向前滚动鼠标可看到图形在缩小，向后滚动鼠标可看到图形在变大。

◆ 平移图形区：先按住 Ctrl 键，然后按住鼠标中键，移动鼠标，可看到图形跟着鼠标移动。

◆ 旋转图形区：按住鼠标中键，移动鼠标可看到图形在旋转。

1.4.2 选取对象操作

下面介绍在 SolidWorks 中选择对象常用的几种方法。

（1）选取单个对象。

◆ 直接用鼠标的左键单击需要选取的对象。

◆ 在设计树中单击对象的名称，即可选择对应的对象，被选取的对象会高亮显示。

（2）选取多个对象。

首先按住 Ctrl 键，然后用鼠标左键单击多个对象，可选择多个对象。

（3）利用"选择过滤器（I）"工具栏选取对象。

图 1.4.1 所示的"选择过滤器（I）"工具栏有助于在图形区域或工程图图样区域中选择特定项。例如，选择面的过滤器将只允许用户选取面。

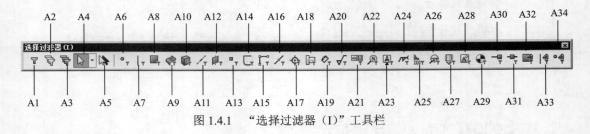

图 1.4.1　"选择过滤器（I）"工具栏

在"标准"工具栏中单击 按钮，将激活"选择过滤器（I）"工具栏。

图 1.4.1 所示的"选择过滤器（I）"工具栏中按钮的功能说明如下。

A1：切换选择过滤器。将所选过滤器打开或关闭。

A2：消除选择过滤器。取消所有选择的过滤器。

A3：选择所有过滤器。

A4：切换选择方式。

A5：逆转选择。取消所有选择的过滤器，且选择所有未选的过滤器。

A6：过滤顶点。单击该按钮可选取顶点。

A7：过滤边线。单击该按钮可选取边线。

A8：过滤面。单击该按钮可选取面。

A9：过滤曲面实体。单击该按钮可选取曲面实体。

A10：过滤实体。用于选取实体。

A11：过滤基准轴。用于选取实体基准轴。

A12：过滤基准面。用于选取实体基准面。

A13：过滤草图点。用于选取草图点。

A14：过滤草图。用于选取草图。

A15：过滤草图线段。用于选取草图线段。

A16：过滤中间点。用于选取中间点。

A17：过滤中心符号线。用于选取中心符号线。

A18：过滤中心线。用于选取中心线。

A19：过滤尺寸/孔标注。用于选取尺寸/孔标注。

A20：过滤表面粗糙度符号。用于选取表面粗糙度符号。

A21：过滤几何公差。用于选取几何公差。

A22：过滤注释/零件序号。用于选取注释/零件序号。

A23：过滤基准特征。用于选取基准特征。

A24：过滤焊接符号。用于选取焊接符号。

A25：过滤焊缝。用于选取焊缝。

A26：过滤基准目标。用于选取基准目标。

A27：过滤装饰螺纹线。用于选取装饰螺纹线。

A28：过滤块。用于选取块。

A29：过滤销钉符号。用于选取销钉符号。

A30：过滤连接点。用于选取连接点。

A31：过滤步路点。用于选取步路点。

A32：过滤网格分面。用于选取网格分面。

A33：过滤网格分面边线。用于选取网格分面边线。

A34: 过滤网格分面顶点。用于选取网格分面顶点。

1.5 文件操作

1.5.1 建立工作文件目录

使用 SolidWorks 软件时，应该注意文件的目录管理。如果文件管理混乱，会造成系统无法正确地找到相关文件，从而严重影响 SolidWorks 软件的全相关性，同时也会使文件的保存、删除等操作产生混乱。因此应按照操作者的姓名、产品名称（或型号）建立用户文件夹，如本书要求在 E 盘上创建一个名称为 sw-course 的文件夹（如果用户的计算机上没有 E 盘，也可在 C 盘或 D 盘上创建）。

1.5.2 打开文件

假设已经退出 SolidWorks 软件，重新进入软件环境后，要打开名称为 link_base.SLDPRT 的文件，其操作过程如下。

Step1. 选择下拉菜单 [文件(F)] ➡ [📁 打开 (O)...] 命令（或单击工具栏中的 [📁] 按钮），系统弹出"打开"对话框。

Step2. 通过单击"查找范围"文本框右下角的 [▼] 按钮，找到模型文件所在的文件夹（路径）后，在文件列表中选择要打开的文件名 link_base，单击 [打开 ▼] 按钮，即可打开文件（或双击文件名也可打开文件）。

注意：对于最近才打开的文件，可以在 [文件(F)] 下拉菜单中将其打开。

单击 [打开] 文本框右侧的 [▼] 按钮，从弹出的图 1.5.1 所示的快捷菜单中，选择 [以只读打开] 命令，可将选中文件以只读方式打开。

单击"文件类型"文本框右下角的 [▼] 按钮，从弹出的下拉列表中选取某个文件类型，文件列表中将只显示该类型的文件。单击 [取消] 按钮，放弃打开文件操作。

图 1.5.1 "打开"快捷菜单

1.5.3 保存文件

保存文件操作分两种情况：如果所要保存的文件存在旧文件，则选择文件保存命令后，系统自动覆盖当前文件的旧文件；如果所要保存的文件为新建文件，则系统会弹出操作对话框。

选择下拉菜单 文件(F) ➡ 📓 保存 (S) 命令（或单击工具栏中的 📓 按钮），系统弹出"另存为"对话框。

注意：文件(F) 下拉菜单中还有一个 📓 另存为 (A)... 命令，📓 保存 (S) 与 📓 另存为 (A)... 命令的区别在于，📓 保存 (S) 命令是保存当前的文件，📓 另存为 (A)... 命令是将当前的文件复制后进行保存，并且保存时可以更改文件的名称，源文件不受影响。如果打开多个文件，并对这些文件进行了编辑，则可以用下拉菜单中的 📓 保存所有 (L) 命令，将所有文件进行保存。

1.5.4　关闭文件

如果在关闭文件前已对文件进行了保存操作，则可直接选择下拉菜单 文件(F) ➡ 📄 关闭 (C) 命令（或单击工具栏中的 ✖ 按钮）关闭文件。

如果文件没有进行保存，那么选择下拉菜单 文件(F) ➡ 📄 关闭 (C) 命令后，系统将弹出"SolidWorks"对话框，提示用户是否保存修改过的文件。如果单击对话框中的 ➡ 全部保存 (S) - 将保存所有修改的文档 按 钮 ， 则 将 文 件 保 存 之 后 关 闭 ； 如 果 单 击 ➡ 不保存 (N) - 将丢失对未保存文档所作的所有 修改。 按钮，则不保存文件，直接关闭。

说明：关闭文件操作执行后，系统只退出当前文件，并不退出 SolidWorks 系统。

说明：

为了回馈广大读者对本书的支持，除随书光盘中的视频讲解之外，我们将免费为您提供更多的 SolidWorks 学习视频，读者可以扫描二维码直达视频讲解页面，登录兆迪科技网站免费学习。

学习拓展：可以免费学习更多视频讲解。

讲解内容：主要包含软件安装，基本操作，二维草图，常用建模命令，零件设计案例等基础内容的讲解。内容安排循序渐进，清晰易懂，讲解非常详细，对每一个操作都做了深入的介绍和清楚的演示，十分适合没有软件基础的读者。

第 2 章　二维草图设计

2.1　草图设计入门

2.1.1　草图设计用户界面介绍

　　草图设计环境是用户建立二维草图的工作界面，通过草图设计环境中建立的二维草图实体可以生成三维实体或曲面，草图中的各个实体间可用约束来限制它们的位置和尺寸。因此，建立二维草图是建立三维实体或曲面的基础。

　　注意：要进入草图设计环境，必须选择一个平面作为草图基准面，也就是要确定新草图在三维空间的放置位置。它可以是系统默认的三个基准面（前视基准面、上视基准面和右视基准面），也可以是模型表面，还可以选择下拉菜单 插入(I) ➡ 参考几何体(G) ➡ 🚪 基准面(P)…命令，通过系统弹出的"基准面"对话框创建一个基准面作为草图基准面。

2.1.2　草图设计命令及菜单介绍

　　工具(T) 下拉菜单是草绘环境中的主要菜单，它的功能主要包括约束、轮廓和操作等（图 2.1.1~图 2.1.3）。

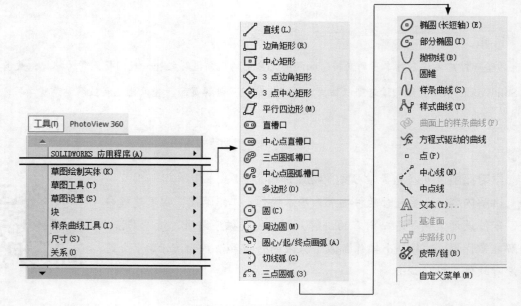

图 2.1.1　"草图绘制实体"子菜单

单击该下拉菜单，即可弹出命令，其中绝大部分命令都以快捷按钮的方式出现在屏幕的工具栏中。下拉菜单中各命令按钮的作用与工具栏中命令按钮的作用一致，不再赘述。

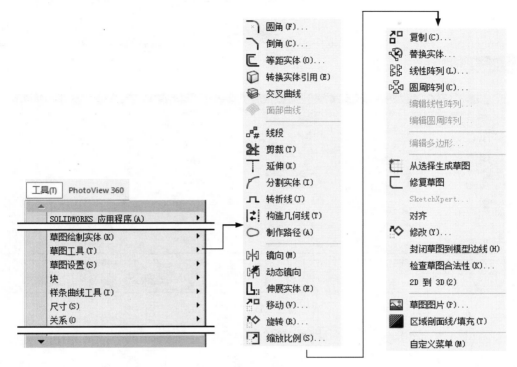

图 2.1.2 "草图工具"子菜单

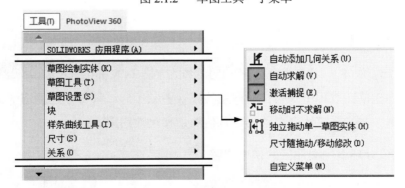

图 2.1.3 "草图设置"子菜单

2.1.3 调整草图用户界面

1. 设置网格间距

进入草图设计环境后，根据模型的大小可设置草图设计环境中的网格大小，其一般操作步骤如下。

Step1. 选择命令。选择下拉菜单 工具(T) ➡ ⚙ 选项(P)... 命令，系统弹出"系统选项"对话框。

Step2. 在"系统选项"对话框中单击 文档属性(D) 选项卡，然后在其左侧的列表框中单击 网格线/捕捉 选项（图 2.1.4）。

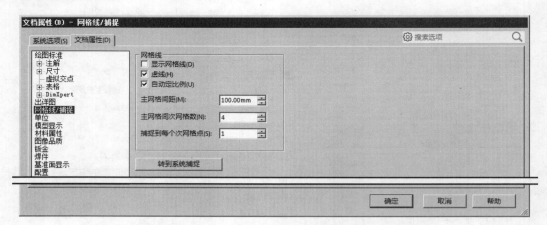

图 2.1.4 "文档属性（D）- 网格线/捕捉"对话框

Step3. 设置网格参数。选中 ☑ 显示网格线(D) 复选框；在 主网格间距(M): 文本框中输入主网格间距值；在 主网格间次网格数 (N): 文本框中输入网格数值；单击 确定 按钮，完成网格设置。

2. 设置系统捕捉

在"系统选项（S）-几何关系/捕捉"对话框左侧的列表框中选择 几何关系/捕捉 选项，可以设置在创建草图过程中是否自动产生约束（图 2.1.5）。只有在这里选中了这些复选框，在绘制草图时，系统才会自动创建几何约束和尺寸约束。

3. 草图设计环境中图形区的快速调整

在"系统选项"对话框中单击 文档属性(D) 选项卡，然后单击 网格线/捕捉 选项，此时"系统选项"对话框变成"文档属性（D）-网格线/捕捉"对话框；通过选中该对话框中的 ☑ 显示网格线(D) 复选框，可以控制草图设计环境中网格的显示。当显示网格时，如果看不到网格或者网格太密，则可以缩放图形区；如果想调整图形在草图设计环境中的位置，可以移动图形区。

鼠标操作方法说明如下。

- 缩放图形区：同时按住 Shift 键和鼠标中键，向后拉动或向前推动鼠标来缩放图形（或者滚动鼠标中键滚轮：向前滚动可看到图形区以光标所在位置为基准在缩小，向后滚动可看到图形区以光标所在位置为基准在放大）。

- 移动图形区：按住 Ctrl 键，然后按住鼠标中键并移动鼠标，可看到图形区跟着鼠标移动而移动。

- 旋转图形区：按住鼠标中键并移动鼠标，可看到图形随鼠标旋转而旋转。

注意：图形区这样的调整不会改变图形的实际大小和实际空间位置，它的作用是便于用户查看和操作图形。

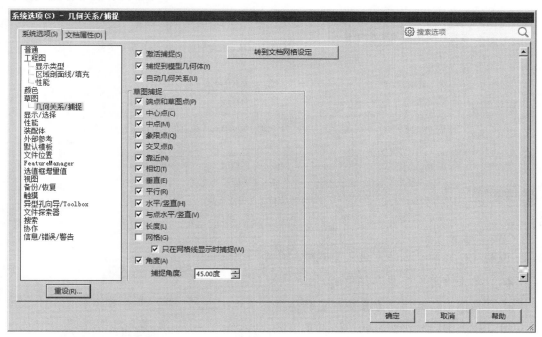

图 2.1.5 "系统选项（S）-几何关系/捕捉"对话框

2.2 草图绘制工具

要绘制草图，应先从草图设计环境中的工具条按钮区或 工具(T) 下拉菜单中选择一个绘图命令，然后可通过在图形区中选取点来绘制草图。在绘制草图的过程中，当移动鼠标指针时，SolidWorks 系统会自动确定可添加的约束并将其显示。绘制草图后，用户还可通过"约束定义"对话框继续添加约束。

2.2.1 直线

Step1. 进入草图设计环境后，选取"前视基准面"作为草图基准面。

说明：

- 如果绘制新草图，则必须在进入草图设计环境之前，先选取草图基准面。
- 以后在绘制新草图时，如果没有特别说明，则草图基准面为前视基准面。

Step2. 选择命令。选择下拉菜单 工具(T) ➡ 草图绘制实体 (K) ➡ ╱ 直线(L) 命令，系统弹出图 2.2.1 所示的"插入线条"对话框。

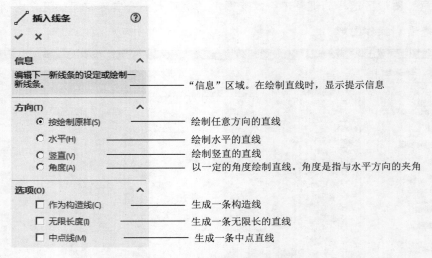

图 2.2.1 "插入线条"对话框

说明：还有两种方法可进入直线绘制命令。

- 单击"草图"工具栏中的╱ 直线 按钮。
- 在图形区右击，在系统弹出的快捷菜单中选择╱ 直线 (I) 命令。

Step3. 选取直线的起始点。在图形区的任意位置单击，以确定直线的起始点，此时可看到一条"橡皮筋"线附着在鼠标指针上。

Step4. 选取直线的终点。在图形区的任意位置单击，以确定直线的终点，系统便在两点间绘制一条直线，并且在直线的终点处出现另一条"橡皮筋"线。

说明：

- 在绘制直线时，"插入线条"对话框的"信息"区域中会显示提示信息；在进行其他命令操作时，SolidWorks 工作界面的状态栏中也会有相应的提示信息。时常关注这些提示信息能够更快速、更容易地操作软件。

● 当直线的终点处出现另一条 "橡皮筋" 线时，移动鼠标至直线的终点位置后，可在直线的终点处继续绘制一段圆弧。

Step5. 重复 Step4，可创建一系列连续的线段。

Step6. 按 Esc 键，结束直线的绘制。

说明：

● 在草图设计环境中，单击 "撤销" 按钮 ↶ 可撤销上一个操作，单击 "重做" 按钮 ↷ 可重新执行被撤销的操作。这两个按钮在绘制草图时十分有用。

● SolidWorks 具有尺寸驱动功能，即图形的大小随着图形尺寸的改变而改变。

● 完成直线的绘制有三种方法：一是按 Esc 键；二是再次选择 "直线" 命令；三是在直线的终点位置双击，此时完成该直线的绘制，但不结束绘制直线的命令。

● "橡皮筋" 是指操作过程中的一条临时虚构线段，它始终是当前鼠标光标的中心点与前一个指定点的连线。因为它可以随着光标的移动而拉长或缩短，并可绕前一点转动，所以形象地称之为 "橡皮筋"。

2.2.2 矩形

绘制矩形对于绘制拉伸、旋转的横断面等十分有用，可省去绘制四条直线的麻烦。

方法一：边角矩形。

Step1. 选择命令。选择下拉菜单 工具(T) ➡ 草图绘制实体(K) ➡ □ 边角矩形 (R) 命令（或单击 "草图" 工具栏 □ ▾ 按钮后的下拉菜单中的 □ 边角矩形 按钮，还可以在图形区右击，从系统弹出的快捷菜单中选择 □ 边角矩形 (H) 命令）。

Step2. 定义矩形的第一个对角点。在图形区所需位置单击，放置矩形的一个对角点，然后将该矩形拖至所需大小。

Step3. 定义矩形的第二个对角点。再次单击，放置矩形的另一个对角点。此时，系统即在两个角点间绘制一个矩形。

Step4. 按 Esc 键，结束矩形的绘制。

方法二：中心矩形。

Step1. 选择命令。选择下拉菜单 工具(T) ➡ 草图绘制实体(K) ➡ □ 中心矩形 命令（或单击 "草图" 工具栏 □ ▾ 按钮后的下拉菜单中的 □ 中心矩形 按钮）。

Step2. 定义矩形的中心点。在图形区所需位置单击，放置矩形的中心点，然后将该矩形拖至所需大小。

Step3. 定义矩形的一个角点。再次单击，放置矩形的一个角点。

Step4. 按 Esc 键，结束矩形的绘制。

方法三：3 点边角矩形。

Step1. 选择命令。选择下拉菜单 工具(T) ➡ 草图绘制实体(K) ➡ ◇ 3 点边角矩形 命令（或单击"草图"工具栏 □▼ 按钮后的下拉菜单中的 ◇ 3 点边角矩形 按钮）。

Step2. 定义矩形的第一个角点。在图形区所需位置单击，放置矩形的一个角点，然后拖至所需宽度。

Step3. 定义矩形的第二个角点。再次单击，放置矩形的第二个角点。此时，系统绘制出矩形的一条边线，向此边线的法线方向拖动鼠标至所需的大小。

Step4. 定义矩形的第三个角点。再次单击，放置矩形的第三个角点，此时系统即在第一点、第二点和第三点间绘制一个矩形。

Step5. 按 Esc 键，结束矩形的绘制。

方法四：3 点中心矩形。

Step1. 选择命令。选择下拉菜单 工具(T) ➡ 草图绘制实体(K) ➡ ◇ 3 点中心矩形 命令（或单击"草图"工具栏 □▼ 按钮后的下拉菜单中的 ◇ 3 点中心矩形 按钮）。

Step2. 定义矩形的中心点。在图形区所需位置单击，放置矩形的中心点，然后将该矩形拖至所需大小。

Step3. 定义矩形的一边中点。再次单击，定义矩形一边的中点。然后将该矩形拖至所需大小。

Step4. 定义矩形的一个角点。再次单击，放置矩形的一个角点。

Step5. 按 Esc 键，结束矩形的绘制。

2.2.3 圆

圆的绘制有以下两种方法。

方法一：中心/半径——通过定义中心点和半径来创建圆。

Step1. 选择命令。选择下拉菜单 工具(T) ➡ 草图绘制实体(K) ➡ ⊙ 圆(C) 命令（或单击"草图"工具栏中的 ⊙ 按钮），系统弹出"圆"对话框。

Step2. 定义圆的圆心及半径。在所需位置单击，放置圆的圆心，然后将该圆拖至所需大小并单击。单击 ☑ 按钮完成圆的绘制。

方法二：三点——通过选取圆上的三个点来创建圆。

Step1. 选择命令。选择下拉菜单 工具(T) ➡ 草图绘制实体(K) ➡ ⊕ 周边圆(M) 命令（或单击"草图"工具栏中的 ⊕ 按钮）。

Step2. 定义圆上的三个点。在某位置单击，放置圆上一个点；在另一位置单击，放置圆上第二个点；然后将该圆拖至所需大小，并单击以确定圆上第三个点。

2.2.4 圆弧

共有三种绘制圆弧的方法。

方法一：通过圆心、起点和终点绘制圆弧。

Step1. 选择命令。选择下拉菜单 工具(T) ➡ 草图绘制实体(K) ➡ 🕐 圆心/起/终点画弧(A) 命令（或单击"草图"工具栏中的 🕐 按钮）。

Step2. 定义圆弧中心点。在某位置单击，确定圆弧中心点，然后将圆弧拖至所需大小。

Step3. 定义圆弧端点。在图形区单击两点，以确定圆弧的两个端点。

方法二：切线弧——确定圆弧的一个切点和弧上的一个附加点来创建圆弧。

Step1. 在图形区绘制一条直线。

Step2. 选择命令。选择下拉菜单 工具(T) ➡ 草图绘制实体(K) ➡ ⊃ 切线弧(G) 命令（或单击"草图"工具栏 🕐 · 按钮后的下拉菜单中的 ⊃ 切线弧 按钮）。

Step3. 在 Step1 绘制直线的端点处单击，放置圆弧的一个端点。

Step4. 此时移动鼠标指针，圆弧呈"橡皮筋"样变化，单击以放置圆弧的另一个端点；然后单击 ☑ 按钮，完成切线弧的绘制。

说明：在第一个端点处的水平方向移动鼠标指针，然后在竖直方向上拖动鼠标，才能达到理想的效果。

方法三：三点圆弧——确定圆弧的两个端点和弧上的一个附加点来创建一个三点圆弧。

Step1. 选择命令。选择下拉菜单 工具(T) ➡ 草图绘制实体(K) ➡ ⌒ 三点圆弧(3) 命令（或单击"草图"工具栏 🕐 · 按钮后的下拉菜单中的 ⌒ 3 点圆弧(T) 按钮）。

Step2. 在图形区某位置单击，放置圆弧的一个端点；在另一位置单击，放置圆弧的另一个端点。

Step3. 此时移动鼠标指针，圆弧呈"橡皮筋"样变化，单击以放置圆弧上的一点；

然后单击 ✔ 按钮，完成三点圆弧的绘制。

2.2.5　圆角

下面以图 2.2.2 为例，说明绘制圆角的一般操作步骤。

a）绘制圆角前　　　　　　　　　　　b）绘制圆角后

图 2.2.2　绘制圆角

Step1. 打开文件 D:\swxc18\work\ch02.02.05\fillet.SLDPRT。

Step2. 选择命令。选择下拉菜单 工具(T) ➡ 草图工具(T) ➡ 圆角 (F)... 命令，系统弹出"绘制圆角"对话框。

Step3. 定义圆角半径。在"绘制圆角"对话框的 ⋏（半径）文本框中输入圆角半径值 15.00。

Step4. 选择圆角边。分别选取图 2.2.2a 所示的两条边，系统便在这两条边之间绘制圆角，并将两个草图实体裁剪至交点。

Step5. 单击两次 ✔ 按钮，完成圆角的绘制。

说明：在绘制圆角的过程中，系统会自动创建一些约束。

2.2.6　倒角

下面以图 2.2.3 为例，说明绘制倒角的一般操作步骤。

a）创建前　　　　　　　　　　　b）创建后

图 2.2.3　绘制倒角

Step1. 打开文件 D:\swxc18\work\ch02.02.06\chamfer.SLDPRT。

Step2. 选择命令。选择下拉菜单 工具(T) ➡ 草图工具(T) ➡ 倒角 (C)... 命令，系统弹出"绘制倒角"对话框。

Step3. 定义倒角参数。在"绘制倒角"对话框中选中 ⊙ 距离-距离(D) 单选项，然后取消选中 □ 相等距离(E) 复选框，在 (距离 1) 文本框中输入距离值 15.00，在 (距离 2)文本框中输入距离值 20.00。

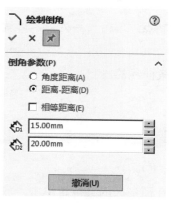

图 2.2.4 "绘制倒角"对话框

Step4. 分别选取图 2.2.3a 所示的两条边，系统便在这两条边之间绘制倒角，并将两个草图实体裁剪至交点。

Step5. 单击 ✔ 按钮，完成倒角的绘制。

如图 2.2.4 所示的"绘制倒角"对话框中选项的说明如下。

● ⊙ 角度距离(A)：按照"角度距离"方式绘制倒角。

● ⊙ 距离-距离(D)：按照"距离–距离"方式绘制倒角。

● ☑ 相等距离(E)：采用"相等距离"方式绘制倒角时，选中此复选框，则距离 1 与距离 2 相等。

● (距离 1) 文本框：用于输入距离 1 数值。

● (距离 2) 文本框：用于输入距离 2 数值。

2.2.7 样条曲线

样条曲线是通过任意多个点的平滑曲线。下面以图 2.2.5 为例，说明绘制样条曲线的一般操作步骤。

Step1. 选择命令。选择下拉菜单 工具(T) ➡ 草图绘制实体(K) ➡ Ν 样条曲线(S)命令（或单击"草图"工具栏中的 Ν 按钮）。

图 2.2.5　绘制样条曲线

Step2. 定义样条曲线的控制点。单击一系列点，可观察到一条"橡皮筋"样条附着在鼠标指针上。

Step3. 按 Esc 键，结束样条曲线的绘制。

2.2.8　椭圆

Step1. 选择下拉菜单 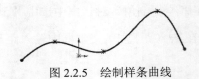 命令（或单击"草图"工具栏中的 ⌀ 按钮）。

Step2. 定义椭圆中心点。在图形区的某位置单击，放置椭圆的中心点。

Step3. 定义椭圆长轴。在图形区的某位置单击，定义椭圆的长轴和方向。

Step4. 定义椭圆短轴。移动鼠标指针，将椭圆拖至所需形状并单击，定义椭圆的短轴。

Step5. 单击 ✔ 按钮，完成椭圆的绘制。

2.2.9　点

点的绘制很简单。在设计曲面时，点会起到很大的作用。

Step1. 选择命令。选择下拉菜单 工具(T) ➡ 草图绘制实体(K) ➡ ▫ 点(P) 命令（或单击"草图"工具栏中的 ▫ 按钮）。

Step2. 在图形区的某位置单击以放置该点。

Step3. 按 Esc 键，结束点的绘制。

2.3　草图的编辑

2.3.1　操纵草图

SolidWorks 提供了草图的操纵功能，可方便地对草图进行旋转、延长、缩短和移动操作。

1. 直线的操纵

操纵 1（图 2.3.1）的操作流程：在图形区把鼠标指针 ⬚ 移到直线上，按下左键不放并移动鼠标（鼠标指针变为 ），此时直线随着鼠标指针一起移动，达到绘制目的后，松开鼠标左键。

操纵 2（图 2.3.2）的操作流程：在图形区把鼠标指针 移到直线的某个端点上，按下左键不放并移动鼠标（鼠标指针变为 ），此时会看到直线以另一端点为固定点伸缩或转动，达到绘制目的后，松开鼠标左键。

图 2.3.1　操纵 1　　　　　　　　　　　　　图 2.3.2　操纵 2

2. 圆的操纵

操纵 1（图 2.3.3）的操作流程：把鼠标指针 移到圆的边线上，按下左键不放并移动鼠标（鼠标指针变为 ），此时会看到圆在放大或缩小，达到绘制目的后，松开鼠标左键。

操纵 2（图 2.3.4）的操作流程：把鼠标指针 移到圆心上，按下左键不放并移动鼠标（鼠标指针变为 ），此时会看到圆随着指针一起移动，达到绘制目的后，松开鼠标左键。

图 2.3.3　操纵 1　　　　　　　　　　　　　图 2.3.4　操纵 2

3. 圆弧的操纵

操纵 1（图 2.3.5）的操作流程：把鼠标指针 移到圆心点上，按下左键不放并移动鼠标，此时会看到圆弧随着指针一起移动，达到绘制目的后，松开鼠标左键。

操纵 2（图 2.3.6）的操作流程：把鼠标指针 移到圆弧上，按下左键不放并移动鼠标，此时圆弧的两个端点固定不变，圆弧的包角及圆心位置随着指针的移动而变化，达到绘制目的后，松开鼠标左键。

操纵 3（图 2.3.7）的操作流程：把鼠标指针 移到圆弧的某个端点上，按下左键不放并移动鼠标，此时会看到圆弧以另一端点为固定点旋转，并且圆弧的包角也在变化，达到绘制目的后，松开鼠标左键。

图 2.3.5　操纵 1　　　　　　图 2.3.6　操纵 2　　　　　　图 2.3.7　操纵 3

4. 样条曲线的操纵

操纵 1（图 2.3.8）的操作流程：把鼠标指针移到样条曲线上，按下左键不放并移动鼠标（此时鼠标指针变为），此时会看到样条曲线随着指针一起移动，达到绘制目的后，松开鼠标左键。

操纵 2（图 2.3.9）的操作流程：把鼠标指针移到样条曲线的某个端点上，按下左键不放并移动鼠标，此时样条曲线的另一端点和中间点固定不变，其曲率随着指针移动而变化，达到绘制目的后，松开鼠标左键。

操纵 3（图 2.3.10）的操作流程：把鼠标指针移到样条曲线的中间点上，按下左键不放并移动鼠标，此时样条曲线的曲率不断变化，达到绘制目的后，松开鼠标左键。

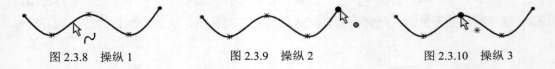

图 2.3.8　操纵 1　　　　　　图 2.3.9　操纵 2　　　　　　图 2.3.10　操纵 3

2.3.2　删除草图

Step1. 在图形区单击或框选要删除的草图实体。

Step2. 按 Delete 键，所选草图实体即被删除，也可采用下面两种方法删除草图实体。

- 选取需要删除的草图实体并右击，在系统弹出的快捷菜单中选择 ✕ 删除 命令。

- 选取需要删除的草图实体后，在 编辑(E) 下拉菜单中选择 ✕ 删除(D) 命令。

2.3.3　剪裁草图

使用 ⊁ 剪裁(T) 命令可以剪裁或延伸草图实体，也可以删除草图实体。下面以图 2.3.11 为例，说明剪裁草图实体的一般操作步骤。

Step1. 打开文件 D:\swxc18\work\ch02.03.03\trim_01.SLDPRT。

Step2. 选择命令。选择下拉菜单 工具(T) ➡ 草图工具(T) ➡ ⊁ 剪裁(T) 命令（或在"草图"工具栏单击 ⊁ 按钮），系统弹出图 2.3.12 所示的"剪裁"对话框。

Step3. 定义剪裁方式。选用系统默认的 强劲剪裁(P) 选项。

Step4. 在系统 选择一实体或拖动光标 的提示下，拖动鼠标绘制图 2.3.11a 所示的轨迹。

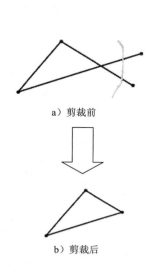

a）剪裁前

b）剪裁后

图 2.3.11　"强劲剪裁"方式剪裁草图实体

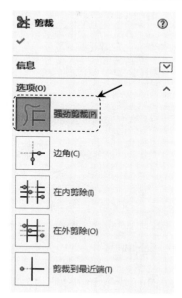

图 2.3.12　"剪裁"对话框

Step5. 在"剪裁"对话框中单击 ✔ 按钮，完成草图实体的剪裁操作。

图 2.3.12 所示的"剪裁"对话框中选项的说明如下。

● 使用 强劲剪裁(P) 方式可以剪裁或延伸所选草图实体。

● 使用 边角(C) 方式可以剪裁两个所选草图实体，直到它们以虚拟边角交叉，如图 2.3.13 所示。

a）剪裁前　　　　　图 2.3.13　"边角"方式　　　　b）剪裁后

● 使用 在内剪除(I) 方式可剪裁交叉于两个所选边界上或位于两个所选边界之间的开环实体，如图 2.3.14 所示。

a）剪裁前　　　　图 2.3.14　"在内剪除"方式　　　b）剪裁后

- 使用 在外剪除(O) 方式可剪裁位于两个所选边界之外的开环实体，如图 2.3.15 所示。

a）剪裁前　　　　　　图 2.3.15　"在外剪除"方式　　　　　　b）剪裁后

- 使用 剪裁到最近端(T) 方式可以剪裁或延伸所选草图实体，如图 2.3.16 所示。

a）剪裁前　　　　　　图 2.3.16　"剪裁到最近端"方式　　　　　　b）剪裁后

2.3.4　延伸草图

下面以图 2.3.17 为例，说明延伸草图实体的一般操作步骤。

a）延伸前　　　　　　图 2.3.17　延伸草图实体　　　　　　b）延伸后

Step1. 打开文件 D:\swxc18\work\ch02.03.04\extend.SLDPRT。

Step2. 选择命令。选择下拉菜单 工具(T) ➡ 草图工具(T) ➡ T 延伸(X) 命令（或在"草图"工具栏中单击 T 按钮）。

Step3. 定义延伸的草图实体。单击图 2.3.17a 所示的直线，系统自动将该直线延伸到最近的边界。

2.3.5　分割修剪

使用 ⌇ 分割实体(I) 命令可以将一个草图实体分割成多个草图实体。下面以图 2.3.18 为例，说明分割草图实体的一般操作步骤。

Step1. 打开文件 D:\swxc18\work\ch02.03.05\divide.SLDPRT。

Step2. 选择命令。选择下拉菜单 工具(T) ➡ 草图工具(T) ➡ ⌇ 分割实体(I) 命令（或在"草图"工具栏中单击 ⌇ 按钮）。

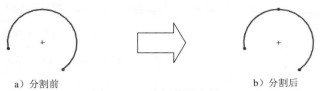

a）分割前　　　　　　　　　图 2.3.18　分割草图实体　　　　　　　　b）分割后

Step3. 定义分割对象及位置。在要分割的位置处单击，系统在单击处断开草图实体，如图 2.3.18b 所示。

说明： 在选择分割位置时，可以使用快速捕捉工具来捕捉曲线上的点以进行分割。

2.3.6　将草图对象转化为参考线

SolidWorks 中构造线的作用是作为辅助线，以点画线形式显示。草图中的直线、圆弧、样条线等实体都可以转换为构造线。下面以图 2.3.19 为例，说明其转换方法。

a）　一般元素　　　　　　　　　　　　　　　b）　构造元素

图 2.3.19　将一般元素转换为构造元素

Step1. 打开文件 D:\swxc18\work\ch02.03.06\construct.SLDPRT。

Step2. 进入草图环境，按住 Ctrl 键，选取图 2.3.19a 中的直线、多边形和圆弧，系统弹出"属性"对话框。

Step3. 在"属性"对话框中选中 ☑ 作为构造线(C) 复选框，被选取的元素就转换成图 2.3.19b 所示的构造线。

Step4. 单击 ✔ 按钮，完成转换构造线操作。

2.3.7　复制草图

下面以图 2.3.20 所示的圆弧为例，说明复制草图实体的一般操作步骤。

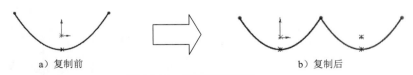

a）复制前　　　　　　　　　图 2.3.20　复制草图实体　　　　　　　　b）复制后

Step1. 打开文件 D:\swxc18\work\ch02.03.07\copy.SLDPRT。

Step2. 选择下拉菜单 工具(T) ➡ 草图工具(T) ➡ 复制(C)... 命令（或在"草图"工具栏中单击 按钮），系统弹出图 2.3.21 所示的"复制"对话框。

Step3. 选取草图实体。在图形区单击或框选要复制的对象（从左往右框选时，要框选整个草图实体；从右往左框选时，只需框选部分草图实体）。

图 2.3.21　"复制"对话框

Step4. 定义复制方式。在"复制"对话框的 参数(P) 区域中选中 ⊙ 从/到(F) 单选项。

Step5. 定义基准点。在系统 单击来定义复制的基准点。 的提示下，选取抛物线的左端点作为基准点。

Step6. 定义目标点。根据系统提示 单击来定义复制的目标点。，选取圆弧的右端点作为目标点，系统立即复制出一个与源草图实体形状、大小完全一致的图形。

2.3.8　镜像草图

镜像操作就是以一条直线（或轴）为中心线镜像复制所选中的草图实体，可以保留原草图实体，也可以删除原草图实体。下面以图 2.3.22 为例，说明镜像草图实体的一般操作步骤。（注：软件中翻译为"镜向"，有误，本书中均为"镜像"。）

a）镜像前　　　　　　　　　　　　　　　　　　b）镜像后

图 2.3.22　草图实体的镜像

Step1. 打开文件 D:\swxc18\work\ch02.03.08\mirror.SLDPRT。

Step2. 选择命令。选择下拉菜单 工具(T) ➡ 草图工具(T) ➡ ▶┤├◀ 镜向(M) 命令（或在"草图"工具栏中单击 ▶┤├◀ 按钮），系统弹出"镜像"对话框。

Step3. 选取要镜像的草图实体。根据系统 选择要镜向的实体 的提示，在图形区框选要镜像的草图实体。

Step4. 定义镜像中心线。在"镜像"对话框中单击激活"镜像点"区域的文本框，然后在系统 选择镜向所绕的线条或线性模型边线 的提示下，选取图 2.3.22a 所示的构造线为镜像中心线；单击 ✔ 按钮，完成草图实体的镜像操作。

2.3.9　缩放草图

下面以图 2.3.23 为例，说明缩放草图实体的一般操作步骤。

a）缩放前　　　　　　　　　　　　　　b）缩放后

图 2.3.23　缩放草图实体

Step1. 打开文件 D:\swxc18\work\ch02.03.09\ zoom.SLDPRT。

Step2. 选取草图实体。在图形区单击或框选图 2.3.23a 所示的椭圆。

Step3. 选择命令。选择下拉菜单 工具(T) ➡ 草图工具(T) ➡ ▦ 缩放比例(S)... 命令（或在"草图"工具栏中单击 ▦ 按钮），系统弹出图 2.3.24 所示的"比例"对话框。

说明：在进行缩放操作时可以先选择命令，然后再选择需要缩放的草图实体，但在定义比例缩放点时应先激活相应的文本框。

Step4. 定义比例缩放点。选取椭圆圆心点为比例缩放点。

Step5. 定义比例因子。在 参数(P) 区域的 ↗ 文本框中输入数值 0.6，并取消选中 □ 复制(Y) 复选框；单击 ✔ 按钮，完成草图实体的缩放操作。

图 2.3.24　"比例"对话框

2.3.10 旋转草图

下面以图 2.3.25 所示的椭圆为例，说明旋转草图实体的一般操作步骤。

Step1. 打开文件 D:\swxc18\work\ch02.03.10\circumgyrate.SLDPRT。

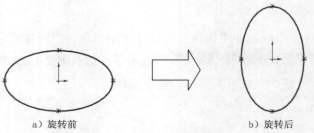

a）旋转前   b）旋转后

图 2.3.25　旋转草图实体

Step2. 选取草图实体。在图形区单击或框选要旋转的椭圆。

Step3. 选择命令。选择下拉菜单 工具(T) ➡ 草图工具(T) ➡ 旋转(R)... 命令（或在"草图"工具栏中单击 按钮），系统弹出"旋转"对话框。

Step4. 定义旋转中心。在图形区选取圆心点作为旋转中心。

Step5. 定义旋转角度。在 参数(P) 区域的 文本框中输入数值 90.00，单击 按钮，完成草图实体的旋转操作。

2.3.11 移动草图

下面以图 2.3.26 所示的三角形为例，说明移动草图实体的一般操作步骤。

a）平移前   b）平移后

图 2.3.26　平移草图实体

Step1. 打开文件 D:\swxc18\work\ch02.03.11\move.SLDPRT。

Step2. 选取草图实体。在图形区单击或框选要移动的三角形。

Step3. 选择命令。选择下拉菜单 工具(T) ➡ 草图工具(T) ➡ 移动(V)... 命令（或在"草图"工具栏中单击 按钮），系统弹出"移动"对话框。

Step4. 定义移动方式。在"移动"对话框的 参数(P) 区域中选中 X/Y 单选项。

Step5. 定义参数。在 Δx 文本框中输入数值 80.00，在 Δy 文本框中输入数值 0.00，可看到图形区中的三角形已经移动。

Step6. 单击 ✔ 按钮，完成草图实体的移动操作。

2.3.12 等距草图

等距草图实体就是绘制被选择草图实体的等距线。下面以图 2.3.27 为例，说明等距草图实体的一般操作步骤。

a）等距前　　　　　　　　　　　　　　　　b）等距后

图 2.3.27　等距实体

Step1. 打开文件 D:\swxc18\work\ch02.03.12\offset.SLDPRT。

Step2. 选取草图实体。在图形区单击或框选要等距的草图实体。

说明： 所选草图实体可以是构造几何线，也可以是双向等距实体。在重建模型时，如果原始实体改变，则等距的曲线也会随之改变。

Step3. 选择命令。选择下拉菜单 工具(T) ➡ 草图工具(T) ➡ ⊏ 等距实体(O)... 命令（或在"草图"工具栏中单击 ⊏ 按钮），系统弹出"等距实体"对话框。

Step4. 定义等距距离。在"等距实体"对话框的 ⇄ 文本框中输入数值 10.00。

Step5. 定义等距方向。在图形区移动鼠标至图 2.3.27b 所示的位置后单击，以确定等距方向，系统立即绘制出等距草图。

2.4 草图几何约束

在绘制草图实体时或绘制草图实体后，需要对绘制的草图增加一些几何约束来帮助定位，SolidWorks 系统可以很容易地做到这一点。下面对几何约束进行详细的介绍。

2.4.1 几何约束的类型

SolidWorks 所支持的几何约束种类见表 2.4.1。

表 2.4.1　几何约束种类

按　钮	约　　束
╱ 中点(M)	使点与选取的直线的中点重合
⋌ 重合(D)	使选取的点位于直线上
━ 水平(H)	使直线或两点水平
◗ 全等(R)	使选取的圆或圆弧的圆心重合且半径相等
∂ 相切(A)	使选取的两个草图实体相切
◎ 同心(N)	使选取的两个圆的圆心位置重合
⋌ 合并(G)	使选取的两点重合
◥ 平行(E)	当两条直线被指定该约束后，这两条直线将自动处于平行状态
┃ 竖直(V)	使直线或两点竖直
＝ 相等(Q)	使选取的直线长度相等或圆弧的半径相等
▣ 对称(S)	使选取的草图实体对称于中心线
⬚ 固定(F)	使选取的草图实体位置固定
╱ 共线(L)	使两条直线重合
⊥ 垂直(U)	使两条直线垂直

2.4.2 显示几何约束

1. 几何约束的屏幕显示控制

选择下拉菜单中的 视图(V) ➡ 隐藏/显示 (H) ➡ 🖿 草图几何关系 (E) 命令，可以控制草图几何约束的显示。当 🖿 草图几何关系 (E) 前的 🖿 按钮处于弹起状态时，草图几何约束将不显示；当 🖿 草图几何关系 (E) 前的 🖿 按钮处于按下状态时，草图几何约束将显示出来。

2. 几何约束符号颜色含义

● 约束：显示为绿色。

● 鼠标指针所在的约束：显示为橙色。

● 选定的约束：显示为青色。

3. 各种几何约束符号列表

各种几何约束的显示符号见表 2.4.2。

表 2.4.2 几何约束的显示符号

约 束 名 称	约束显示符号	约 束 名 称	约束显示符号
中点		垂直	
重合		对称	
水平		相等	
竖直		固定	
同心		全等	
相切		共线	
平行		合并	

2.4.3 添加几何约束

下面以图 2.4.1 所示的相切约束为例，说明创建几何约束的一般操作步骤。

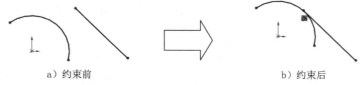

a）约束前　　　　　　　　　　　b）约束后

图 2.4.1 相切约束

方法一：

Step1. 打开文件 D:\swxc18\work\ch02.04.03\restrict.SLDPRT。

Step2. 选择草图实体。按住 Ctrl 键，在图形区选取直线和圆弧，系统弹出"属性"对话框。

说明： 在"属性"对话框的 添加几何关系 区域中显示了所选草图实体能够添加的所有约束。

Step3. 定义约束。在"属性"对话框的 添加几何关系 区域中单击 相切(A) 按钮，然后单击 按钮，完成相切约束的创建。

Step4. 重复 Step2、Step3 可创建其他约束。

方法二：

Step1. 选择命令。选择下拉菜单 工具(T) ➡ 关系(0) ➡ 添加(A)...命令，系统弹出"添加几何关系"对话框。

Step2. 选取草图实体。在图形区选取直线和圆弧。

Step3. 定义约束。在“添加几何关系”对话框的 添加几何关系 区域中单击 相切(A) 按钮，然后单击 ✔ 按钮，完成相切约束的创建。

2.4.4 删除几何约束

下面以图 2.4.2 为例，说明删除约束的一般操作步骤。

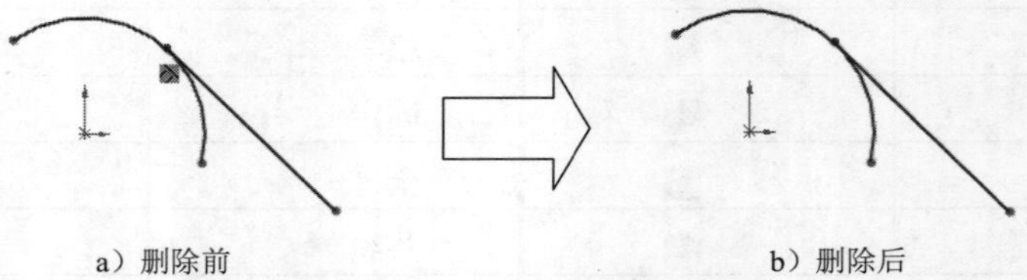

图 2.4.2 删除约束

Step1. 打开文件 D:\swxc18\work\ch02.04.04\restrict_delete.SLDPRT。

Step2. 选择命令。选择下拉菜单 工具(T) ➡ 关系(O) ➡ 显示/删除(D)... 命令，系统弹出图 2.4.3 所示的“显示/删除几何关系”对话框。

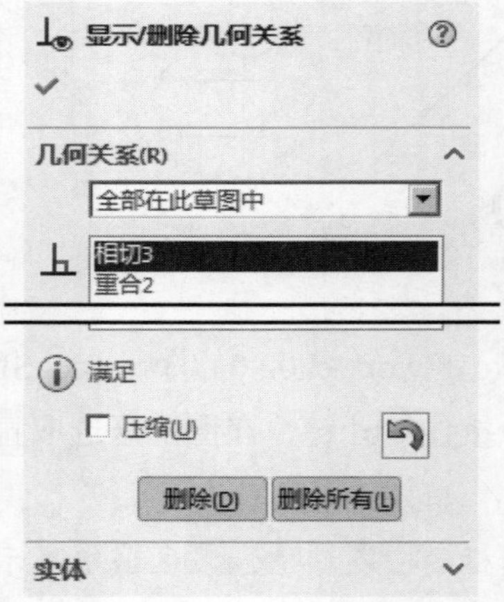

图 2.4.3 “显示/删除几何关系”对话框

Step3. 定义需删除的约束。在“显示/删除几何关系”对话框 几何关系(R) 区域的列表框中选择 相切3 选项。

Step4. 删除所选约束。在“显示/删除几何关系”对话框中单击 删除(D) 按钮，然后单击 ✔ 按钮，完成约束的删除操作。

说明：还可以在“几何关系”下拉列表中选择几何关系，或在图形区域选择几何关系图标，然后按 Delete 键删除不需要的几何关系。

2.5 草图尺寸约束

尺寸标注就是确定草图中的几何图形的尺寸，如长度、角度、半径和直径等，它是一种以数值来确定草图实体精确尺寸的约束形式。一般情况下，在绘制草图之后，需要对图形进行尺寸定位，使尺寸满足预定的要求。

1. 标注线段长度

Step1. 打开文件 D:\swxc18\work\ch02.05\length.SLDPRT。

Step2. 选择命令。选择下拉菜单 工具(T) ➡ 尺寸(S) ➡ 智能尺寸(S) 命令（或在"尺寸/几何关系"工具栏中单击 ✎ 按钮）。

Step3. 在系统 选择一个或两个边线/顶点后再选择尺寸文字标注的位置。 的提示下，单击位置 1 以选取直线（图 2.5.1），系统弹出"线条属性"对话框。

Step4. 确定尺寸的放置位置。在位置 2 单击，系统弹出"尺寸"对话框和图 2.5.2 所示的"修改"对话框。

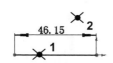

图 2.5.1 线段长度尺寸的标注

图 2.5.2 "修改"对话框

Step5. 在"修改"对话框中单击 ✔ 按钮，然后单击"尺寸"对话框中的 ✔ 按钮，完成线段长度的标注。

说明：在学习标注尺寸前，建议用户选择下拉菜单 工具(T) ➡ ⚙ 选项(P)... 命令，在系统弹出的"系统选项（S）– 普通"对话框中选择 普通 选项，取消选中 ☐ 输入尺寸值(I) 复选框（图 2.5.3），则在标注尺寸时，系统将不会弹出"修改"对话框。

图 2.5.3 "系统选项（S）– 普通"对话框

2. 标注一点和一条直线之间的距离

Step1. 打开文件 D:\swxc18\work\ch02.05\distance_02.SLDPRT。

Step2. 选择下拉菜单 工具(T) ➡ 尺寸(S) ➡ ✎ 智能尺寸(S) 命令（或在"尺寸/几何关系"工具栏中单击 ✎ 按钮）。

Step3. 单击位置 1 以选择点，单击位置 2 以选择直线，单击位置 3 放置尺寸，如图 2.5.4 所示。

3. 标注两条平行线间的距离

Step1. 打开文件 D:\swxc18\work\ch02.05\distance_01.SLDPRT。

Step2. 选择下拉菜单 工具(T) ➡ 尺寸(S) ➡ ✎ 智能尺寸(S) 命令（或在"尺寸/几何关系"工具栏中单击 ✎ 按钮）。

Step3. 分别单击位置 1 和位置 2 以选取两条平行线，然后单击位置 3 以放置尺寸，如图 2.5.5 所示。

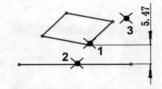　　　　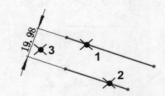

图 2.5.4　点和线间距离的标注　　　　图 2.5.5　平行线距离的标注

4. 标注两点间的距离

Step1. 打开文件 D:\swxc18\work\ch02.05\distance_03.SLDPRT。

Step2. 选择下拉菜单 工具(T) ➡ 尺寸(S) ➡ ✎ 智能尺寸(S) 命令（或在"尺寸/几何关系"工具栏中单击 ✎ 按钮）。

Step3. 分别单击位置 1 和位置 2 以选择两点，单击位置 3 放置尺寸，如图 2.5.6 所示。

5. 标注直径

Step1. 打开文件 D:\swxc18\work\ch02.05\diameter.SLDPRT。

Step2. 选择下拉菜单 工具(T) ➡ 尺寸(S) ➡ ✎ 智能尺寸(S) 命令（或在"尺寸/几何关系"工具栏中单击 ✎ 按钮）。

Step3. 选取要标注的元素。单击位置 1 以选取圆，如图 2.5.7 所示。

Step4. 确定尺寸的放置位置。单击位置 2 放置尺寸，如图 2.5.7 所示。

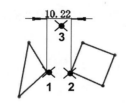

图 2.5.6　两点间距离的标注

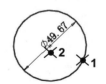

图 2.5.7　直径的标注

6. 标注两条直线间的角度

Step1. 打开文件 D:\swxc18\work\ch02.05\angle.SLDPRT。

Step2. 选择下拉菜单 工具(T) ➡ 尺寸(S) ➡ 智能尺寸(S) 命令（或在"尺寸/几何关系"工具栏中单击 按钮）。

Step3. 分别在两条直线上选取点 1 和点 2；单击位置 3 放置尺寸（锐角，如图 2.5.8 所示），或单击位置 4 放置尺寸（钝角，如图 2.5.9 所示）。

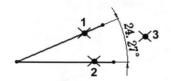

图 2.5.8　两条直线间角度的标注——锐角

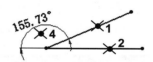

图 2.5.9　两条直线间角度的标注——钝角

7. 标注半径

Step1. 打开文件 D:\swxc18\work\ch02.05\radius.SLDPRT。

Step2. 选择下拉菜单 工具(T) ➡ 尺寸(S) ➡ 智能尺寸(S) 命令（或在"尺寸/几何关系"工具栏中单击 按钮）。

Step3. 单击位置 1 选择圆上一点，然后单击位置 2 放置尺寸，如图 2.5.10 所示。

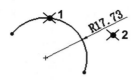

图 2.5.10　半径的标注

2.6　草图检查工具

为了避免在创建草图后因草图不合法而使得创建特征失败，需要确认草图中是否有不能生成特征的因素。如在拉伸实体、旋转实体时，实体的轮廓草图必须是闭合的草图。

在复杂草图中，草图是否满足特征所需一般很难观察，此时可以使用"检查草图合法性"工具对草图进行检查。

下面通过一个实例来介绍"检查草图合法性"工具的使用方法。

Step1. 打开文件 D:\swxc18\work\ch02.06\ske-check.SLDPRT。

Step2. 检查草图的合法性。

（1）选择命令。选择下拉菜单 工具(T) ➡ 草图工具(T) ➡ 检查草图合法性(K)… 命令，系统弹出图 2.6.1 所示的"检查有关特征草图合法性"对话框。

（2）选中特征用法并检查特征草图的合法性。在"特征用法"下拉列表中选择 基体拉伸 选项，单击 检查(C) 按钮，系统弹出图 2.6.2 所示的"SolidWorks"对话框。

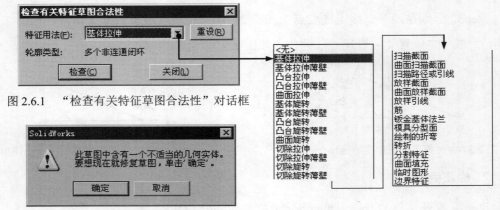

图 2.6.1 "检查有关特征草图合法性"对话框

图 2.6.2 "SolidWorks"对话框

（3）根据提示判断错误。根据图 2.6.2 所示的"SolidWorks"对话框判断此草图包含一个不适当的几何实体，单击 确定 按钮关闭"SolidWorks"对话框，同时系统会弹出图 2.6.3 所示的"修复草图"对话框，此时草图发生错误的地方是加亮显示的，直接关闭该对话框，使用"局部放大"工具查看加亮处，如图 2.6.4 所示。

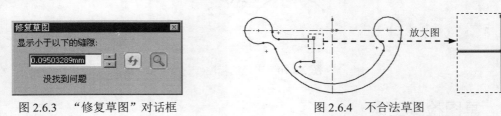

图 2.6.3 "修复草图"对话框   图 2.6.4 不合法草图

Step3. 修改草图错误。使用剪裁工具，将图 2.6.4 所示的多余的线段剪裁掉。

Step4. 再次检查草图。依照 Step2 中的步骤再次检查草图，当检查结果为图 2.6.5 所示的"SolidWorks"对话框时，说明此草图合法，此时可将该草图作为拉伸特征的轮廓草图创建拉伸特征。

图 2.6.5 "SolidWorks"对话框

Step5. 单击 确定 按钮，关闭"SolidWorks"对话框，单击 关闭(L) 按钮，关闭"检查有关特征草图合法性"对话框，完成检查草图的合法性。

学习拓展：扫码学习更多视频讲解。

讲解内容：主要包含二维草图的绘制思路、流程与技巧总结，另外还有二十多个来自实际产品设计中草图案例的讲解。草图是创建三维实体特征的基础，掌握高效的草图绘制技巧，有助于提高零件设计的效率。

注意：

为了获得更好的学习效果，建议读者采用以下方法进行学习。

方法一：使用台式机或者笔记本电脑登录兆迪科技网校，开启高清视频模式学习。

方法二：下载兆迪网校 APP 并缓存课程视频至手机，可以免流量观看。具体操作请打开兆迪网校帮助页面 http://www.zalldy.com/page/bangzhu 查看（手机可以扫描右侧二维码打开），或者在兆迪网校咨询窗口联系在线老师，也可以直接拨打技术支持电话 010-82176248，010-82176249。

第 3 章　二维草图设计综合实例

3.1　二维草图设计综合实例一

实例概述：

通过本实例的学习，要重点掌握镜像操作的方法及技巧，另外要注意在绘制左右或上下相同的草图时，可以首先绘制整个草图的一半，然后用镜像命令完成另一半。本范例的草图如图 3.1.1 所示，其绘制过程如下。

Task1. 新建文件

启动 Solidworks 软件后，选择下拉菜单 文件(F) ➡ □ 新建(N)... 命令，系统弹出"新建 SolidWorks 文件"对话框，选择其中的"零件"模板，单击 确定 按钮，进入零件设计环境。

Task2. 绘制草图前的准备工作

Step1. 选择下拉菜单 插入(I) ➡ 草图绘制 命令，选择前视基准面作为草图基准面，系统进入草图设计环境。

Step2. 确认 视图(V) ➡ 隐藏/显示(H) ➡ 草图几何关系(E) 命令前的 按钮不被按下（即不显示草图几何约束）。

Task3. 创建草图以勾勒出图形的大概形状

注意：因为 SolidWorks 具有尺寸驱动功能，所以开始绘图时只需绘制大致的形状即可。

Step1. 选择下拉菜单 工具(T) ➡ 草图绘制实体(K) ➡ 中心线(N) 命令，在图形区绘制图 3.1.2 所示的无限长的中心线。

Step2. 绘制圆弧。选择下拉菜单 工具(T) ➡ 草图绘制实体(K) ➡ 三点圆弧(3) 命令，在图形区中绘制图 3.1.3 所示的圆弧。

Step3. 绘制直线。选择下拉菜单 工具(T) ➡ 草图绘制实体(K) ➡ 直线(L) 命令，在图形区中绘制图 3.1.4 所示的直线。

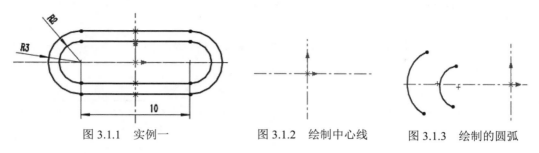

图 3.1.1 实例一   图 3.1.2 绘制中心线   图 3.1.3 绘制的圆弧

Task4. 添加几何约束

Step1. 按住 Ctrl 键，选择图 3.1.4 所示的圆心 1 与圆心 2，系统弹出"属性"对话框，在 添加几何关系 区域单击 ✓ 合并(G) 按钮。完成操作后的图形如图 3.1.5 所示。

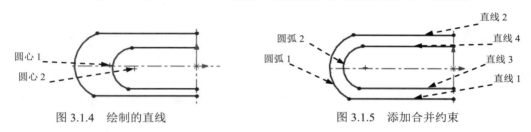

图 3.1.4 绘制的直线   图 3.1.5 添加合并约束

Step2. 按住 Ctrl 键，选择图 3.1.5 所示的圆弧 1 与水平中心线，系统弹出"属性"对话框，在 添加几何关系 区域单击 ⋋ 重合(D) 按钮。按住 Ctrl 键，选择图 3.1.5 所示的圆弧 1 与直线 1，系统弹出"属性"对话框，在 添加几何关系 区域单击 ⟋ 相切(A) 按钮。按住 Ctrl 键，选择图 3.1.5 所示的圆弧 1 与直线 2，系统弹出"属性"对话框，在 添加几何关系 区域单击 ⟋ 相切(A) 按钮。按住 Ctrl 键，选择图 3.1.5 所示的圆弧 2 与直线 3，系统弹出"属性"对话框，在 添加几何关系 区域单击 ⟋ 相切(A) 按钮。按住 Ctrl 键，选择图 3.1.5 所示的圆弧 2 与直线 4，系统弹出"属性"对话框，在 添加几何关系 区域单击 ⟋ 相切(A) 按钮。完成操作后的图形如图 3.1.6 所示。

Task5. 添加镜像

Step1. 选择下拉菜单 工具(T) ➡ 草图工具(T) ➡ ⊢⊣ 镜向(M) 命令，选取要镜像的草图实体。

Step2. 根据系统 选择要镜向的实体 的提示，在图形区框选所有的草图实体。

Step3. 定义镜像中心线。在"镜像"对话框中单击 镜向点: 下的文本框使其激活，在系统 选择镜向所绕的线条或线性模型边线或平面实体 的提示下，选取竖直中心线为镜像中心线，单击 ✓ 按钮，完成草图实体的镜像操作。完成操作后的图形如图 3.1.7 所示。

Task6. 添加并修改尺寸约束

选择下拉菜单 工具(T) ➡ 标注尺寸(S) ➡ ✐ 智能尺寸(S) 命令，完成添加后如图 3.1.8 所示。

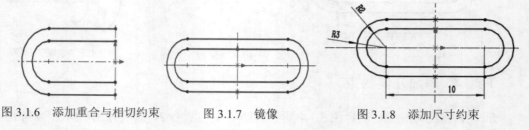

图 3.1.6　添加重合与相切约束　　　图 3.1.7　镜像　　　图 3.1.8　添加尺寸约束

Task7. 保存文件

3.2　二维草图设计综合实例二

实例概述：

本实例主要介绍图 3.2.1 所示的截面草图的绘制过程，重点讲解了二维截面草图绘制的一般过程。

说明： 本实例的详细操作过程请参见随书光盘中 video\ch03.02\文件夹下的语音视频讲解文件。模型文件为 D:\swxc18\work\ch03.02\sketch-base.SLDPRT。

3.3　二维草图设计综合实例三

实例概述：

本实例介绍了绘制、标注和编辑草图的过程，要重点掌握的是绘制草图前的设置和尺寸的处理技巧。本实例的图形如图 3.3.1 所示（图中的几何约束已经被隐藏）。

说明： 本实例的详细操作过程请参见随书光盘中 video\ch03.03\文件夹下的语音视频讲解文件。模型文件为 D:\swxc18\work\ch03.03\spsk04.SLDPRT。

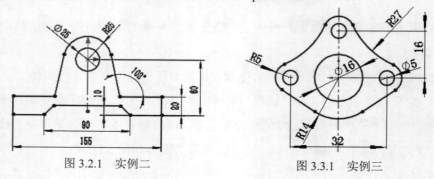

图 3.2.1　实例二　　　　　　图 3.3.1　实例三

第 4 章 零件设计

4.1 零件设计基础入门

一般来说，三维模型是具有长、宽（或直径、半径等）和高的三维几何体。图 4.1.1 中列举了几种典型的基本模型，它们是由三维空间的几个面拼成的实体模型，这些面形成的基础是线，构成线的基础是点，要注意三维几何图形中的点是三维概念的点，也就是说，点需要由三维坐标系（如笛卡尔坐标系）中的 X、Y、Z 三个坐标来定义。用 CAD 软件创建基本三维模型的一般操作步骤如下。

（1）首先要选取或定义一个用于定位的三维坐标系或三个垂直的空间平面，如图 4.1.2 所示。

注意：三维坐标系其实是由三个相互垂直的平面——XY 平面、XZ 平面和 YZ 平面形成的，如图 4.1.2 所示。这三个平面的交点就是坐标原点，XY 平面与 XZ 平面的交线就是 X 轴所在的直线，XY 平面与 YZ 平面的交线就是 Y 轴所在的直线，YZ 平面与 XZ 平面的交线就是 Z 轴所在的直线。这三条直线按笛卡尔右手定则确定方向，就产生了 X、Y 和 Z 轴。

（2）选定一个面（一般称为"草绘面"），作为二维平面几何图形的绘制平面。

（3）在草绘面上创建形成三维模型所需的横断面和轨迹线等二维平面几何图形。

（4）形成三维立体模型。

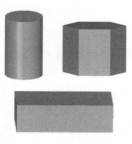

图 4.1.1 基本三维模型

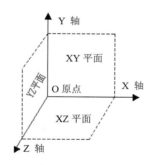

图 4.1.2 坐标系

4.2 设计树

SolidWorks 的设计树是管理模型或装配的重要工具，它以树的形式显示当前活动模型中的所有特征或零件，在树的顶部显示根（主）对象，并将从属对象（零件或特征）置于其下。通常在没有选择执行某个创建特征的命令时，设计树显示在软件界面的左侧；而在执行命令时，设计树会自动显示在图形区的左侧位置，方便用户选取设计树中的对象。

在零件模型中，设计树列表的顶部是零部件名称，下方是每个特征的名称；在装配体模型中，设计树列表的顶部是总装配名称，总装配下是各子装配和零件名称，每个子装配下方则是该子装配中的每个零件的名称，每个零件名称的下方是零件的各个特征的名称。

如果打开多个 SolidWorks 对话框，则设计树内容只反映当前活动文件（即活动对话框中的模型文件）。

4.2.1　设计树的功能和特性

1. 设计树的功能

（1）在设计树中选取对象。

可以从设计树中选取要编辑的特征或零件对象，当要选取的特征或零件在图形区的模型中不可见时，此方法尤为有用；当要选取的特征和零件在模型中禁用选取时，仍可在设计树中进行选取操作。

注意：SolidWorks 的设计树中列出了特征的几何图形（即草图的从属对象），但在设计树中，几何图形的选取必须是在草绘状态下。

（2）更改项目的名称。

在设计树的项目名称上缓慢双击，输入新名称，即可更改所选项目的名称。

（3）在设计树中使用快捷命令。

单击或右击设计树中的特征名或零件名，可打开一个快捷菜单，从中可选取相对于选定对象的特定操作命令。

（4）确认和更改特征的生成顺序。

设计树中有一个蓝色退回控制棒，可指明在创建特征时特征的插入位置。在默认情况下，它的位置总是在设计树列出的所有项目的最后。可以在设计树中将其上下拖动，将特征插入到模型中的其他特征之间。将控制棒移动到新位置时，控制棒后面的项目将被隐含，这些项目将不在图形区的模型上显示。

可在退回控制棒位于任何地方时保存模型。当再次打开文档时，可使用"编辑"下拉菜单中的"退回到尾"命令，或直接拖动控制棒至所需位置。

（5）创建自定义文件夹以插入特征。

在设计树中创建新的文件夹，可以将多个特征拖动到新文件夹中，以减小设计树的长度，其操作方法有两种。

① 使用系统自动创建的文件夹。在设计树中右击某一个特征，在系统弹出的快捷菜单中选择"添加到新文件夹"命令，一个新文件夹就会出现在设计树中，且在右击时特征会出现在文件夹中，用户可重命名文件夹，并将多个特征拖动到文件夹中。

② 创建新文件夹。在设计树中右击某一个特征，在系统弹出的快捷菜单中选择"生成新文件夹"命令，一个新文件夹就会出现在设计树中，用户可重命名文件夹，并将多个特征拖动到文件夹中。

将特征从所创建的文件夹中移除的方法是：在设计树中将特征从文件夹拖动到文件夹外部，释放鼠标，即可将该特征从文件夹中移除。

说明：拖动特征时，可将任何连续的特征或零部件放置到单独的文件夹中，但不能使用 Ctrl 键选择非连续的特征，这样可以保持父子关系。

不能将现有文件夹创建到新文件夹中。

（6）设计树的其他功能。

◆ 传感器可以监视零件和装配体的所选属性，并在数值超出指定阈值时发出警告。

◆ 在设计树中右击"注解"文件夹，可以控制尺寸和注解的显示。

◆ 可以记录"设计日志"并"创建附加件到"到"设计活页夹"文件夹。

◆ 在设计树中右击"材质"，可以创建或修改应用到零件的材质。

◆ 在"光源与相机"文件夹中可以创建或修改光源。

2. 设计树的特性

（1）项目图标左边的"＋"符号表示该项目包含关联项，单击"＋"可以展开该项目并显示其内容，若要一次折叠所有展开的项目，可用快捷键<Shift＋C>或右击设计树顶部的文件名，从系统弹出的快捷菜单中选择"折叠项目"命令。

（2）草图有过定义、欠定义、无法解出的草图和完全定义四种类型，在设计树中分别用"（＋）""（—）""（？）"表示（完全定义时草图无前缀）；装配体也有四种类型，前三种与草图一致，第四种类型为固定，在设计树中以"（f）"表示。

（3）若需重建已经更改的模型，则特征、零件或装配体之前会显示重建模型符号 。

（4）若在设计树顶部显示锁形的零件，则不能对其进行编辑，此零件通常是 Toolbox 或其他标准库零件。

4.2.2　设计树操作界面

在学习本节时，首先打开文件 D:\swxc18\work\ch04.02.02\slide.SLDPRT。
SolidWorks 的设计树界面如图 4.2.1 所示。

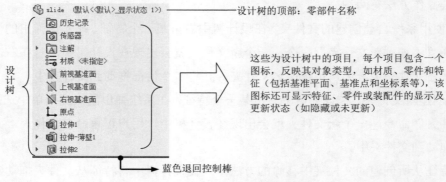

图 4.2.1　设计树界面

4.3　拉伸凸台特征

4.3.1　概述

拉伸特征是最基本且最常用的零件造型特征，它是通过将选定的横断面草图沿着垂直方向拉伸一定距离而形成的实体特征，如图 4.3.1 所示。

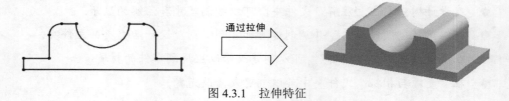

图 4.3.1　拉伸特征

选取特征命令一般有如下两种方法。

方法一：从下拉菜单中获取特征命令。如图 4.3.2 所示，选择下拉菜单 插入(I) ▶

凸台/基体(B) ▶ 🗐 拉伸(E)...命令。

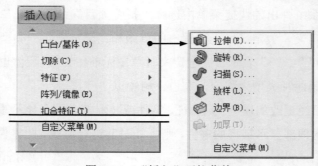

图 4.3.2　"插入"下拉菜单

方法二： 从工具栏中获取特征命令。本例可以直接单击工具栏中的 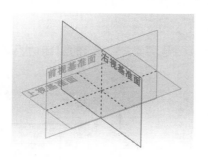命令按钮。

说明：选择特征命令后，屏幕的图形区中应该显示图 4.3.3 所示默认的三个相互垂直的基准平面。这三个基准平面在默认情况下处于隐藏状态，在创建第一个特征时就会显示出来，以供用户选择其作为草绘基准。若想使基准平面一直处于显示状态，则可在设计树中单击或右击这三个基准面，从弹出的快捷菜单中选择 命令。

图 4.3.3　三个默认基准平面

4.3.2　创建拉伸凸台特征

新建一个零件三维模型的操作步骤如下。

Step1. 选择下拉菜单 文件(F) ➡ 新建(N)... 命令（或在"常用"工具栏中单击 按钮），此时系统弹出"新建 SOLIDWORKS 文件"对话框。

Step2. 选择文件类型。在该对话框中选择文件类型为"零件"，然后单击 确定 按钮。

说明：每次新建一个文件，SolidWorks 系统都会显示一个默认名。如果要创建的是零件，默认名的格式是"零件"后加序号（如零件 1），然后再新建一个零件，序号自动加 1。

1. 选取拉伸特征命令

选择下拉菜单 插入(I) ➡ 凸台/基体(B) ➡ 拉伸(E)... 命令。

2. 定义拉伸特征的横断面草图

定义拉伸特征横断面草图的方法有两种：第一种是选择已有草图作为横断面草图；第二种是创建新草图作为横断面草图。本例中介绍第二种方法，具体定义过程如下。

Step1. 定义草图基准面。

对草图基准面的概念和有关选项介绍如下。

- 草图基准面是特征横断面或轨迹的绘制平面。
- 选择的草图基准面可以是前视基准面、上视基准面或右视基准面中的一个，也可以是模型的某个表面。

完成上步操作后，系统弹出图 4.3.4 所示的"拉伸"对话框，在系统 选择一基准面来绘制特征横断面 的提示下，选取前视基准面作为草图基准面，进入草图绘制环境。

Step2. 绘制横断面草图。

基础拉伸特征的横断面草图是图 4.3.5 所示的封闭边界。下面介绍绘制特征横断面草图的一般步骤。

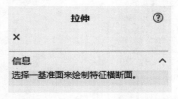

图 4.3.4　"拉伸"对话框

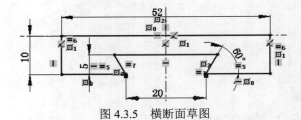

图 4.3.5　横断面草图

（1）设置草图环境，调整草图绘制区。

操作提示与注意事项：

- 进入草图绘制环境后，系统不会自动调整草图视图方位，此时应单击"标准视图（E）"工具栏中的"正视于"按钮，调整到正视于草图的方位（即使草图基准面与屏幕平行）。
- 除可以移动和缩放草图绘制区外，如果用户想在三维空间绘制草图或希望看到模型横断面草图在三维空间的方位，可以旋转草图绘制区，方法是按住鼠标的中键并移动鼠标，此时可看到图形跟着鼠标旋转而旋转。

（2）创建横断面草图。

下面将介绍创建横断面草图的一般操作步骤，在后续章节中，创建横断面草图时可参照以下内容。

① 绘制横断面几何图形的大体轮廓。

操作提示与注意事项：

- 绘制横断面草图时，开始时没有必要很精确地绘制横断面的几何形状、位置和尺寸，只要大概的形状与图 4.3.6 相似即可。
- 绘制直线时，可直接建立水平约束和垂直约束，详细操作步骤可参见第 2 章中草图绘制的相关内容。

② 创建几何约束。创建图 4.3.7 所示的水平、竖直、对称、相等和重合约束。

说明：创建对称约束时，需先绘制中心线，并建立中心线与原点的重合约束，如图 4.3.7 所示。

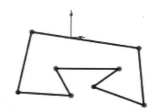

图 4.3.6 草绘横断面的初步图形

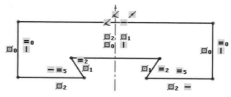

图 4.3.7 创建几何约束

③ 创建尺寸约束。单击"草图"工具栏中的 按钮，标注图 4.3.8 所示的五个尺寸，建立尺寸约束。

说明：每次标注尺寸时，系统都会弹出"修改"对话框，并提示所选尺寸的属性，此时可先关闭该对话框，然后进行尺寸的总体设计。

④ 修改尺寸。将尺寸修改为设计要求的尺寸，如图 4.3.9 所示。其操作提示与注意事项如下。

● 尺寸的修改应安排在建立完约束以后进行。

● 注意修改尺寸的顺序，先修改对横断面外观影响不大的尺寸。

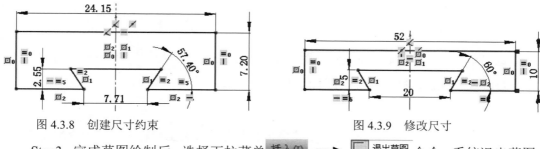

图 4.3.8 创建尺寸约束　　　　　图 4.3.9 修改尺寸

Step3. 完成草图绘制后，选择下拉菜单 插入(I) ➡ 退出草图 命令，系统退出草图绘制环境。

说明：

除 Step3 这种方法外，还有以下三种方法可退出草绘环境。

● 单击图形区右上角的"退出草图"按钮。"退出草图"按钮的位置一般如图 4.3.10 所示。

- 在图形区右击，从系统弹出的快捷菜单中选择 ⬚ 命令。
- 单击"草图"工具栏中的 ⬚ 按钮，使之处于弹起状态。

图 4.3.10   "退出草图"按钮

绘制实体拉伸特征的横断面时，应该注意如下要求。

- 横断面必须闭合，横断面的任何部位都不能有缺口（图 4.3.11a）。
- 横断面的任何部位不能探出多余的线头（图 4.3.11b）。
- 横断面可以包含一个或多个封闭环，生成特征后，外环以实体填充，内环则为孔。环与环之间也不能有直线（或圆弧等）相连（图 4.3.11c）。
- 曲面拉伸特征的横断面可以是开放的，但横断面不能有多于一个的开放环。

a）有缺口   b）探出多余的线头   c）相连

图 4.3.11   拉伸特征的几种错误横断面

3. 定义拉伸类型

退出草图绘制环境后，系统弹出图 4.3.12 所示的"凸台-拉伸"对话框，在该对话框中不进行选项操作，接受系统默认的实体类型即可。

说明：

利用"凸台-拉伸"对话框可以创建实体和薄壁两种类型的特征，下面分别介绍。

☑ 实体类型：创建实体类型时，实体特征的草绘横断面完全由材料填充，如图 4.3.13 所示。

☑ 薄壁类型：在"凸台-拉伸"对话框中选中 ☑ **薄壁特征(T)** 复选框，可以将特征定义为薄壁类型。在由草图横断面生成实体时，薄壁特征的草图横断面是由材料填充成均匀厚度的环，环的内侧、外侧或中心轮廓边是草绘横断面，如图 4.3.14

所示。

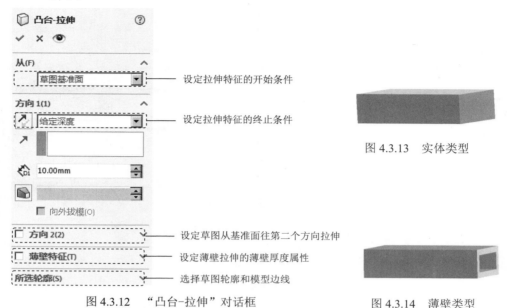

图 4.3.13 实体类型

图 4.3.12 "凸台-拉伸"对话框

图 4.3.14 薄壁类型

- 设定拉伸特征的开始条件
- 设定拉伸特征的终止条件
- 设定草图从基准面往第二个方向拉伸
- 设定薄壁拉伸的薄壁厚度属性
- 选择草图轮廓和模型边线

- 在"凸台-拉伸"对话框的 **方向1** 区域中单击"拔模开关"按钮，可以在创建拉伸特征的同时对实体进行拔模操作，拔模方向分为内外两种，由是否选中 ☑ **向外拔模(O)** 复选框决定，图 4.3.15 所示即为拉伸时的拔模操作。

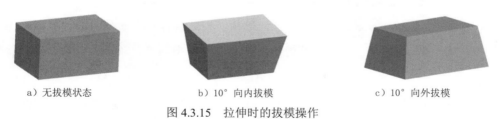

a）无拔模状态　　　　　　b）10°向内拔模　　　　　　c）10°向外拔模

图 4.3.15 拉伸时的拔模操作

4. 定义拉伸深度属性

Step1. 定义拉伸深度方向。采用系统默认的深度方向。

说明：按住鼠标的中键并移动鼠标，可将草图旋转到三维视图状态，此时在模型中可看到一个拖动手柄，该手柄表示特征拉伸深度的方向；要改变拉伸深度的方向，可在"凸台-拉伸"对话框的 **方向1** 区域中单击"反向"按钮；若选择深度类型为"双向拉伸"，则拖动手柄有两个箭头，如图 4.3.16 所示。

Step2. 定义拉伸深度类型。

在"凸台-拉伸"对话框的 **从(F)** 区域的下拉列表中选择 **草图基准面** 选项，在 **方向1** 区域的下拉列表中选择 两侧对称 选项，如图 4.3.17 所示。

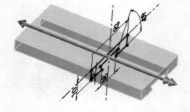

图 4.3.16　定义拉伸深度属性　　　　　　　　　图 4.3.17　"凸台-拉伸"对话框

图 4.3.17 所示的"凸台-拉伸"对话框中各选项的说明如下。

- 从(F) 区域下拉列表中各选项表示的是拉伸深度的起始元素，各元素说明如下。
  - ☑ 草图基准面 选项：表示特征从草图基准面开始拉伸。
  - ☑ 曲面/面/基准面 选项：若选取此选项，则需选择一个面作为拉伸起始面。
  - ☑ 顶点 选项：若选取此选项，则需选择一个顶点，顶点所在的面即为拉伸起始面（此面与草图基准面平行）。
  - ☑ 等距 选项：若选取此选项，则需输入一个数值，此数值代表拉伸起始面与草绘基准面的距离。必须注意的是，当拉伸为反向时，可以单击下拉列表中的 按钮，但不能在文本框中输入负值。
- 方向1 区域下拉列表中各拉伸深度类型选项的说明如下。
  - ☑ 给定深度 选项：可以创建确定深度尺寸类型的特征，此时特征将从草图平面开始，按照所输入的数值（拉伸深度值）向特征创建的方向一侧进行拉伸。
  - ☑ 成形到一顶点 选项：特征在拉伸方向上延伸，直至与指定顶点所在的面相交（此面必须与草图基准面平行）。
  - ☑ 成形到一面 选项：特征在拉伸方向上延伸，直到与指定的平面相交。
  - ☑ 到离指定面指定的距离 选项：若选择此选项，则需先选择一个面，并输入指定的距离，特征将从拉伸起始面开始到所选面指定距离处终止。

☑ 成形到实体 选项：特征将从拉伸起始面沿拉伸方向延伸，直到与指定的实体相交。

☑ 两侧对称 选项：可以创建对称类型的特征，此时特征将在拉伸起始面的两侧进行拉伸，输入的深度值被拉伸起始面平均分割，即起始面两边的深度值相等。

● 选择拉伸类型时，要考虑下列规则。

☑ 如果特征要终止于其到达的第一个曲面，则需选择 成形到下一面 选项。

☑ 如果特征要终止于其到达的最后一个曲面，则需选择 完全贯穿 选项。

☑ 选择 成形到一面 选项时，可以选择一个基准平面作为终止面。

☑ "穿过"特征可设置有关深度参数，修改偏离终止平面（或曲面）的特征深度。

☑ 图 4.3.18 显示了拉伸特征的有效深度选项。

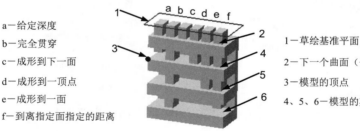

a—给定深度
b—完全贯穿
c—成形到下一面
d—成形到一顶点
e—成形到一面
f—到离指定面指定的距离

1—草绘基准平面
2—下一个曲面（平面）
3—模型的顶点
4、5、6—模型的其他曲面（平面）

图 4.3.18　拉伸深度选项示意图

Step3. 定义拉伸深度值。在"凸台-拉伸"对话框 方向1 区域的 文本框中输入数值 80.0，并按 Enter 键，完成拉伸深度值的定义。

说明：

定义拉伸深度值还可通过拖动手柄来实现，方法是选中拖动手柄直到其变红，然后移动鼠标并单击以确定所需深度值。

5. 完成凸台特征的定义

Step1. 特征的所有要素被定义完毕后，单击对话框中的 按钮，预览所创建的特征，以检查各要素的定义是否正确。

说明：预览时，可按住鼠标中键进行旋转查看，如果所创建的特征不符合设计意图，可选择对话框中的相关选项重新定义。

Step2. 预览完成后，单击"凸台–拉伸"对话框中的 ✔ 按钮，完成特征的创建。

6. 添加其他拉伸特征

在创建零件的基础特征后，可以增加其他特征。现在要创建图 4.3.19 所示的薄壁拉伸特征，操作步骤如下。

Step1. 选择命令。选择下拉菜单 插入(I) ➡ 凸台/基体(B) ➡ 🗐 拉伸(E)... 命令（或单击"特征（F）"工具栏中的 🗐 按钮），系统将弹出图 4.3.20 所示的"拉伸"对话框。

说明：此处的"拉伸"对话框与图 4.3.4 所示的"拉伸"对话框显示的信息不同，原因是在此处添加的薄壁拉伸特征可以使用现有草图作为横断面草图。其中的现有草图指的是创建基准拉伸特征过程中创建的横断面草图。

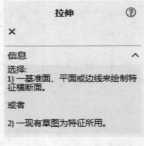

图 4.3.19　薄壁拉伸特征　　　　图 4.3.20　"拉伸"对话框

Step2. 创建横断面草图。

（1）选取草图基准面。选取图 4.3.21 所示的模型表面作为草图基准面，进入草图绘制环境。

（2）绘制特征的横断面草图。

① 绘制草图轮廓。

a）绘制图 4.3.22 所示的横断面草图的大体轮廓。

b）转换实体引用。选取图 4.3.22 所示的边线，然后选择下拉菜单 工具(T) ➡ 草图工具(T) ➡ 🗐 转换实体引用(E) 命令（或在"草图"工具栏中单击 🗐 按钮），该边线变亮，其上面出现"实体转换引用"的约束符号 🗐，此时该边线就变成当前草图的一部分。

关于"转换实体引用"的说明如下。

● "转换实体引用"的用途分为转换模型边线和转换外部草图实体两种。

● 转换模型的边线包括模型上一条或多条边线。

● 转换外部草图实体包括一个或多个草图实体。

② 建立几何约束。建立图 4.3.23 所示的对称和相切约束。

③ 建立尺寸约束。标注图 4.3.23 所示的两个尺寸。

④ 修改尺寸。将尺寸修改为设计要求的尺寸，并且裁剪多余的边线。

⑤ 完成草图绘制后，选择下拉菜单 插入(I) ➡ [图标] 退出草图 命令，退出草图绘制环境。

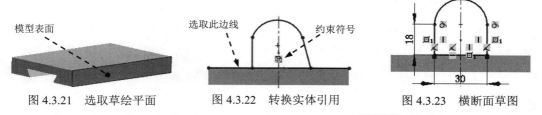

图 4.3.21 选取草绘平面   图 4.3.22 转换实体引用   图 4.3.23 横断面草图

Step3. 选择拉伸类型。在"凸台-拉伸"对话框中选中 ☑ **薄壁特征(T)** 复选框，创建薄壁拉伸特征。

Step4. 定义薄壁属性。

（1）选取薄壁厚度类型。在"凸台-拉伸"对话框 ☑ **薄壁特征(T)** 区域的下拉列表中选择 单向 选项。

（2）定义薄壁厚度值。在 ☑ **薄壁特征(T)** 区域的 [图标] 文本框中输入深度值 5.00，如图 4.3.24 所示，单击 ☑ **薄壁特征(T)** 区域中的 [图标] 按钮。

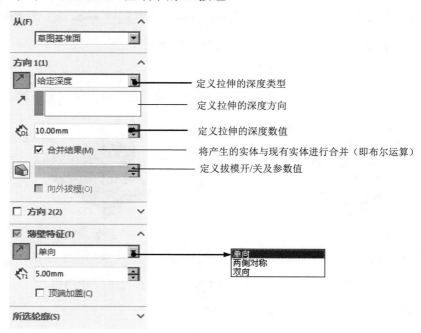

图 4.3.24 "凸台-拉伸"对话框

说明：如图 4.3.24 所示，打开"拉伸"对话框中 ☑ **薄壁特征(T)** 区域的下拉列表，列表中各薄壁深度类型选项说明如下。

- **单向**：使用指定的壁厚向一个方向拉伸草图。
- **两侧对称**：在草图的两侧各以指定壁厚的一半向两个方向拉伸草图。
- **双向**：在草图的两侧各使用不同的壁厚向两个方向拉伸草图（指定方向 1 厚度和方向 2 厚度）。

Step5. 定义拉伸深度属性。

（1）选取深度方向。单击 **方向1** 区域中的 ⤴ 按钮，选取与默认方向相反的方向。

（2）选取深度类型。在"凸台-拉伸"对话框 **方向1** 区域的下拉列表中选择 **给定深度** 选项。

（3）定义深度值。在 **方向1** 区域的 ⬆ 文本框中输入深度值 20.00。

Step6. 单击"凸台-拉伸"对话框中的 ✔ 按钮，完成特征的创建。

7．添加切除类拉伸特征

切除-拉伸特征的创建方法与凸台-拉伸特征的创建方法基本一致，只不过凸台-拉伸是增加实体，而切除-拉伸则是减去实体。

现在要创建图 4.3.25 所示的切除-拉伸特征，其一般操作步骤如下。

Step1. 选择命令。选择下拉菜单 **插入(I)** ➡ **切除(C)** ➡ 🗔 **拉伸(E)…** 命令（或单击工具栏中的 🗔 按钮），系统弹出"拉伸"对话框。

Step2. 创建特征的横断面草图。

（1）选取草图基准面。选取图 4.3.26 所示的模型表面作为草图基准面。

图 4.3.25　切除-拉伸特征

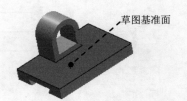

图 4.3.26　选取草图基准面

（2）绘制横断面草图。在草绘环境中创建图 4.3.27 所示的横断面草图。

① 绘制一个六边形的轮廓，创建图 4.3.27 所示的三个尺寸约束。

② 将尺寸修改为设计要求的目标尺寸。

③ 完成草图绘制后，选择下拉菜单 插入(I) ➡ [□ 退出草图]命令，退出草图绘制环境，此时系统弹出图 4.3.28 所示的"切除-拉伸"对话框。

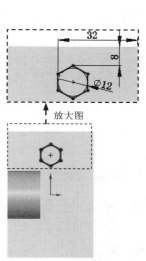

放大图

图 4.3.27　横断面草图

图 4.3.28　"切除-拉伸"对话框

Step3. 定义拉伸深度。

（1）选取深度方向。采用系统默认的深度方向。

（2）选取深度类型。在"切除-拉伸"对话框 **方向1** 区域的下拉列表中选择 成形到下一面 选项。

说明：

● 成形到下一面 选项的含义是特征将把沿深度方向遇到的第一个曲面作为拉伸终止面。在创建基础特征时，"切除-拉伸"对话框 **方向1** 区域的下拉列表中没有此选项，因为模型文件中不存在其他实体。

● "切除-拉伸"对话框 **方向1** 区域中有一个 □ 反侧切除(F) 复选框，若选中此复选框，系统将移除轮廓外的实体（默认情况下，系统切除的是轮廓内的实体）。

Step4. 单击"切除-拉伸"对话框中的 ✔ 按钮，完成特征的创建。

Step5. 保存模型文件。选择下拉菜单 文件(F) ➡ [💾 保存(S)]命令，保存文件名称为 slide。

4.4 切除拉伸特征

切除拉伸特征的创建方法与凸台拉伸特征基本一致，只不过凸台拉伸是增加实体，而切除拉伸则是减去实体。

现在要创建图 4.4.1 所示的切除拉伸特征，具体操作步骤如下。

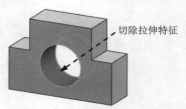

切除拉伸特征

图 4.4.1　创建切除拉伸特征

Step1. 选择命令。选择下拉菜单 插入(I) ➡ 切除(C) ➡ 拉伸(E)... 命令（或单击工具栏中的 命令按钮），系统弹出"切除－拉伸"对话框。

Step2. 创建特征的横断面草图。

（1）选取草图基准面。选取图 4.4.2 所示的模型表面作为草图基准面。

（2）绘制横断面草图。在草绘环境中创建图 4.4.3 所示的横断面草图，完成草图绘制后，选择下拉菜单 插入(I) ➡ 退出草图 命令，退出草绘环境，此时系统弹出图 4.4.4 所示的"切除-拉伸"对话框。

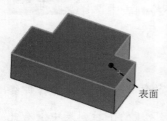

表面

图 4.4.2　选取草图基准面

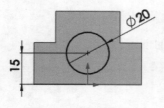

图 4.4.3　横断面草图

图 4.4.4　"切除-拉伸"对话框

Step3. 定义拉伸深度。

（1）选取深度方向。采用系统默认的深度方向。

（2）选取深度类型。在"切除-拉伸"对话框 方向1 区域的下拉列表中选择 成形到下一面 选项。

Step4. 单击"切除-拉伸"对话框中的 ✅ 按钮，完成特征的创建。

4.5　面向对象的操作

4.5.1　删除对象

下面以删除图 4.5.1 所示的模型中的筋特征为例，来说明删除特征的一般操作步骤。

a）删除前　　　　　　　　　　　　　　b）删除后

图 4.5.1　删除对象

Step1. 打开文件 D:\swxc18\work\ch04.05.01\support-base01.SLDPRT。

Step2. 在设计树中选中 👆 筋1 特征，右击，在系统弹出的快捷菜单中选择 ✕ 删除… (L) 命令，系统弹出"确认删除"对话框。

Step3. 定义是否删除内含的特征。在"确认删除"对话框中选中 ☑ 删除内含特征(F) 复选框，此时"确认删除"对话框显示如图 4.5.2 所示。

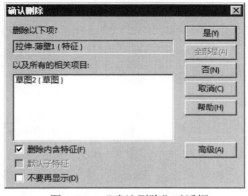

图 4.5.2　"确认删除"对话框

说明：内含的特征是指所选特征的父特征。本例中所选特征的内含特征即为"草图2（草图）"，如果取消选中 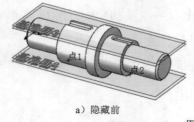 复选框，则系统执行删除命令后，将只删除特征，而不删除草图。

Step4. 单击对话框中的  按钮，完成特征的删除。

4.5.2 对象的隐藏与显示控制

对象的隐藏与显示就是通过一些操作，使某些对象在图形区中不显示或显示，通常用于隐藏辅助的草图、辅助参考体、引起遮挡的部件等。对于同一类型的对象，系统提供了整体的显示与隐藏开关，如图 4.5.3 所示，用户可以统一隐藏或显示某一类型的对象。需要注意的是，如果某个对象已经单独设置其隐藏状态，将不再受到整体开关的控制。

下面以图 4.5.4 所示的模型为例，来说明隐藏与显示对象的一般操作过程。

图 4.5.3　显示控制开关

a）隐藏前　　　　　　　　　　　　　　b）隐藏后

图 4.5.4　隐藏对象

Step1. 打开文件 D:\swxc18\work\ch04.05.02\gear-shaft.SLDPRT。

Step2. 隐藏单个对象。在设计树中右击 ● 点2 节点，在系统弹出的快捷菜单（图 4.5.5）中选择 命令，此时该点将不在图形区显示。

Step3. 隐藏连续的多个对象。

（1）在设计树中选择 基准面1 节点，按住键盘上的 Shift 键，然后单击 基准面3 节点，此时将选中 3 个对象，设计树显示如图 4.5.6 所示。

（2）在选中的对象上右击，在系统弹出的快捷菜单中选择 命令，此时被选中的对象将不在图形区显示，如图 4.5.7 所示。

Step4. 隐藏不连续的多个对象。

（1）在设计树中选择 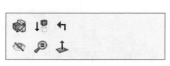 点1 节点，按住键盘上的 Ctrl 键，然后单击 基准面4 节点，此时将选中 2 个对象。

（2）在选中的对象上右击，在系统弹出的快捷菜单中选择 命令，此时被选中的对象将不在图形区显示。

Step5. 隐藏原点。在设计树中右击 原点 节点，在系统弹出的快捷菜单中选择 命令，此时原点将不在图形区显示，结果如图 4.5.4b 所示。

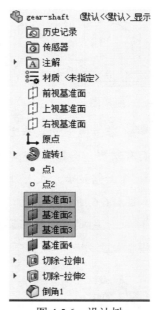

图 4.5.6　设计树

图 4.5.5　快捷菜单

图 4.5.7　隐藏多个对象后

4.6　模型的显示与视图控制

4.6.1　模型的显示样式

说明：学习本节时，请首先打开模型文件 D:\swxc18\work\ch04.06.01\slide.SLDPRT。

SolidWorks 提供了六种模型显示方式，可通过选择下拉菜单 视图(V) ➡ 显示(D) 命令，或从"视图（V）"工具栏（图 4.6.1）中选择显示方式。

图 4.6.1　"视图（V）"工具栏

"视图（V）"工具栏中部分按钮的功能介绍如下。

- ⊞（线架图显示方式）：模型以线框形式显示，所有边线显示为深颜色的细实线，如图 4.6.2 所示。

- ⊞（隐藏线可见显示方式）：模型以线框形式显示，可见的边线显示为深颜色的实线，不可见的边线显示为虚线，如图 4.6.3 所示。

- ⊟（消除隐藏线显示方式）：模型以线框形式显示，可见的边线显示为深颜色的实线，不可见的边线被隐藏起来（即不显示），如图 4.6.4 所示。

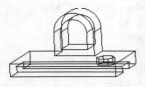
图 4.6.2　线架图

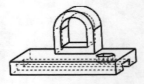
图 4.6.3　隐藏线可见

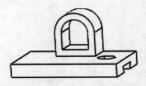
图 4.6.4　消除隐藏线

- ◨（带边线上色显示方式）：显示模型的可见边线，模型表面为灰色，部分表面有阴影，如图 4.6.5 所示。

- ◨（上色显示方式）：所有边线均不可见，模型表面为灰色，部分表面有阴影，如图 4.6.6 所示。

- ◨（上色模式中的阴影显示方式）：在上色模式中，当光源出现在当前视图的模型最上方时，模型下方会显示阴影，如图 4.6.7 所示。

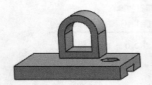
图 4.6.5　带边线上色

图 4.6.6　上色

图 4.6.7　上色模式中的阴影

4.6.2　模型的视图控制

视图的平移、旋转、滚转与缩放是零部件设计中常用的操作，这些操作只改变模型的视图方位而不改变模型的实际大小和空间位置，下面介绍它们的操作方法。

1. 平移的操作方法

（1）选择下拉菜单 视图(V) ➡ 修改(M) ➡ ✛ 平移(N) 命令（或在"视图（V）"工具栏中单击 ✛ 按钮），然后在图形区按住鼠标左键并移动鼠标，此时模型会随着鼠标的移动而平移。

（2）在图形区空白处右击，从系统弹出的快捷菜单中选择 ⊕ 平移 (F) 命令，然后在图形区按住左键并移动鼠标，此时模型会随着鼠标的移动而平移。

（3）按住 Ctrl 键和鼠标中键不放并移动鼠标，此时模型将随着鼠标的移动而平移。

2. 旋转的操作方法

（1）选择下拉菜单 视图(V) ➡ 修改(M) ▶ ➡ ℂ 旋转 (E) 命令（或在"视图（V）"工具栏中单击 ℂ 按钮），然后在图形区按住鼠标左键并移动鼠标，此时模型会随着鼠标的移动而旋转。

（2）在图形区空白处右击，从系统弹出的快捷菜单中选择 ℂ 旋转视图 (E) 命令，然后在图形区按住鼠标左键并移动鼠标，此时模型会随着鼠标的移动而旋转。

（3）按住鼠标中键并移动鼠标，此时模型将随着鼠标的移动而旋转。

3. 滚转的操作方法

（1）选择下拉菜单 视图(V) ➡ 修改(M) ▶ ➡ ℂ 滚转 (L) 命令（或在"视图（V）"工具栏中单击 ℂ 按钮），然后在图形区按住鼠标左键并移动鼠标，此时模型会随着鼠标的移动而翻滚。

（2）在图形区空白处右击，从系统弹出的快捷菜单中选择 ℂ 翻滚视图 (G) 命令，然后在图形区按住鼠标左键并移动鼠标，此时模型会随着鼠标的移动而翻滚。

4. 缩放的操作方法

（1）选择下拉菜单 视图(V) ➡ 修改(M) ▶ ➡ 🔍 动态放大/缩小 (I) 命令（或在"视图（V）"工具栏中单击 🔍 按钮），然后在图形区按住鼠标左键并移动鼠标，此时模型会随着鼠标的移动而缩放，向上则放大视图，向下则缩小视图。

（2）选择下拉菜单 视图(V) ➡ 修改(M) ▶ ➡ 🔍 局部放大 (Z) 命令（或在"视图（V）"工具栏中单击 🔍 按钮），然后在图形区选取所要放大的范围，可使此范围最大限度地显示在图形区。

（3）在图形区空白处右击，从系统弹出的快捷菜单中选择 🔍 局部放大 (B) 命令，然后在图形区选取所要放大的范围，可使此范围最大限度地显示在图形区。

（4）按住 Shift 键和鼠标中键不放，光标变成一个放大镜和上下指向的箭头，向上移动鼠标可将视图放大，向下移动鼠标则可将视图缩小。

注意：在"视图（V）"工具栏中单击  按钮，可以使视图填满整个界面窗口。

4.6.3 模型的视图定向

在设计零部件时，经常需要改变模型的视图方向，利用模型的"定向"功能可以将绘图区中的模型（图 4.6.8）精确定向到某个视图方向，定向命令按钮位于图 4.6.9 所示的"标准视图（E）"工具栏中。

图 4.6.8　原始视图方位　　　　图 4.6.9　"标准视图（E）"工具栏

"标准视图（E）"工具栏中的按钮具体介绍如下。

- ⬚（前视）：沿着 Z 轴负向的平面视图，如图 4.6.10 所示。
- ⬚（后视）：沿着 Z 轴正向的平面视图，如图 4.6.11 所示。
- ⬚（左视）：沿着 X 轴正向的平面视图，如图 4.6.12 所示。

图 4.6.10　前视图　　　　　图 4.6.11　后视图　　　　　图 4.6.12　左视图

- ⬚（右视）：沿着 X 轴负向的平面视图，如图 4.6.13 所示。
- ⬚（上视）：沿着 Y 轴负向的平面视图，如图 4.6.14 所示。
- ⬚（下视）：沿着 Y 轴正向的平面视图，如图 4.6.15 所示。

图 4.6.13　右视图　　　　　图 4.6.14　上视图　　　　　图 4.6.15　下视图

- ⬚（等轴测视图）：单击此按钮，可将模型视图旋转到等轴测三维视图模式，如图 4.6.16 所示。

- 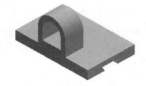（上下二等角轴测视图）：单击此按钮，可将模型视图旋转到上下二等角轴测三维视图模式，如图 4.6.17 所示。

- （左右二等角轴测视图）：单击此按钮，可将模型视图旋转到左右二等角轴测三维视图模式，如图 4.6.18 所示。

图 4.6.16　等轴测视图　　　图 4.6.17　上下二等角轴测视图　　　图 4.6.18　左右二等角轴测视图

- 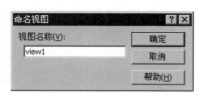（视图定向）：这是一个定制视图方向的命令，用于保存某个特定的视图方位，若用户对模型进行了旋转操作，只需单击此按钮，便可从系统弹出的图 4.6.19 所示的"方向"对话框（一）中找到这个已命名的视图方位。

"方向"对话框（一）的操作方法如下。

（1）将模型旋转到预定视图方位。

（2）在"标准视图（E）"工具栏中单击 按钮，系统弹出图 4.6.19 所示的"方向"对话框（一）。

（3）在"方向"对话框（一）中单击"新视图"按钮 ，系统弹出图 4.6.20 所示的"命名视图"对话框；在该对话框的 视图名称(V): 文本框中输入视图方位的名称 view1，然后单击 确定 按钮，此时 view1 出现在"方向"对话框（二）的列表中，如图 4.6.21 所示。

图 4.6.19　"方向"对话框（一）　图 4.6.20　"命名视图"对话框　图 4.6.21　"方向"对话框（二）

（4）关闭"方向"对话框（二），完成视图方位的定制。

（5）将模型旋转到另一视图方位，然后在"标准视图（E）"工具栏中单击 按钮，系统弹出"方向"对话框；在该对话框中单击 ，即可回到刚才定制的视图方位。

"方向"对话框中各按钮的功能说明如下。

- ☑ 按钮：单击此按钮，可以定制新的视图方位。

- ☑ 按钮：单击此按钮，可以重新设置所选标准视图方位（标准视图方位即系统默认提供的视图方位）。但在此过程中，系统会弹出图 4.6.22 所示的"SolidWorks"提示框，提示用户此更改将对工程图产生的影响，单击对话框中的 是(Y) 按钮，即可重新设置标准视图方位。

- ☑ 按钮：选中一个视图方位，然后单击此按钮，可以将此视图方位锁定在固定的对话框。

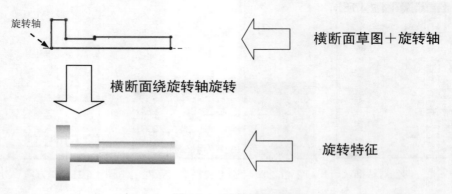

图 4.6.22   "SolidWorks"提示框

4.7 旋转凸台特征

4.7.1 概述

旋转（Revolve）特征是将横断面草图绕着一条轴线旋转而形成的实体特征。注意旋转特征必须有一条绕其旋转的轴线（图 4.7.1 所示为凸台旋转特征）。

图 4.7.1   旋转特征示意图

要创建或重新定义一个旋转体特征，可按下列操作顺序给定特征要素：定义特征属性（草图基准面）→绘制特征横断面草图→确定旋转轴线→确定旋转方向→输入旋转角度。

注意：旋转体特征分为凸台旋转特征和切除旋转特征，这两种旋转特征的横断面都必须是封闭的。

4.7.2 创建旋转凸台特征

下面以图 4.7.1 所示的一个简单模型为例，说明在新建一个以旋转特征为基础特征的零件模型时，创建旋转特征的详细过程。

Step1. 新建模型文件。选择下拉菜单 文件(F) ➡️ 新建(N)... 命令，在系统弹出的"新建 SolidWorks 文件"对话框中选择"零件"模块，单击 确定 按钮，进入建模环境。

Step2. 选择命令。选择下拉菜单 插入(I) ➡️ 凸台/基体(B) ➡️ 旋转(R)... 命令（或单击"特征（F）"工具栏中的 按钮），系统弹出图 4.7.2 所示的"旋转"对话框（一）。

Step3. 定义特征的横断面草图。

（1）选择草图基准面。在系统 选择一基准面来绘制特征横断面。 的提示下，选取上视基准面作为草图基准面，进入草图绘制环境。

（2）绘制图 4.7.3 所示的横断面草图（包括旋转中心线）。

① 绘制草图的大致轮廓。

② 建立图 4.7.3 所示的几何约束和尺寸约束，修改并整理尺寸。

（3）完成草图绘制后，选择下拉菜单 插入(I) ➡️ 退出草图 命令，退出草图绘制环境，系统弹出图 4.7.4 所示的"旋转"对话框（二）。

Step4. 定义旋转轴线。采用草图中绘制的中心线作为旋转轴线，此时"旋转"对话框（二）中显示所选中心线的名称。

Step5. 定义旋转属性。

（1）定义旋转方向。在图 4.7.4 所示的"旋转"对话框（二）的 **方向 1(1)** 区域的下拉列表中选择 给定深度 选项，采用系统默认的旋转方向。

（2）定义旋转角度。在 **方向 1(1)** 区域的 文本框中输入数值 360.0。

Step6. 单击"旋转"对话框中的 按钮，完成旋转凸台的创建。

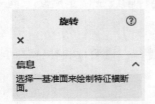

图 4.7.2 "旋转"对话框（一）

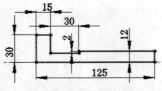

图 4.7.3 横断面草图

图 4.7.4 "旋转"对话框（二）

Step7. 选择下拉菜单 文件(F) ➡ 💾 保存(S) 命令，在弹出的对话框中将其命名为 revolve.SLDPRT，保存零件模型。

说明：

- 旋转特征必须有一条旋转轴线，围绕轴线旋转的草图只能在该轴线的一侧。
- 旋转轴线一般是用 ⟋ 中心线(N) 命令绘制的一条中心线，也可以是用 ⟋ 直线(L) 命令绘制的一条直线，还可以是草图轮廓的一条直线边。
- 如果旋转轴线是在横断面草图中，则系统会自动识别。

4.8 旋转切除特征

下面以图 4.8.1 所示的一个简单模型为例，说明创建旋转切除特征的一般操作步骤。

a）旋转前　　　　　　　　　　　　b）旋转后

图 4.8.1 旋转切除特征

Step1. 打开文件 D:\swxc18\work\ch04.08\revolve_cut.SLDPRT。

Step2. 选择命令。选择下拉菜单 插入(I) ➡ 切除(C) ➡ 🗍 旋转(R)... 命令（或单击"特征（F）"工具栏中的 🗍 按钮），系统弹出图 4.8.2 所示的"旋转"对话框（一）。

Step3. 定义特征的横断面草图。

（1）选择草图基准面。在系统 选择：1)一基准面、平面或边线来绘制特征横断面 的提示下，在设计树中选择前视基准面作为草图基准面，进入草绘环境。

（2）绘制图 4.8.3 所示的横断面草图（包括旋转中心线）。

① 绘制草图的大致轮廓。

② 建立图 4.8.3 所示的几何约束和尺寸约束，修改并整理尺寸。

（3）完成草图绘制后，选择下拉菜单 插入(I) ➡️ 退出草图 命令，退出草图绘制环境，系统弹出图 4.8.4 所示的"旋转"对话框（二）。

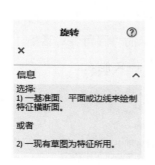

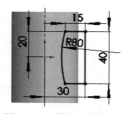

图 4.8.2　"旋转"对话框（一）　　图 4.8.3　横断面草图　　图 4.8.4　"旋转"对话框（二）

Step4. 定义旋转轴线。采用草图中绘制的中心线作为旋转轴线。

Step5. 定义旋转属性。

（1）定义旋转方向。在"旋转"对话框（二）的 方向1 区域的下拉列表中选择 给定深度 选项，采用系统默认的旋转方向。

（2）定义旋转角度。在 方向1 区域的 文本框中输入数值 360.00。

Step6. 单击该对话框中的 ✔ 按钮，完成旋转切除特征的创建。

4.9　圆角特征

"圆角"特征的功能是建立与指定边线相连的两个曲面相切的曲面，使实体曲面实现圆滑过渡。SolidWorks 2018 中提供了四种圆角的方法，用户可以根据不同情况进行圆角操作。这里将其中的三种圆角方法介绍如下。

4.9.1 恒定半径圆角

下面以图 4.9.1 所示的一个简单模型为例，说明创建恒定半径圆角特征的一般操作步骤。

a）圆角前　　　　　　　　　　　　b）圆角后

图 4.9.1　恒定半径圆角特征

Step1. 打开文件 D:\swxc18\work\ch04.09.01\edge_fillet01.SLDPRT。

Step2. 选择命令。选择下拉菜单 插入(I) ➡ 特征(F) ➡ 🔲 圆角 (U)...命令（或单击"特征（F）"工具栏中的 🔲 按钮），系统弹出图 4.9.2 所示的"圆角"对话框。

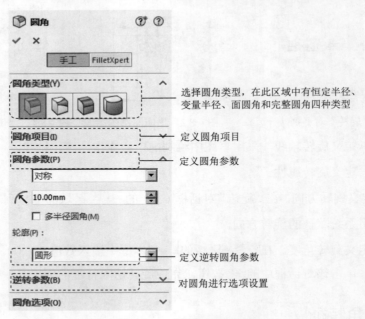

图 4.9.2　"圆角"对话框

Step3. 定义圆角类型。在"圆角"对话框 手工 选项卡的 圆角类型(Y) 选项组中单击 🔲 选项。

Step4. 选取要圆角的对象。在系统的提示下，选取图 4.9.1a 所示的模型边线 1 为要圆角的对象。

Step5. 定义圆角参数。在"圆角"对话框 **圆角参数(P)** 区域的 文本框中输入数值 10.00。

Step6. 单击"圆角"对话框中的 按钮，完成恒定半径圆角特征的创建。

说明：

在"圆角"对话框中还有一个 FilletXpert 选项卡，此选项卡仅在创建恒定半径圆角特征时发挥作用，使用此选项卡可生成多个圆角，并在需要时自动将圆角重新排序。

恒定半径圆角特征的圆角对象也可以是面或环等元素。例如选取图 4.9.3a 所示的模型表面 1 为圆角对象，则可创建图 4.9.3b 所示的圆角特征。

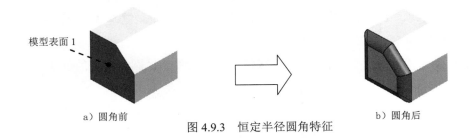

a）圆角前　　　　　　　　　　　　　　　　　b）圆角后

图 4.9.3　恒定半径圆角特征

4.9.2　变量半径圆角

变量半径圆角：生成包含变量半径值的圆角，可以使用控制点帮助定义圆角。

下面以图 4.9.4 所示的一个简单模型为例，说明创建变量半径圆角特征的一般操作步骤。

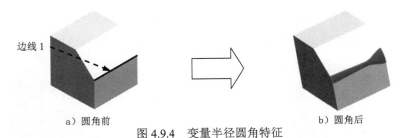

a）圆角前　　　　　　　　　　　　　　　　　b）圆角后

图 4.9.4　变量半径圆角特征

Step1. 打开文件 D:\swxc18\work\ch04.09.02\edge_fillet02.SLDPRT。

Step2. 选择命令。选择下拉菜单 **插入(I)** ➡ **特征(F)** ➡ 圆角 (U)... 命令（或单击"特征（F）"工具栏中的 按钮），系统弹出"圆角"对话框。

Step3. 定义圆角类型。在"圆角"对话框 手工 选项卡的 **圆角类型(Y)** 选项组中单击 选项。

Step4. 选取要圆角的对象。选取图 4.9.4a 所示的边线 1 为要圆角的对象。

说明：在选取圆角对象时，要确认 圆角项目(I) 区域处于激活状态。

Step5. 定义圆角参数。

（1）定义实例数。在"圆角"对话框的 变半径参数(P) 选项组的 #️ 文本框中输入数值 2。

说明：实例数即所选边线上需要设置半径值的点的数目（除起点和端点外）。

（2）定义起点与端点半径。在 变半径参数(P) 区域的"附加的半径"列表中选择"v1"，然后在 ⚲ 文本框中输入数值 10（即设置左端点的半径），按 Enter 键确认；在 🔵 列表中选择"v2"，输入半径值 20，按 Enter 键确认。

（3）在图形区选取图 4.9.5 所示的点 1（此时点 1 被加入 🔵 列表中），然后在列表中选择点 1 的表示项"P1"，在 ⚲ 文本框中输入数值 8，按 Enter 键确认；用同样的方法操作点 2，半径值为 6，按 Enter 键确认。

Step6. 单击"圆角"对话框中的 ✔ 按钮，完成变量半径圆角特征的创建。

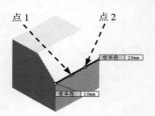

图 4.9.5　定义圆角参数

4.9.3　完整圆角

完整圆角：生成相切于三个相邻面组（与一个或多个面相切）的圆角。

下面以图 4.9.6 所示的一个简单模型为例，说明创建完整圆角特征的一般操作步骤。

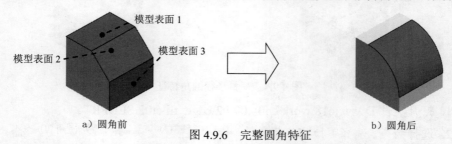

a）圆角前　　　　　　　　　　　　　　　　　　　　b）圆角后

图 4.9.6　完整圆角特征

Step1. 打开文件 D:\swxc18\work\ch04.09.03\edge_fillet03.SLDPRT。

Step2. 选择命令。选择下拉菜单 插入(I) ➡ 特征(F) ➡ 📦 圆角 (U)... 命令（或单击"特征（F）"工具栏中的 📦 按钮），系统弹出"圆角"对话框。

Step3. 定义圆角类型。在"圆角"对话框 手工 选项卡的 圆角类型(Y) 选项组中单击 选项。

Step4. 定义中央面组和边侧面组。

（1）定义边侧面组 1。选取图 4.9.6a 所示的模型表面 1 作为边侧面组 1。

（2）定义中央面组。在"圆角"对话框的 圆角项目(I) 区域单击以激活"中央面组"文本框，然后选取图 4.9.6a 所示的模型表面 2 作为中央面组。

（3）定义边侧面组 2。单击以激活"边侧面组 2"文本框，然后选取图 4.9.6a 所示的模型表面 3 作为边侧面组 2。

Step5. 单击"圆角"对话框中的 按钮，完成完整圆角特征的创建。

说明：一般而言，在生成圆角时最好遵循以下规则。

● 在添加小圆角之前添加较大圆角。当有多个圆角汇聚于一个顶点时，先生成较大的圆角。

● 在生成圆角前先添加拔模。如果要生成具有多个圆角边线及拔模面的铸模零件，在大多数情况下，应在添加圆角之前添加拔模特征。

● 最后添加装饰用的圆角。在大多数其他几何体定位后，尝试添加装饰圆角。越早添加，系统需要花费越长的时间重建零件。

● 如要加快零件重建的速度，请使用单一圆角操作来处理需要相同半径圆角的多条边线。如果改变此圆角的半径，则在同一操作中生成的所有圆角都会改变。

4.10　倒角特征

倒角（Chamfer）特征实际是在两个相交面的交线上建立斜面的特征。

下面以图 4.10.1 所示的一个简单模型为例，说明创建倒角特征的一般操作步骤。

a）倒角前　　　　　　　　　　　　　　　　b）倒角后

图 4.10.1　倒角特征

Step1. 打开文件 D:\swxc18\work\ch04.10\chamfer.SLDPRT。

Step2. 选择命令。选择下拉菜单 插入(I) ➡ 特征(F) ▶ 倒角(C)... 命令（或单击"特征（F）"工具栏中的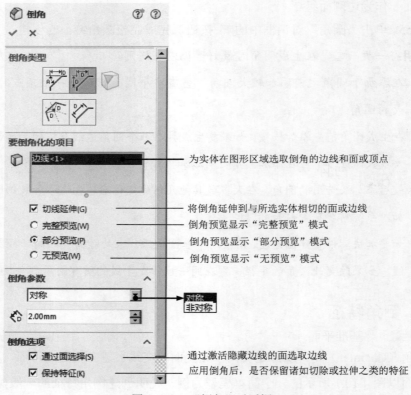按钮），系统弹出图 4.10.2 所示的"倒角"对话框。

Step3. 定义倒角类型。在"倒角"对话框**倒角类型**区域中单击选项。

Step4. 定义倒角对象。在系统的提示下，选取图 4.10.1a 所示的边线 1 作为倒角对象。

Step5. 定义倒角参数。在"倒角"对话框**倒角参数**区域的下拉列表中选择**对称**选框，然后在文本框中输入数值 2.00。

Step6. 单击该对话框中的按钮，完成倒角特征的创建。

图 4.10.2 "倒角"对话框

说明：

● 若在"倒角"对话框**倒角类型**区域中单击选项，则可以在和文本框中输入参数，以定义倒角特征。

● 倒角类型的各子选项说明如下。

☑ **切线延伸(G)**复选框：选中此复选框，可将倒角延伸到与所选实体相切的面或边线。

☑ 在"倒角"对话框中选择 ⊙ 完整预览(W) 、 ⊙ 部分预览(P) 或 ⊙ 无预览(N) 单选项，可以定义倒角的预览模式。

☑ ☑ 通过面选择(S) 复选框：选中此复选框，可以通过激活隐藏边线的面来选取边线。

☑ ☑ 保持特征(K) 复选框：选中此复选框，可以保留倒角处的特征（如拉伸、切除等），一般应用倒角命令时，这些特征将被移除。

● 利用"倒角"对话框还可以创建图 4.10.3 所示的顶点倒角特征，方法是在定义倒角类型时选择"顶点"选项，然后选取所需倒角的顶点，再输入目标参数即可。

a）倒角前   b）倒角后

图 4.10.3 顶点倒角特征

4.11　参考几何体

SolidWorks 中的参考几何体包括基准面、基准轴和点等基本几何元素，这些几何元素可作为其他几何体构建时的参照物，在创建零件的一般特征、曲面、零件的剖切面以及装配中起着非常重要的作用。

4.11.1　基准面

基准面也称基准平面。在创建一般特征时，如果模型上没有合适的平面，用户可以创建基准面作为特征截面的草图平面及其参照平面，也可以根据一个基准面进行标注，就好像它是一条边。基准面的大小可以调整，以使其看起来适合零件、特征、曲面、边、轴或半径。

要选择一个基准面，可以选择其名称，或选择它的一条边界。

1.　通过直线/点创建基准面

利用一条直线和直线外一点创建基准面，此基准面包含指定直线和点（由于直线可由两点确定，因此这种方法也可通过选择三点来完成）。

如图 4.11.1 所示，通过直线/点创建基准平面的一般操作步骤如下。

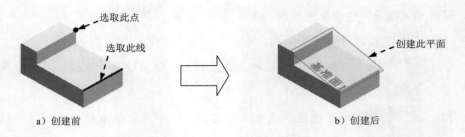

选取此点

选取此线

创建此平面

a）创建前

b）创建后

图 4.11.1　通过直线/点创建基准面

Step1. 打开文件 D:\swxc18\work\ch04.11.01\create_datum_plane01.SLDPRT。

Step2. 选择命令。选择下拉菜单 插入(I) ➡ 参考几何体(G) ➡ 🚪 基准面(P)…
命令（或单击"参考几何体"工具栏中的 🚪 按钮），系统弹出图 4.11.2 所示的"基准面"
对话框。

Step3. 定义基准面的参考实体。选取图 4.11.1a 所示的直线和点作为所要创建的基准
面的参考实体。

Step4. 单击"基准面"对话框中的 ✔ 按钮，完成基准面的创建。

图 4.11.2　"基准面"对话框

2. 创建与曲面相切的基准面

通过选择一个曲面创建基准面，此基准面与所选曲面相切，需要注意的是，创建时应指定方向矢量。下面介绍创建图 4.11.3 所示的与曲面相切的基准面的一般操作步骤。

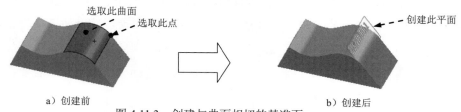

　　　　a）创建前　　　　　　　　　　　　　　　　　b）创建后

图 4.11.3　创建与曲面相切的基准面

Step1. 打开文件 D:\swxc18\work\ch04.11.01\create_datum_plane03.SLDPRT。

Step2. 选择命令。选择下拉菜单 插入(I) ➡ 参考几何体(G) ➡ 🚪 基准面(P)... 命令（或单击"参考几何体"工具栏中的 🚪 按钮），系统弹出图 4.11.2 所示的"基准面"对话框。

Step3. 定义基准面的参考实体。选取图 4.11.3a 所示的点和曲面作为所要创建的基准面的参考实体。

Step4. 单击"基准面"对话框中的 ✅ 按钮，完成基准面的创建。

3. 垂直于曲线创建基准面

利用点与曲线创建基准面，此基准面通过所选点，且与选定的曲线垂直。

如图 4.11.4 所示，通过垂直于曲线创建基准面的一般操作步骤如下。

　　　　　a）创建前　　　　　　　　　　　　　　　　b）创建后

图 4.11.4　垂直于曲线创建基准面

Step1. 打开文件 D:\swxc18\work\ch04.11.01\create_datum_plane02.SLDPRT。

Step2. 选择命令。选择下拉菜单 插入(I) ➡ 参考几何体(G) ➡ 🚪 基准面(P)... 命令（或单击"参考几何体"工具栏中的 🚪 按钮），系统弹出图 4.11.2 所示的"基准面"对话框。

Step3. 定义基准面的参考实体。选取图 4.11.4a 所示的点和边线作为所要创建的基准面的参考实体。

Step4. 单击"基准面"对话框中的 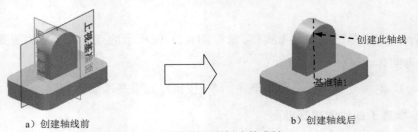 按钮，完成基准面的创建。

4.11.2 基准轴

"基准轴（axis）"按钮的功能是在零件设计模块中建立轴线。同基准面一样，基准轴也可以用于特征创建时的参照，并且基准轴对创建基准平面、同轴放置项目和径向阵列特别有用。

创建基准轴后，系统用基准轴 1、基准轴 2 等依次自动分配其名称。若要选取一个基准轴，则可选择基准轴自身或其名称。

1. 利用两平面创建基准轴

可以利用两个平面的交线创建基准轴。平面可以是系统提供的基准面，也可以是模型表面。如图 4.11.5b 所示，利用两平面创建基准轴的一般操作步骤如下。

a）创建轴线前   b）创建轴线后

图 4.11.5 利用两平面创建基准轴

Step1. 打开文件 D:\swxc18\work\ch04.11.02\create_datum_axis01.SLDPRT。

Step2. 选择命令。选择下拉菜单 插入(I) ➡ 参考几何体(G) ▶ ➡ / 基准轴(A)...
命令（或单击"参考几何体"工具栏中的 / 按钮），系统弹出图 4.11.6 所示的"基准轴"对话框。

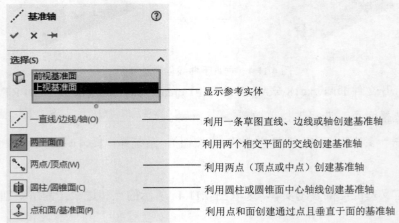

            ———— 显示参考实体

            ———— 利用一条草图直线、边线或轴创建基准轴

            ———— 利用两个相交平面的交线创建基准轴

            ———— 利用两点（顶点或中点）创建基准轴

            ———— 利用圆柱或圆锥面中心轴线创建基准轴

            ———— 利用点和面创建通过点且垂直于面的基准轴

图 4.11.6 "基准轴"对话框

Step3. 定义基准轴的创建类型。在"基准轴"对话框的 **选择(S)** 区域中单击"两平面"按钮 。

Step4. 定义基准轴的参考实体。选取前视基准面和上视基准面作为所要创建的基准轴的参考实体。

Step5. 单击"基准轴"对话框中的 按钮，完成基准轴的创建。

2. 利用两点/顶点创建基准轴

利用两点连线创建基准轴。点可以是顶点、边线中点或其他基准点。

下面介绍创建图 4.11.7b 所示的基准轴的一般操作步骤。

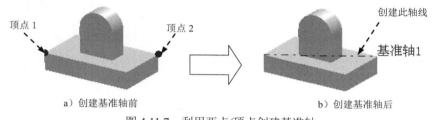

a）创建基准轴前　　　　　　　　　b）创建基准轴后

图 4.11.7　利用两点/顶点创建基准轴

Step1. 打开文件 D:\swxc18\work\ch04.11.02\create_datum_axis02.SLDPRT。

Step2. 选择命令。选择下拉菜单 **插入(I)** ➡ **参考几何体(G)** ➡ **基准轴(A)...** 命令（或单击"参考几何体"工具栏中的 按钮），系统弹出图 4.11.6 所示的"基准轴"对话框。

Step3. 定义基准轴的创建类型。在"基准轴"对话框的 **选择(S)** 区域中单击"两点/顶点"按钮 。

Step4. 定义基准轴参考实体。选取图 4.11.7a 所示的顶点 1 和顶点 2 作为基准轴的参考实体。

Step5. 单击"基准轴"对话框中的 按钮，完成基准轴的创建。

3. 利用圆柱/圆锥面创建基准轴

下面介绍创建图 4.11.8b 所示的基准轴的一般操作步骤。

Step1. 打开文件 D:\swxc18\work\ch04.11.02\create_datum_axis03.SLDPRT。

Step2. 选择命令。选择下拉菜单 **插入(I)** ➡ **参考几何体(G)** ➡ **基准轴(A)...** 命令（或单击"参考几何体"工具栏中的 按钮），系统弹出图 4.11.6 所示的"基准轴"对话框。

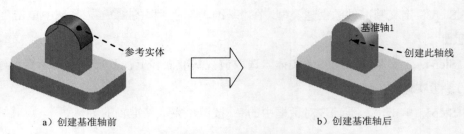

a）创建基准轴前　　　　　　　　　　　b）创建基准轴后

图 4.11.8　利用圆柱/圆锥面创建基准轴

Step3. 定义基准轴的创建类型。在"基准轴"对话框的 选择(S) 区域中单击"圆柱/圆锥面"按钮 。

Step4. 定义基准轴参考实体。选取图 4.11.8a 所示的半圆柱面为基准轴的参考实体。

Step5. 单击"基准轴"对话框中的 按钮，完成基准轴的创建。

4.11.3　点

"点（point）"按钮的功能是在零件设计模块中创建点，作为其他实体创建的参考元素。

1. 利用圆弧中心创建点

下面介绍创建图 4.11.9b 所示点的一般操作步骤。

a）创建点前　　　　　　　　　　　b）创建点后

图 4.11.9　利用圆弧中心创建点

Step1. 打开文件 D:\swxc18\work\ch04.11.03\create_datum_point01.sldprt。

Step2. 选择命令。选择下拉菜单 插入(I) ➡ 参考几何体(G) ▸ ➡ ▫ 点(O)... 命令（或单击"参考几何体"工具栏中的 ▫ 按钮），系统弹出图 4.11.10 所示的"点"对话框。

Step3. 定义点的创建类型。在"点"对话框的 选择(B) 区域中单击"圆弧中心"按钮 。

Step4. 定义点的参考实体。选取图 4.11.9a 所示的边线为点的参考实体。

Step5. 单击"点"对话框中的 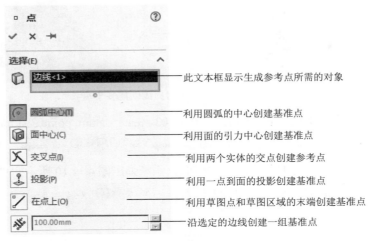 按钮，完成点的创建。

图 4.11.10 "点"对话框

2. 利用面中心创建基准点

利用所选面的中心创建点。下面介绍创建图 4.11.11b 所示点的一般操作步骤。

Step1. 打开文件 D:\swxc18\work\ch04.11.03\create_datum_point01.SLDPRT。

Step2. 选择命令。选择下拉菜单 插入(I) ➡ 参考几何体(G) ➡ □ 点(0)... 命令
（或单击"参考几何体"工具栏中的 □ 按钮），系统弹出图 4.11.10 所示的"点"对话框。

a）创建点前   b）创建点后

图 4.11.11 利用面中心创建点

Step3. 定义点的创建类型。在"点"对话框的 选择(S) 区域中单击"面中心"按钮 □。

Step4. 定义点的参考实体。选取图 4.11.11a 所示的模型表面为点的参考实体。

Step5. 单击"点"对话框中的 按钮，完成点的创建。

3. 沿曲线创建多个点

可以沿选定曲线生成一组点，曲线可以是模型边线或草图线段。下面介绍图 4.11.12b
所示的点的一般操作步骤。

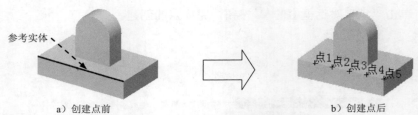

a）创建点前　　　　　　　　　　　b）创建点后

图 4.11.12　利用曲线创建多个点

Step1. 打开文件 D:\swxc18\work\ch04.11.03\create_datum_point03.sldprt。

Step2. 选择命令。选择下拉菜单 插入(I) ➡ 参考几何体(G) ▶ ➡ □ 点(O)... 命令（或单击"参考几何体"工具栏中的 □ 按钮），系统弹出图 4.11.10 所示的"点"对话框。

Step3. 定义点的创建类型。在"点"对话框的 选择(E) 区域中单击"沿曲线距离或多个参考点"按钮 。

Step4. 定义点的参考实体。

（1）定义生成点的直线。选取图 4.11.12a 所示的边线为生成点的直线。

（2）定义点的分布类型和数值。在"点"对话框中选择 ⊙ 距离(D) 单选项，在 按钮后的文本框中输入数值 10.00；在 #按钮后的文本框中输入数值 5.00，并按 Enter 键。

Step5. 单击"点"对话框中的 按钮，完成点的创建。

4.11.4　坐标系

"坐标系（Coordinate）"按钮的功能是在零件设计模块中创建坐标系，作为其他实体创建的参考元素。

下面介绍创建图 4.11.13b 所示坐标系的一般操作步骤。

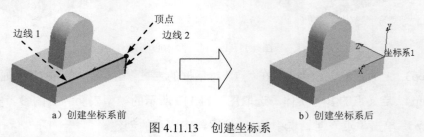

a）创建坐标系前　　　　　　　　　b）创建坐标系后

图 4.11.13　创建坐标系

Step1. 打开文件 D:\swxc18\work\ch04.11.04\create_datum_coordinate.SLDPRT。

Step2. 选择命令。选择下拉菜单 插入(I) ➡ 参考几何体(G) ▶ ➡ ↳ 坐标系(C)... 命令（或单击"参考几何体"工具栏中的 ↳ 按钮），系统弹出图 4.11.14 所示的"坐标系"对话框。

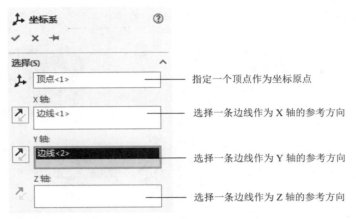

图 4.11.14 "坐标系"对话框

Step3. 定义坐标系参数。

（1）定义坐标系原点。选取图 4.11.13a 所示的顶点为坐标系原点。

说明：有两种方法可以更改选择，一是在图形区右击，从系统弹出的快捷菜单中选择 消除选择 (D) 命令，然后重新选择；二是在"原点"按钮 ↳ 后的文本框中右击，从系统弹出的快捷菜单中选择 消除选择 (A) 或 删除 (B) 命令，然后重新选择。

（2）定义坐标系 X 轴。选取图 4.11.13a 所示的边线 1 为 X 轴所在边线，方向如图 4.11.13b 所示。

（3）定义坐标系 Y 轴。选取图 4.11.13a 所示的边线 2 为 Y 轴所在边线，方向如图 4.11.13b 所示。

说明：坐标系的 Z 轴所在边线及其方向由 X 轴和 Y 轴决定，可以通过单击"反转"按钮 ↗ 实现 X 轴和 Y 轴方向的改变。

Step4. 单击"坐标系"对话框中的 ✓ 按钮，完成坐标系的创建。

4.12 孔特征

下面以图 4.12.1 所示的简单模型为例，说明在模型上创建孔特征（简单直孔）的一般操作步骤。

Step1. 打开文件 D:\swxc18\work\ch04.12\simple_hole.SLDPRT。

Step2. 选择命令。选择下拉菜单 插入(I) ➡ 特征(F) ➡ 📦 简单直孔 (S)... 命令（或单击"特征"工具栏中的 📦 按钮），系统弹出图 4.12.2 所示的"孔"对话框（一）。

Step3. 定义孔的放置面。选取图 4.12.1a 所示的模型表面为孔的放置面，此时系统弹出图 4.12.3 所示的"孔"对话框（二）。

孔的放置面

a）钻孔前　　　　　　　b）钻孔后

图 4.12.1　孔特征（简单直孔）

Step4. 定义孔的参数。

（1）定义孔的深度。在图 4.12.3 所示的"孔"对话框（二）**方向1**区域的下拉列表中选择**完全贯穿**选项。

（2）定义孔的直径。在图 4.12.3 所示的"孔"对话框（二）**方向1**区域的 ⃠ 文本框中输入数值 8.00。

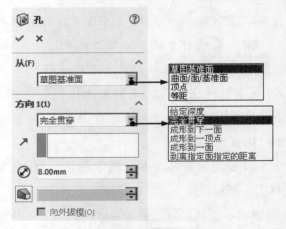

图 4.12.2　"孔"对话框（一）　　　　　　　图 4.12.3　"孔"对话框（二）

Step5. 单击"孔"对话框中的 ✅ 按钮，完成简单直孔的创建。

说明： 此时完成的简单直孔是没有经过定位的，孔所创建的位置即为用户选择孔的放置面时，鼠标在模型表面单击的位置。

Step6. 编辑孔的定位。

（1）进入定位草图。在设计树中右击 🔘 孔1，从系统弹出的快捷菜单中选择 ✏️ 命令，进入草图绘制环境。

（2）添加尺寸约束。创建图 4.12.4 所示的两个尺寸，并修改为设计要求的尺寸值。

（3）约束完成后，单击图形区右上角的"退出草图"按钮 ↪，退出草图绘制环境。

说明： "孔"对话框中有两个区域——**从(F)**区域和**方向1**区域。**从(F)**区域主要定义孔的起始条件；**方向1**区域用来设置孔的终止条件。

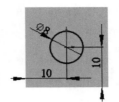

图 4.12.4　尺寸约束

- 在图 4.12.3 所示"孔"对话框的 **从(F)** 区域中，单击"草图基准面"选项后的小三角形，可选择四种起始条件选项，各选项功能如下。
  - ☑ **草图基准面** 选项：表示特征从草图基准面开始生成。
  - ☑ **曲面/面/基准面** 选项：若选择此选项，则需选择一个面作为孔的起始面。
  - ☑ **顶点** 选项：若选择此选项，则需选择一个顶点，并且所选顶点所在的与草绘基准面平行的面即为孔的起始面。
  - ☑ **等距** 选项：若选择此选项，则需输入一个数值，此数值代表的含义是孔的起始面与草绘基准面的距离。必须注意的是，控制距离的反向可以用下拉列表右侧的"反向"按钮，但不能在文本框中输入负值。
- 在图 4.12.3 所示的"孔"对话框（二）的 **方向1** 区域中，单击 **完全贯穿** 选项后的小三角形，可选择六种终止条件选项，各选项功能如下。
  - ☑ **给定深度** 选项：可以创建确定深度尺寸类型的特征，此时特征将从草绘平面开始，按照所输入的数值（即拉伸深度值）向特征创建的方向一侧生成。
  - ☑ **完全贯穿** 选项：特征将与所有曲面相交。
  - ☑ **成形到下一面** 选项：特征在拉伸方向上延伸，直至与平面或曲面相交。
  - ☑ **成形到一顶点** 选项：特征在拉伸方向上延伸，直至与指定顶点所在的且与草图基准面平行的面相交。
  - ☑ **成形到一面** 选项：特征在拉伸方向上延伸，直到与指定的平面相交。
  - ☑ **到离指定面指定的距离** 选项：若选择此选项，则需先选择一个面，并输入指定的距离，特征将从孔的起始面开始到所选面指定距离处终止。

4.13　装饰螺纹线

装饰螺纹线（Thread）是在其他特征上创建，并能在模型上清楚地显示出来的起修饰作用的特征，是表示螺纹直径的修饰特征。与其他修饰特征不同，螺纹的线型是不能修改修饰的，本例中的螺纹以系统默认的极限公差设置来创建。

装饰螺纹线可以表示外螺纹或内螺纹，可以是不通的或贯通的，可通过指定螺纹内径或螺纹外径（分别对于外螺纹和内螺纹）来创建装饰螺纹线，装饰螺纹线在零件建模时并不能完整地反映螺纹，但在工程图中会清晰地显示出来。

这里以 thread.SLDPRT 零件模型为例，说明如何在模型的圆柱面上创建图 4.13.1b 所示的装饰螺纹线。

图 4.13.1　创建装饰螺纹线

Step1. 打开文件 D:\swxc18\work\ch04.13\thread.sldprt。

Step2. 选择命令。选择下拉菜单 插入(I) ➡ 注解(N) ➡ 🖊 装饰螺纹线 (D)··· 命令，系统弹出图 4.13.2 所示的"装饰螺纹线"对话框（一）。

Step3. 定义螺纹的圆形边线。选取图 4.13.1a 所示的边线为螺纹的圆形边线。

Step4. 定义螺纹的次要直径。在图 4.13.3 所示的"装饰螺纹线"对话框（二）的 ⊘ 文本框中输入数值 15.00。

Step5. 定义螺纹深度类型和深度值。在图 4.13.3 所示的"装饰螺纹线"对话框（二）的下拉列表中选择 给定深度 选项，然后在 🔽 文本框中输入数值 60.00。

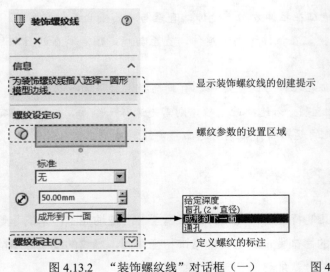

图 4.13.2　"装饰螺纹线"对话框（一）

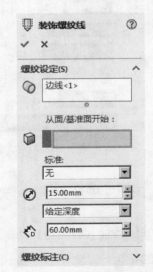

图 4.13.3　"装饰螺纹线"对话框（二）

Step6. 单击"装饰螺纹线"对话框（二）中的 按钮，完成装饰螺纹线的创建。

4.14 加强筋特征

筋（肋）特征的创建过程与拉伸特征基本相似，不同的是，筋（肋）特征的截面草图是不封闭的，其截面只是一条直线（图 4.14.1b）。但必须注意的是：截面两端必须与接触面对齐。

下面以图 4.14.1 所示的模型为例，说明筋（肋）特征创建的一般操作步骤。

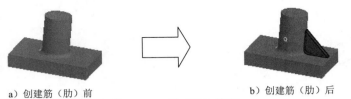

a）创建筋（肋）前　　　　　　　　b）创建筋（肋）后

图 4.14.1　筋（肋）特征

Step1. 打开文件 D:\swxc18\work\ch04.14\rib_feature.SLDPRT。

Step2. 选择命令。选择下拉菜单 插入(I) ➡ 特征(F) ➡ 筋(R)... 命令（或单击"特征"工具栏中的 按钮）。

Step3. 定义筋（肋）特征的横断面草图。

（1）选择草图基准面。完成上步操作后，系统弹出图 4.14.2 所示的"筋"对话框（一），在系统的提示下，选择上视基准面作为筋的草图基准面，进入草图绘制环境。

（2）绘制截面的几何图形（图 4.14.3 所示的直线）。

（3）添加几何约束和尺寸约束，并将尺寸数值修改为设计要求的尺寸数值，如图 4.14.3 所示。

（4）单击 按钮，退出草图绘制环境。

图 4.14.2　"筋"对话框（一）

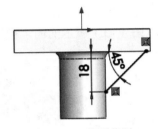

图 4.14.3　截面草图

Step4. 定义筋（肋）特征的参数。

（1）定义筋（肋）的生成方向。图 4.14.4 所示的箭头指示的是筋（肋）的正确生成方向，若方向与之相反，可选中图 4.14.5 所示"筋"对话框（二）参数(P) 区域的 ☑ 反转材料方向(F) 复选框。

图 4.14.4　定义筋（肋）的生成方向

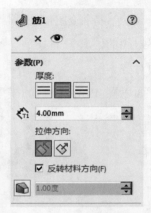

图 4.14.5　"筋"对话框（二）

（2）定义筋（肋）的厚度。在图 4.14.5 所示的"筋"对话框（二）的 参数(P) 区域中单击 ▤ 按钮，然后在 文本框中输入数值 4.00。

Step5. 单击"筋"对话框（二）中的 按钮，完成筋（肋）特征的创建。

4.15　拔模特征

注塑件和铸件往往需要一个拔模斜面才能顺利脱模，SolidWorks 2018 中的拔模特征就是用来创建模型的拔模斜面的。

拔模特征共有三种：中性面拔模、分型线拔模和阶梯拔模。下面将介绍建模中最常用的中性面拔模。

中性面拔模特征是通过指定拔模面、中性面和拔模方向等参数生成以指定角度切削所选拔模面的特征。

下面以图 4.15.1 所示的简单模型为例，说明创建中性面拔模特征的一般操作步骤。

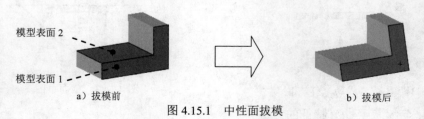

a）拔模前　　　　　　　　　　　　　　b）拔模后

图 4.15.1　中性面拔模

Step1. 打开文件 D:\swxc18\work\ch04.15\draft.SLDPRT。

Step2. 选择命令。选择下拉菜单 插入(I) ➡ 特征(F) ▶ ➡ 拔模(D)... 命令（或单击"特征（F）"工具栏中的"拔模"按钮 ），系统弹出图 4.15.2 所示的"拔模 1"对话框。

Step3. 定义拔模类型。在"拔模"对话框的 拔模类型(T) 区域中选择 ⊙ 中性面(E) 单选项。

注意：该对话框中包含一个 DraftXpert 选项卡，此选项卡的作用是管理中性面拔模的生成和修改。当用户编辑拔模特征时，该选项卡不会出现。

Step4. 定义拔模面。单击以激活对话框 拔模面(F) 区域中的文本框，选取图 4.15.1a 所示的模型表面 1 为拔模面。

Step5. 定义拔模的中性面。单击以激活对话框 中性面(N) 区域中的文本框，选取图 4.15.1a 所示的模型表面 2 为中性面。

Step6. 定义拔模属性。

（1）定义拔模方向。拔模方向如图 4.15.3 所示。

说明：在定义拔模的中性面之后，模型表面将出现一个指示箭头，箭头表明的是拔模方向（即所选拔模中性面的法向），如图 4.15.3 所示；可单击 中性面(N) 区域中的"反向"按钮 ，反转拔模方向。

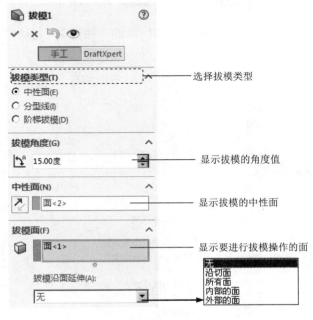

图 4.15.2 "拔模 1"对话框

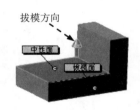

图 4.15.3 定义拔模方向

（2）输入角度值。在"拔模 1"对话框 **拔模角度(G)** 区域的文本框 中输入角度值 15.00。

Step7. 单击"拔模 1"对话框中的 ✅ 按钮，完成中性面拔模特征的创建。

4.16 抽壳特征

抽壳（Shell）特征是将实体的内部掏空，留下一定壁厚（等壁厚或多壁厚）的空腔，该空腔可以是封闭的，也可以是开放的，如图 4.16.1 所示。在使用该命令时，要注意各特征的创建次序。

1. 等壁厚抽壳

下面以图 4.16.1 所示的简单模型为例，说明创建等壁厚抽壳特征的一般操作步骤。

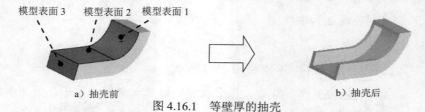

模型表面 3　模型表面 2　模型表面 1

a）抽壳前　　　　　　　　　　　　b）抽壳后

图 4.16.1　等壁厚的抽壳

Step1. 打开文件 D:\swxc18\work\ch04.16\shell_feature.SLDPRT。

Step2. 选择命令。选择下拉菜单 **插入(I)** ➡ **特征(F)** ➡ 🗔 **抽壳(S)...** 命令（或单击"特征（F）"工具栏中的 🗔 按钮），系统弹出图 4.16.2 所示的"抽壳 1"对话框。

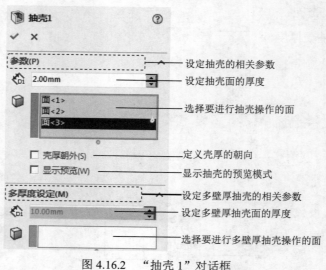

设定抽壳的相关参数	
设定抽壳面的厚度	
选择要进行抽壳操作的面	
定义壳厚的朝向	
显示抽壳的预览模式	
设定多壁厚抽壳的相关参数	
设定多壁厚抽壳面的厚度	
选择要进行多壁厚抽壳操作的面	

图 4.16.2　"抽壳 1"对话框

Step3. 定义抽壳厚度。在 **参数(P)** 区域的 文本框中输入数值 2.00。

Step4. 选取要移除的面。选取图 4.16.1a 所示的模型表面 1、模型表面 2 和模型表面 3 为要移除的面。

Step5. 单击"抽壳 1"对话框中的 按钮，完成抽壳特征的创建。

2. 多壁厚抽壳

利用多壁厚抽壳可以生成在不同面上具有不同壁厚的抽壳特征。

下面以图 4.16.3 所示的简单模型为例，说明创建多壁厚抽壳特征的一般操作步骤。

模型表面 5
模型表面 4（侧面）　　模型表面 6（侧面）
a）抽壳前　　　　　　　　　　b）抽壳后

图 4.16.3　多壁厚的抽壳

Step1. 打开文件 D:\swxc18\work\ch04.16\shell_feature.SLDPRT。

Step2. 选择命令。选择下拉菜单 **插入(I)** ➡ **特征(F)** ➡ **抽壳(S)…** 命令（或单击"特征（F）"工具栏中的 按钮），系统弹出"抽壳 1"对话框。

Step3. 选取要移除的面。选取图 4.16.1a 所示的模型表面 1、模型表面 2 和模型表面 3 为要移除的面。

Step4. 定义抽壳厚度。

（1）定义抽壳剩余面的默认厚度。在"抽壳 1"对话框 **参数(P)** 区域的 文本框中输入数值 2.00。

（2）定义抽壳剩余面中指定面的厚度。

① 在"抽壳 1"对话框中单击 **多厚度设定(M)** 区域中的"多厚度面"文本框 。

② 选取图 4.16.3a 所示的模型表面 4 为指定厚度的面，然后在"多厚度设定"区域的 文本框中输入数值 8.00。

③ 选取图 4.16.3a 所示的模型表面 5 和模型表面 6 为指定厚度的面，分别输入厚度值 6.00 和 4.00。

Step5. 单击"抽壳 1"对话框中的 ✓ 按钮，完成多壁厚抽壳特征的创建。

4.17 扫描凸台特征

扫描（Sweep）特征是将一个轮廓沿着给定的路径"掠过"而生成的。扫描特征分为凸台扫描特征和切除扫描特征，图 4.17.1 所示即为凸台扫描特征。要创建或重新定义一个扫描特征，必须给定两大特征要素，即路径和轮廓。下面以图 4.17.1 为例，说明创建凸台扫描特征的一般操作步骤。

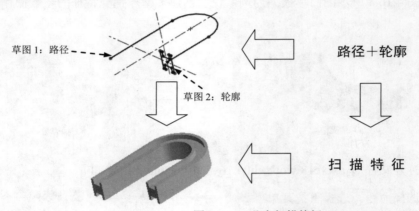

图 4.17.1 凸台扫描特征

Step1. 打开文件 D:\swxc18\work\ch04.17\sweep_example.SLDPRT。

Step2. 选择命令。选择下拉菜单 插入(I) ➡ 凸台/基体(B) ➡ 🍥 扫描(S)…命令（或单击"特征（F）"工具栏中的 🍥 按钮），系统弹出图 4.17.2 所示的"扫描"对话框。

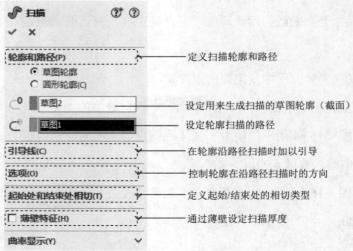

图 4.17.2 "扫描"对话框

Step3. 选取扫描轮廓。选取草图 2 作为扫描轮廓。

Step4. 选取扫描路径。选取草图 1 作为扫描路径。

Step5. 在"扫描"对话框中单击 ✔ 按钮，完成扫描特征的创建。

说明：创建扫描特征必须遵循以下规则。

- 对于扫描凸台/基体特征而言，轮廓必须是封闭环，若是曲面扫描，则轮廓可以是开环也可以是闭环。
- 路径可以为开环或闭环。
- 路径可以是一张草图、一条曲线或模型边线。
- 路径的起点必须位于轮廓的基准面上。
- 不论是截面、路径还是所要形成的实体，都不能出现自相交叉的情况。

4.18　扫描切除特征

下面以图 4.18.1 为例，说明创建切除-扫描特征的一般操作步骤。

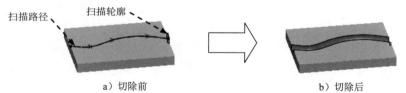

a）切除前　　　　　　　　　　　b）切除后

图 4.18.1　切除-扫描特征

Step1. 打开文件 D:\swxc18\work\ch04.18\sweep_cut. SLDPRT。

Step2. 选择命令。选择下拉菜单 插入(I) ➡ 切除(C) ➡ 扫描(S)... 命令（或单击"特征（F）"工具栏中的 按钮），系统弹出"切除-扫描"对话框。

Step3. 选取扫描轮廓。选取图 4.18.1a 所示的扫描轮廓。

Step4. 选取扫描路径。选取图 4.18.1a 所示的扫描路径。

Step5. 在"切除-扫描"对话框中单击 ✔ 按钮，完成切除-扫描特征的创建。

4.19　放样凸台特征

将一组不同的截面沿其边线用过渡曲面连接形成一个连续的特征就是放样特征。放样特征分为凸台放样特征和切除放样特征，分别用于生成实体和切除实体。放样特征至少需要两个截面，且不同截面应事先绘制在不同的草图平面上。图 4.19.1 所示的放样特征是由三个截面混合而成的凸台放样特征。

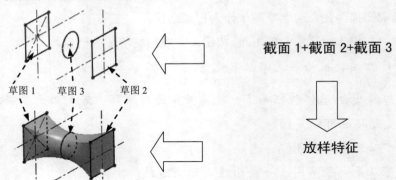

截面 1+截面 2+截面 3

放样特征

图 4.19.1 放样特征

Step1. 打开文件 D:\swxc18\work\ch04.19\blend.SLDPRT。

Step2. 选择命令。选择下拉菜单 插入(I) ➡ 凸台/基体(B) ➡ 🔔 放样(L)... 命令（或单击"特征（F）"工具栏中的 🔔 按钮），系统弹出图 4.19.2 所示的"放样"对话框。

Step3. 选取截面轮廓。依次选取图 4.19.1 中的草图 2、草图 3 和草图 1 作为凸台放样特征的截面轮廓。

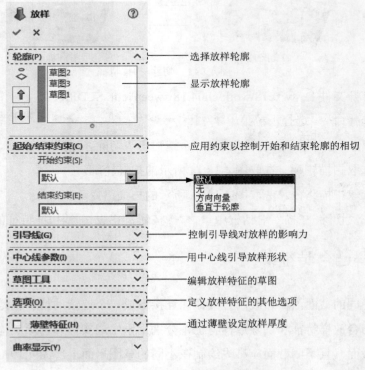

- 选择放样轮廓
- 显示放样轮廓
- 应用约束以控制开始和结束轮廓的相切
- 控制引导线对放样的影响力
- 用中心线引导放样形状
- 编辑放样特征的草图
- 定义放样特征的其他选项
- 通过薄壁设定放样厚度

图 4.19.2 "放样"对话框

注意:

● 凸台放样特征实际上是利用截面轮廓以渐变的方式生成的,所以在选择的时候要注意截面轮廓的先后顺序,否则无法正确生成实体。

● 选取一个截面轮廓,单击 ⬆ 按钮或 ⬇ 按钮可以调整轮廓的顺序。

Step4. 选取引导线。本例中使用系统默认的引导线。

说明:在一般情况下,系统默认的引导线经过截面轮廓的几何中心。

Step5. 单击 "放样" 对话框中的 ✔ 按钮,完成凸台放样特征的创建。

说明:

● 使用引导线放样时,可以使用一条或多条引导线来连接轮廓,引导线可控制放样实体的中间轮廓。需注意的是,引导线与轮廓之间应存在几何关系,否则无法生成目标放样实体。

● 起始/结束约束(C) 区域的各选项说明如下。

☑ 默认 选项:系统将在起始轮廓和结束轮廓间建立抛物线,利用抛物线中的相切来约束放样曲面,使产生的放样实体更具可预测性并且更自然。

☑ 无 选项:不应用到相切约束。

☑ 方向向量 选项:根据所选轮廓,选择合适的方向向量以应用相切约束。操作时,选择一个方向向量之后,需选择一个基准面、线性边线或轴来定义方向向量。

☑ 垂直于轮廓 选项:系统将建立垂直于开始轮廓或结束轮廓的相切约束。

● 在 "放样" 对话框中选中 ☑ 薄壁特征(I) 复选框,可以通过设定参数创建图 4.19.3 所示的薄壁凸台-放样特征。

图 4.19.3 薄壁凸台-放样特征

4.20 放样切除特征

创建图 4.20.1b 所示的切除-放样特征的一般操作步骤如下。

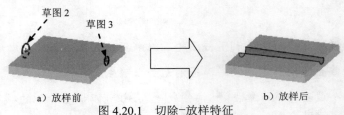

图 4.20.1   切除-放样特征

Step1. 打开文件 D:\swxc18\work\ch04.20\blend_2.SLDPRT。

Step2. 选择命令。选择下拉菜单 插入(I) ➡ 切除(C) ➡ 放样(L)… 命令（或单击"特征（F）"工具栏中的 按钮），系统弹出"切除-放样"对话框。

Step3. 选取截面轮廓。依次选取图 4.20.1a 中的草图 2 和草图 3 作为切除-放样特征的截面轮廓。

Step4. 选取引导线。本例中使用系统默认的引导线。

Step5. 单击"切除-放样"对话框中的 按钮，完成切除-放样特征的创建。

4.21   变换操作

4.21.1   镜像特征

特征的镜像复制就是将源特征相对一个平面（这个平面称为镜像基准面）进行镜像，从而得到源特征的一个副本。如图 4.21.1 所示，对这个切除-拉伸特征进行镜像复制的一般操作步骤如下。

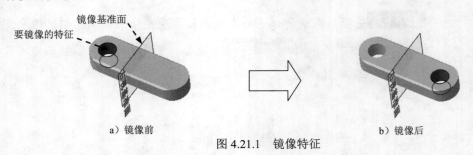

图 4.21.1   镜像特征

Step1. 打开文件 D: \swxc18\work\ch04.21.01\mirror_copy.SLDPRT。

Step2. 选择命令。选择下拉菜单 插入(I) ➡ 阵列/镜像(E) ➡ 镜向(M)… 命令（或单击"特征（F）"工具栏中的 按钮），系统弹出图 4.21.2 所示的"镜像"（软件误作"镜向"）对话框。

Step3. 选取镜像基准面。选取右视基准面作为镜像基准面。

Step4. 选取要镜像的特征。选取图 4.21.1a 所示的切除−拉伸特征作为要镜像的特征。

Step5. 单击"镜像"对话框中的 按钮，完成特征的镜像操作。

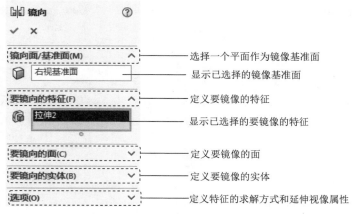

图 4.21.2 "镜像"对话框

4.21.2 平移模型

"平移（Translation）"命令的功能是将模型沿着指定方向移动到指定距离的新位置，此功能不同于之前章节中的视图平移。模型平移是相对于坐标系移动，模型的坐标没有改变，而视图平移则是模型和坐标系同时移动。

下面对图 4.21.3a 所示的模型进行平移，其一般操作步骤如下。

a）平移前   b）平移后

图 4.21.3 模型的平移

Step1. 打开文件 D:\swxc18\work\ch04.21.02\translate.SLDPRT。

Step2. 选择命令。选择下拉菜单 插入(I) ➡ 特征(F) ➡ 移动/复制(V)... 命令（或单击"特征"工具栏中的 按钮），系统弹出图 4.21.4 所示的"移动/复制实体"对话框（一）。

Step3. 定义平移实体。选取图形区的整个模型为要平移的实体。

Step4. 定义平移参考体。单击 平移 区域的 文本框使其激活，然后选取图 4.21.3a

所示的边线 1，此时对话框如图 4.21.5 所示。

图 4.21.4   "移动/复制实体"对话框（一）   图 4.21.5   "移动/复制实体"对话框（二）

Step5. 定义平移距离。在图 4.21.5 所示的 **平移** 区域的 文本框中输入数值 50.00。

Step6. 单击"移动/复制实体"对话框中的 ✔ 按钮，完成模型的平移操作。

说明：

●   在"移动/复制实体"对话框的 **要移动/复制的实体** 区域中选中 ☑ **复制(C)** 复选框，
即可在平移的同时复制实体。在 口# 文本框中输入复制实体的数值 2，完成平移
复制后的模型如图 4.21.6b 所示。

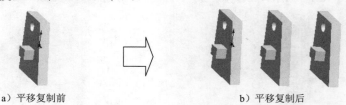

a）平移复制前   b）平移复制后

图 4.21.6   模型的平移复制

●   在"移动/复制实体"对话框中单击 **约束(O)** 按钮，将展开对话框中的约束部分，
在此对话框中可以定义实体之间的配合关系。完成约束之后，可以单击对话框
底部的 **平移/旋转(R)** 按钮，切换到参数设置的界面。

4.21.3   旋转模型

"旋转"命令的功能是将模型绕轴线旋转到新位置，此功能不同于视图旋转。模型旋
转是相对于坐标系旋转，模型的坐标没有改变，而视图旋转则是模型和坐标系同时旋转。

下面对图 4.21.7a 所示的模型进行旋转，其一般操作步骤如下。

a）旋转前　　　　　　　图 4.21.7　模型的旋转　　　　　　　b）旋转后

Step1. 打开文件 D:\swxc18\work\ch04.21.03\rotate.SLDPRT。

Step2. 选择命令。选择下拉菜单 插入(I) ➡ 特征(F) ➡ 🔧 移动/复制(V)...命令（或单击"特征"工具栏中的 🔧 按钮），系统弹出"移动/复制实体"对话框。

Step3. 定义旋转实体。选取图形区的整个模型为旋转实体。

Step4. 定义旋转参考体。选取图 4.21.7a 所示的边线为旋转参考体。

说明： 定义的旋转参考不同，所需定义旋转参数的方式也不同。如选取一个顶点，则需定义实体在 X、Y、Z 三个轴上的旋转角度。

Step5. 定义旋转角度。在图 4.21.8 所示的 旋转 区域的 🔧 文本框中输入数值 110.00。

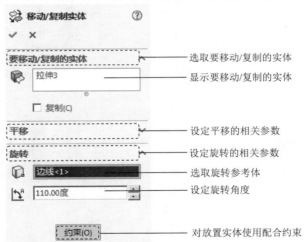

图 4.21.8　"移动/复制实体"对话框

Step6. 单击"移动/复制实体"对话框中的 ✅ 按钮，完成模型的旋转操作。

4.21.4　线性阵列

特征的线性阵列就是将源特征以线性排列方式进行复制，使源特征产生多个副本。如图 4.21.9 所示，对这个切除-拉伸特征进行线性阵列的一般操作步骤如下。

Step1. 打开文件 D:\swxc18\work\ch04.21.04\rectangular.SLDPRT。

Step2. 选择命令。选择下拉菜单 插入(I) ➜ 阵列/镜像(E) ➜ ▦ 线性阵列(L)… 命令（或单击"特征（F）"工具栏中的 ▦ 按钮），系统弹出图 4.21.10 所示的"线性阵列"对话框。

Step3. 定义阵列源特征。单击以激活 ☑ 特征和面(F) 选项组 区域中的文本框，选取图 4.21.9a 所示的切除-拉伸特征作为阵列的源特征。

Step4. 定义阵列参数。

（1）定义方向 1 参考边线。单击以激活 方向 1(1) 区域中的 文本框，选取图 4.21.11 所示的边线 1 为方向 1 的参考边线。

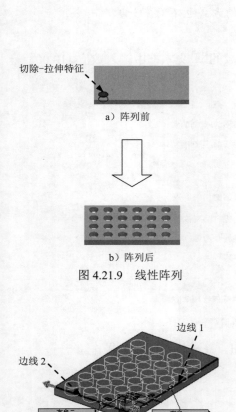

切除-拉伸特征

a）阵列前

b）阵列后

图 4.21.9 线性阵列

边线 1

边线 2

方向二
间距 12.00mm
实例 4

方向一
间距 12.00mm
实例 6

图 4.21.11 定义阵列参数

线性阵列	⑦⁺ ⑦

✓ ✕

方向 1(1) ――――― 设定阵列方向 1 的相关参数

↗ 边线<1> ――――― 设定阵列方向 1 的方向

⊙ 间距与实例数(S)

○ 到参考(U)

12.00mm ――――― 设定阵列实例之间的间距

6 ――――― 设定阵列实例的数量

方向 2(2) ――――― 设定阵列方向 2 的相关参数

↗ 边线<2> ――――― 设定阵列方向 2 的方向

⊙ 间距与实例数(S)

○ 到参考(U)

12.00mm ――――― 设定阵列实例之间的间距

4 ――――― 设定阵列实例的数量

☐ 只阵列源(P) ――――― 阵列源特征

☑ 特征和面(F) ――――― 选取要阵列的特征和面

拉伸2

☐ 实体(B) ――――― 选取多实体零件生成阵列

☐ 可跳过的实例(I) ――――― 跳过在图形区域选择的阵列实例

选项(O) ――――― 定义特征的求解方式和延伸视像属性

☐ 变化的实例(V) ――――― 定义特征的形状变化

图 4.21.10 "线性阵列"对话框

（2）定义方向 1 参数。在 **方向 1(1)** 区域的 文本框中输入数值 12.00；在 文本框中输入数值 6。

（3）选择方向 2 参考边线。单击以激活 **方向 2(2)** 区域中 按钮后的文本框，选取图 4.21.11 所示的边线 2 为方向 2 的参考边线，然后单击 按钮。

（4）定义方向 2 参数。在 **方向 2(2)** 区域的 文本框中输入数值 12.00；在 文本框中输入数值 4。

Step5. 单击"线性阵列"对话框中的 按钮，完成线性阵列的创建。

4.21.5 圆周阵列

特征的圆周阵列就是将源特征以圆周排列方式进行复制，使源特征产生多个副本。如图 4.21.12 所示，进行圆周阵列的一般操作步骤如下。

临时轴　　　　　　　　　　切除-拉伸特征

a）阵列前　　　　　　　　　　　b）阵列后

图 4.21.12　圆周阵列

Step1. 打开文件 D:\swxc18\work\ch04.21.05\circle_pattern.SLDPRT。

Step2. 选择命令。选择下拉菜单 **插入(I)** ➡ **阵列/镜像(E)** ➡ **圆周阵列(C)...** 命令（或单击"特征（F）"工具栏中的 按钮），系统弹出图 4.21.13 所示的"阵列（圆周）1"对话框。

Step3. 定义阵列源特征。单击以激活 **☑ 特征和面(F)** 选项组 区域中的文本框，选取图 4.21.12a 所示的切除-拉伸特征作为阵列的源特征。

Step4. 定义阵列参数。

（1）定义阵列轴。选择下拉菜单 **视图(V)** ➡ **隐藏/显示(H)** ➡ **临时轴(X)** 命令，即显示临时轴；选取图 4.21.12 所示的临时轴为圆周阵列轴。

（2）定义阵列间距。在 **参数(P)** 区域的 文本框中输入数值 36.00。

（3）定义阵列实例个数。在 **参数(P)** 区域的 文本框中输入数值 10。

（4）取消选中 **□ 等间距** 单选项。

Step5. 单击"阵列（圆周）"对话框中的 按钮，完成圆周阵列的创建。

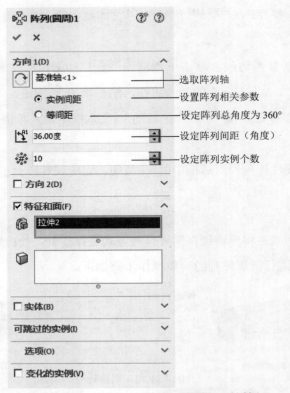

图 4.21.13　"阵列（圆周）"对话框

4.21.6　草图驱动的阵列

草图驱动的阵列就是将源特征复制到用户指定的位置（指定位置一般以草绘点的形式表示），使源特征产生多个副本。如图 4.21.14 所示，对切除-拉伸特征进行草图驱动阵列的一般操作步骤如下。

Step1. 打开文件 D:\swxc18\work\ch04.21.06\sketch_array.SLDPRT。

Step2. 选择命令。选取下拉菜单 插入(I) ➡ 阵列/镜像 (E) ➡ 草图驱动的阵列 (S)... 命令（或单击"特征（F）"工具栏中的 按钮），系统弹出图 4.21.15 所示的"由草图驱动的阵列"对话框。

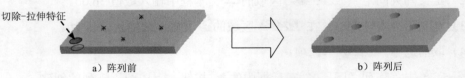

a）阵列前　　　　　　　　　　　　　　　　　　　b）阵列后

图 4.21.14　草图驱动的阵列

Step3. 定义阵列源特征。单击以激活 特征和面(F) 选项组 区域中的文本框，选取图 4.21.14a 所示的切除-拉伸特征作为阵列的源特征。

Step4. 定义阵列的参考草图。单击以激活 选择(S) 区域的 文本框，然后选取设计树中的 草图3 作为阵列的参考草图。

Step5. 单击"由草图驱动的阵列"对话框中的 按钮，完成草图驱动的阵列的创建。

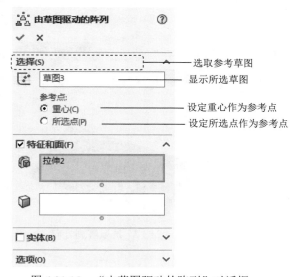

图 4.21.15　"由草图驱动的阵列"对话框

4.21.7　填充阵列

填充阵列就是将源特征填充到指定的位置（指定位置一般为一片草图区域），使源特征产生多个副本。如图 4.21.16 所示，对这个切除-拉伸特征进行填充阵列的一般操作步骤如下。

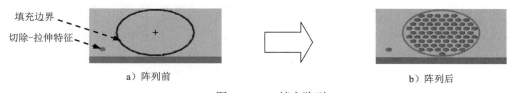

a）阵列前　　　　　　　　　　　　　　　b）阵列后

图 4.21.16　填充阵列

Step1. 打开文件 D:\swxc18\work\ch04.21.07\fill_array.SLDPRT。

Step2. 选择命令。选择下拉菜单 插入(I) ➡ 阵列/镜像(E) ➡ 填充阵列(F)... 命令（或单击"特征（F）"工具栏中的 按钮），系统弹出"填充阵列"对话框。

Step3. 定义阵列源特征。单击以激活"填充阵列"对话框 **✓ 特征和面(F)** 选项组 区域中的文本框，选取图 4.21.16a 所示的切除-拉伸特征作为阵列的源特征。

Step4. 定义阵列参数。

（1）定义阵列的填充边界。激活 **填充边界(L)** 区域中的文本框，选取设计树中的 **草图3** 为阵列的填充边界。

（2）定义阵列布局。

① 定义阵列模式。在"填充阵列"对话框的 **阵列布局(O)** 区域中单击 按钮。

② 定义阵列方向。激活 **阵列布局(O)** 区域的 文本框，选取图 4.21.17 所示的边线作为阵列方向。

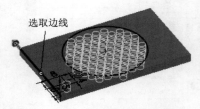

选取边线

图 4.21.17 选取阵列方向

注意： 线性尺寸也可以作为阵列方向。

③ 定义阵列尺寸。在 **阵列布局(O)** 区域的 文本框中输入数值 5.00，在 文本框中输入数值 30.00，在 文本框中输入数值 0.00。

Step5. 单击"填充阵列"对话框中的 ✓ 按钮，完成填充阵列的创建。

4.21.8 删除阵列实例

下面以图 4.21.18 所示的图形为例，说明删除阵列实例的一般操作步骤。

要删除的实例

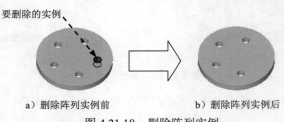

a）删除阵列实例前　　　　b）删除阵列实例后

图 4.21.18 删除阵列实例

Step1. 打开文件 D:\swxc18\work\ch04.21.08\delete_pattern.SLDPRT。

Step2. 选择命令。在图形区右击要删除的阵列实例（图 4.21.18a），从系统弹出的快捷菜单中选择 ✕ ［删除... (Y)］命令（或选取该阵列实例，然后按 Delete 键），系统弹出图 4.21.19 所示的"确认删除"对话框。

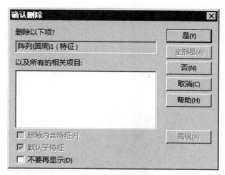

图 4.21.19　"确认删除"对话框

Step3. 单击该对话框中的 ［是(Y)］ 按钮，完成阵列实例的删除。

4.22　特征的编辑操作

4.22.1　编辑参数

特征参数的编辑是指对特征的尺寸和相关修饰元素进行修改，以下举例说明其操作方法。

1．显示特征尺寸值

Step1. 打开文件 D:\swxc18\work\ch04.22.01\slide.SLDPRT。

Step2. 在图 4.22.1 所示模型（slide）的设计树中，双击要编辑的特征（或直接在图形区双击要编辑的特征），此时该特征的所有尺寸都显示出来，如图 4.22.2 所示，以便进行编辑（若 Instant3D 按钮 处于按下状态，只需单击特征即可显示尺寸）。

2．修改特征尺寸值

通过上述方法进入尺寸的编辑状态后，如果要修改特征的某个尺寸值，方法如下。

Step1. 在模型中双击要修改的某个尺寸，系统弹出图 4.22.3 所示的"修改"对话框。

Step2. 在"修改"对话框的文本框中输入新的尺寸，并单击对话框中的 ✓ 按钮。

Step3. 编辑特征的尺寸后，必须进行重建操作，重新生成模型，这样修改后的尺寸才会重新驱动模型。方法是选择下拉菜单 编辑(E) ➡ 重建模型(R) 命令（或单击"标准"工具栏中的 按钮）。

图 4.22.1　设计树

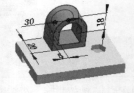

图 4.22.2　编辑零件模型的尺寸

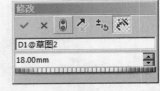

图 4.22.3　"修改"对话框

图 4.22.3 所示的"修改"对话框中各按钮的说明如下。

● 按钮：保存当前数值并退出"修改"对话框。

● 按钮：恢复原始数值并退出"修改"对话框。

● 按钮：以当前数值重建模型。

● 按钮：用于反转尺寸方向的设置。

● 按钮：重新设置数值框的增（减）量值。

● 按钮：标注要输入工程图中的尺寸。

3. 修改特征尺寸的修饰

如果要修改特征的某个尺寸的修饰，其一般操作步骤如下。

Step1. 双击选中要修改尺寸的特征，在模型中单击要修改其修饰的某个尺寸，系统弹出图 4.22.4 所示的"尺寸"对话框。

Step2. 在"尺寸"对话框中可进行尺寸数值、字体、公差/精度和显示等相应修饰项的设置修改。

（1）单击"尺寸"对话框中的 公差/精度(P)，系统将展开图 4.22.5 所示的 公差/精度(P) 区域，在此区域中可以进行尺寸公差/精度的设置。

（2）单击"尺寸"对话框中的 引线 选项卡，系统将切换到图 4.22.6 所示的界面，在该界面中可对 尺寸界线/引线显示(W) 进行设置。选中 ☑ 自定义文字位置 复选框，可以对文字位置进行设置。

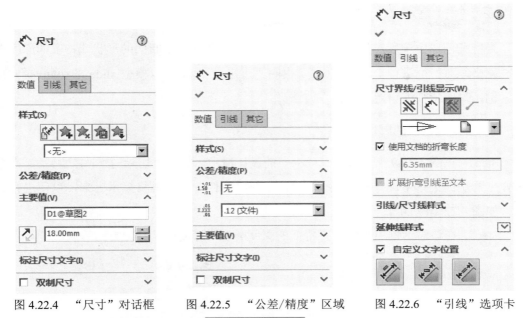

图 4.22.4 "尺寸"对话框　　图 4.22.5 "公差/精度"区域　　图 4.22.6 "引线"选项卡

（3）单击"数值"选项卡中的 **标注尺寸文字(I)** ，系统将展开图 4.22.7 所示的"标注尺寸文字"区域，在该区域中可进行尺寸文字的修改。

（4）单击 **其它** 选项卡，系统切换到图 4.22.8 所示的界面，在该界面中可进行单位和文本字体的设置。

图 4.22.7 "标注尺寸文字"区域

图 4.22.8 "其它"选项卡

4.22.2 特征重定义

当特征创建完毕后，如果需要重新定义特征的属性、横断面的形状或特征的深度选项，就必须对特征进行"编辑定义"，也叫"重定义"。下面以模型 slide 的切除-拉伸特征为例，说明特征编辑定义的操作方法。

1. 重定义特征的属性

Step1. 在图 4.22.9 所示模型（slide）的设计树中，右击"切除-拉伸 1"特征，在系统弹出的快捷菜单中选择 命令，此时"切除-拉伸"对话框将显示出来，以便进行编辑，如图 4.22.10 所示。

Step2. 在该对话框中重新设置特征的深度类型和深度值及拉伸方向等属性。

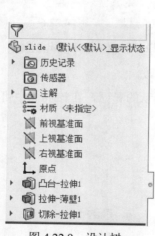

图 4.22.9　设计树

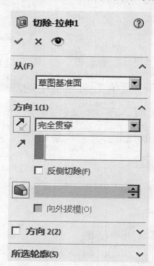

图 4.22.10　"切除-拉伸 1"对话框

Step3. 单击该对话框中的 按钮，完成特征属性的修改。

2. 重定义特征的横断面草图

Step1. 在图 4.22.11 所示的设计树中右击"切除-拉伸 1"特征，在系统弹出的快捷菜单中选择 命令，进入草图绘制环境。

Step2. 在草图绘制环境中修改特征草绘横断面的尺寸、约束关系和形状等。

Step3. 单击右上角的"退出草图"按钮 ，退出草图绘制环境，完成特征的修改。

说明：在编辑特征的过程中可能需要修改草图基准平面，其方法是在图 4.22.11 所示的设计树中右击 草图3 ，从系统弹出的图 4.22.12 所示的快捷菜单中选择 命令，系统将弹出图 4.22.13 所示的"草图绘制平面"对话框，在此对话框中可更改草图基准面。

图 4.22.11　设计树

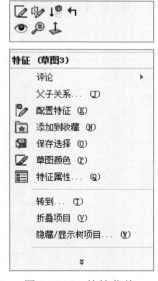

图 4.22.12　快捷菜单

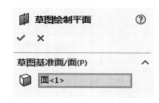

图 4.22.13　"草图绘制平面"对话框

4.22.3　特征的父子关系

在设计树中右击所要查看的特征（如拉伸-薄壁 1），在系统弹出的图 4.22.14 所示的快捷菜单中选择 父子关系… (I) 命令，弹出图 4.22.15 所示的"父子关系"对话框，在此对话框中可查看所选特征的父特征和子特征。

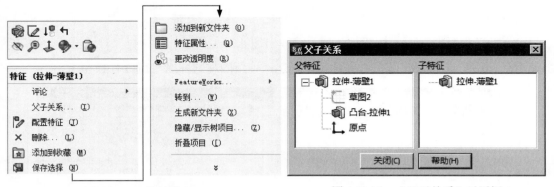

图 4.22.14　快捷菜单

图 4.22.15　"父子关系"对话框

4.22.4　特征重排序

这里以 compositor.SLDPRT 文件为例，说明特征重新排序（Reorder）的操作方法。

如图 4.22.16 所示，在零件的设计树中选取 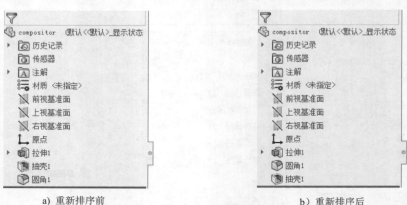 圆角1 特征，按住鼠标左键不放并拖动鼠标，拖至 抽壳1 特征的上面，然后松开鼠标，这样瓶底圆角特征就调整到抽壳特征的前面了。

a) 重新排序前   b) 重新排序后

图 4.22.16 特征的重新排序

注意：特征的重新排序（Reorder）是有条件的，条件是不能将一个子特征拖至其父特征的前面。如果要调整有父子关系的特征的顺序，必须先解除特征间的父子关系。解除父子关系有两种方法，一是改变特征截面的标注参照基准或约束方式；二是改变特征的重定次序（Reroute），即改变特征的草绘平面和草绘平面的参照平面。

4.23 模型的材料属性设置

在 Solidworks 软件中，系统自带了非常丰富的材料数据库，用户在需要设置模型的材料属性时，可以选择下拉菜单 编辑(E) ➡ 外观(A) ➡ 材质(M)... 命令，或在"标准"工具栏中单击 按钮，此时系统弹出图 4.23.1 所示的"材料"对话框（一），在此对话框中可选择系统已有的材料或者创建一种新的材料并赋予到零件模型上。

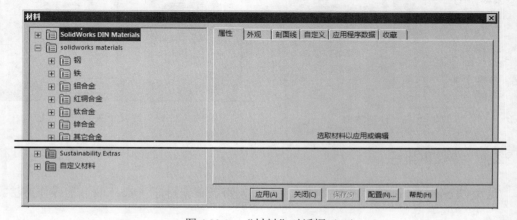

图 4.23.1 "材料"对话框（一）

下面以一个简单模型为例，说明设置零件模型材料属性的一般操作步骤，操作前请打开模型文件 D:\swxc18\work\ch04.23\slide.SLDPRT。

Step1. 将材料应用到模型。

（1）选择下拉菜单 编辑(E) ➡ 外观(A) ➡ 材质(M)... 命令，系统弹出"材料"对话框。

（2）在该对话框的列表中选择 红铜合金 中的 黄铜 选项，此时在该对话框中显示所选材料的属性，如图 4.23.2 所示。

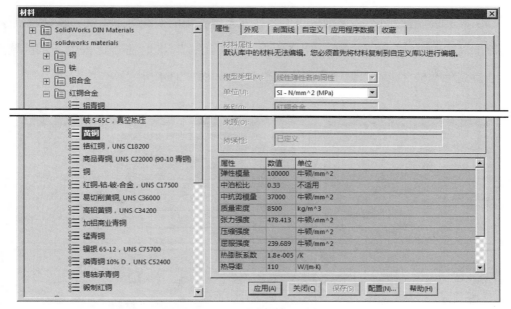

图 4.23.2 "材料"对话框（二）

（3）单击 应用(A) 按钮，将材料应用到模型，如图 4.23.3b 所示。

（4）单击 关闭(C) 按钮，关闭"材料"对话框。

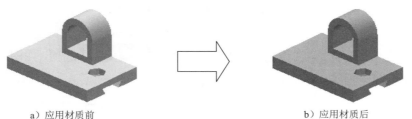

a）应用材质前   b）应用材质后

图 4.23.3 应用"黄铜"材质

说明：应用了新材料后，用户可以在"设计树"中找到相应的材料，并对其进行编辑或者删除。

Step2. 创建新材料。

（1）选择下拉菜单 编辑(E) ➡ 外观(A) ▶ ➡ 材质(M)… 命令，系统弹出"材料"对话框。

（2）右击列表 ⊞ 红铜合金 中的 铜 选项，在弹出的快捷菜单中选择 复制(C) 命令。

（3）在列表底部的 自定义材料 上右击，在系统弹出的快捷菜单中选择 新类别(N) 命令，然后输入"自定义红铜"字样。

（4）在列表底部的 自定义红铜 上右击，在系统弹出的快捷菜单中选择 粘贴(P) 命令。然后将 自定义红铜 节点下的 铜 字样改为"锻制红铜"。此时在对话框的下部区域显示各物理属性数值（也可以编辑修改这些数值），如图 4.23.4 所示。

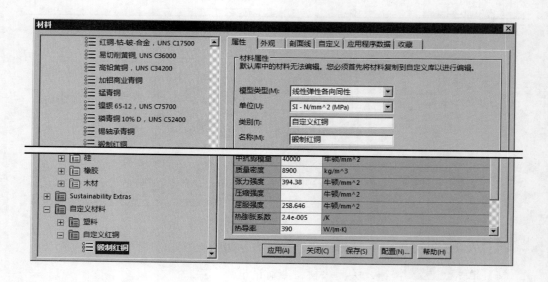

图 4.23.4　"材料"对话框（三）

（5）单击 外观 选项卡，在该选项卡的列表中选择 锻制红铜 选项，如图 4.23.5 所示。

（6）单击 保存(S) 按钮，保存自定义的材料。

（7）在"材料"对话框中单击 应用(A) 按钮，应用设置的自定义材料，如图 4.23.6 所示。

（8）单击 关闭(C) 按钮，关闭"材料"对话框。

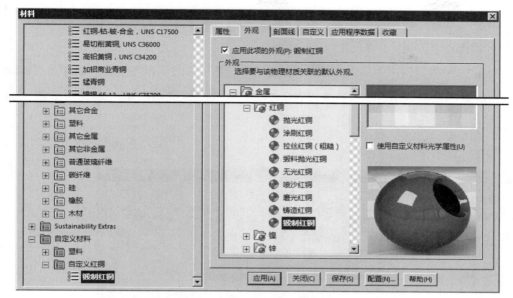

图 4.23.5 "外观"选项卡

图 4.23.6 应用自定义材料

4.24 模型的单位设置

每个模型都有一个基本的米制和非米制单位系统，以确保该模型的所有材料属性保持测量和定义的一贯性。SolidWorks 系统提供了一些预定义单位系统，其中一个是默认单位系统，但用户也可以定义自己的单位和单位系统（称为定制单位和定制单位系统）。在进行产品设计前，应使产品中的各元件具有相同的单位系统。

选择下拉菜单 工具(T) ➡️ ⚙️ 选项(P)... 命令，在"文档属性"选项卡中可以设置、更改模型的单位系统。

如果要对当前模型中的单位制进行修改（或创建自定义的单位系统），可参考下面的操作方法进行。

Step1. 选择下拉菜单 工具(T) ➡ ⚙ 选项(P)... 命令，系统弹出"系统选项（S）- 普通"对话框。

Step2. 在该对话框中单击 文档属性(D) 选项卡，然后在对话框左侧的列表中选择 单位 选项，此时对话框右侧出现单位系统，确认 ⊙ MMGS（毫米、克、秒）处于选中状态，如图 4.24.1 所示。

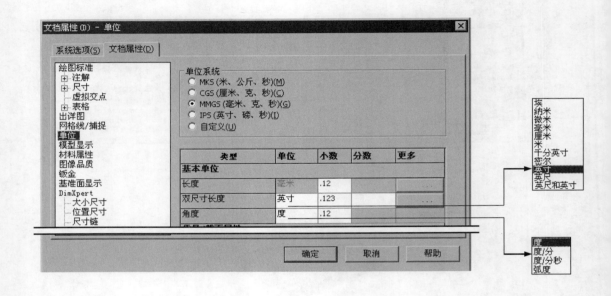

图 4.24.1　"文档属性（D）-单位"对话框（一）

Step3. 如果要对模型应用系统提供其他单位系统，只需在对话框的 单位系统 选项组中选择所要应用的单选项即可；除此之外，只可更改 双尺寸长度 和 角度 区域中的选项；若要自定义单位系统，须先在 单位系统 选项组中选择 ⊙ 自定义(U) 单选项，此时 基本单位 和 质量/截面属性 区域中的各选项将变亮，如图 4.24.2 所示，用户可根据自身需要来定制相应的单位系统。

Step4. 完成修改操作后，单击该对话框中的 确定 按钮。

说明：在各单位系统区域均可调整小数位数，此参数由所需显示数据的精确程度决定，默认小数位数为 2。

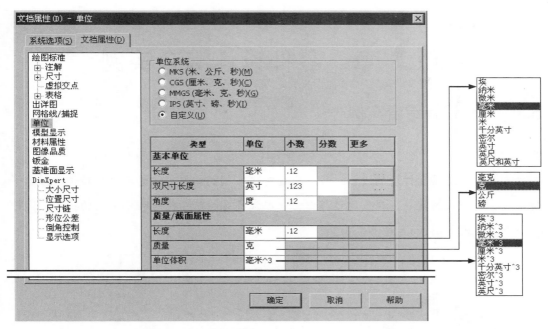

图 4.24.2 "文档属性（D）–单位"对话框（二）

学习拓展：扫码学习更多视频讲解。

讲解内容：零件设计实例精选，包含六十多个各行各业零件设计的全过程讲解。讲解中，首先分析了设计的思路以及建模要点，然后对设计操作步骤做了详细的演示，最后对设计方法和技巧做了总结。

第 **5** 章 零件设计综合实例

5.1 零件设计综合实例一

实例概述：

　　本实例介绍了支撑座的设计过程。通过对本实例的学习，读者可以对拉伸、圆角等特征有更为深入的理解。在创建过程中，需要注意在特征定位过程中用到的技巧。零件模型及设计树如图 5.1.1 所示。

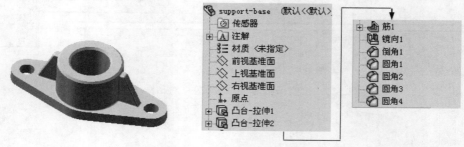

图 5.1.1　零件模型及设计树

　　Step1. 新建文件。选择下拉菜单 文件(F) ➡ 新建(N)... 命令，系统弹出"新建"对话框。在 模板 区域中选取模板类型为"零件"；单击 确定 按钮，进入建模环境。

　　Step2. 创建图 5.1.2 所示的拉伸特征 1。

　　（1）选择命令。选择下拉菜单 插入(I) ➡ 凸台/基体(B) ➡ 拉伸(E)... 命令，系统弹出"拉伸"对话框。

　　（2）在系统 选择一基准面来绘制特征横断面 的提示下，选择"上视基准面"为草图基准面。

　　① 进入草图环境，绘制图 5.1.3 所示的截面草图 1。

图 5.1.2　拉伸特征 1

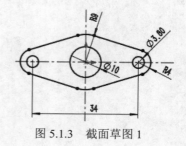

图 5.1.3　截面草图 1

② 完成之后单击 ⤶ 按钮，退出草图环境。

（3）设定拉伸参数。在"凸台-拉伸 1"对话框 **方向1(1)** 区域中的终止条件选择 给定深度 选项，并在其下的"距离"文本框中输入值 3。

（4）单击 ✔ 按钮，完成拉伸特征 1 的创建。

Step3. 创建图 5.1.4 所示的拉伸特征 2。

（1）选择命令。选择下拉菜单 插入(I) ➡ 凸台/基体(B) ➡ 🗔 拉伸(E)... 命令，系统弹出"拉伸"对话框。

（2）绘制截面草图。在系统 选择一基准面来绘制特征横断面。 的提示下，选择图 5.1.4 所示的模型表面为草图基准面；绘制图 5.1.5 所示的截面草图 2，完成之后单击 ⤶ 按钮，退出草图环境。

（3）设定拉伸参数。在"凸台-拉伸 2"对话框 **方向1(1)** 区域中的终止条件选择 给定深度 选项，并在其下的"距离"文本框中输入值 10，并选中 ☑ 合并结果(M) 复选框。

（4）单击 ✔ 按钮，完成拉伸特征 2 的创建。

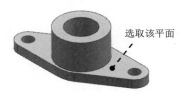

图 5.1.4 拉伸特征 2

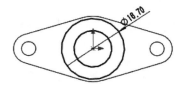

图 5.1.5 截面草图 2

Step4. 创建筋特征。

（1）选择命令。选择下拉菜单 插入(I) ➡ 特征(F) ➡ 🗔 筋(R)... 命令，系统弹出"筋 1"对话框。

（2）绘制截面草图。在系统 1)一基准面、平面或边线来绘制特征横断面。 的提示下，选择"前视基准面"作为草图基准面；绘制图 5.1.6 所示的截面草图 3，完成之后单击 ⤶ 按钮，退出草图环境。

（3）设定拉伸参数。在"筋 1"对话框 **参数(P)** 区域的 厚度: 下选择两侧按钮 ▤ ，在 ⤸ 后的文本框中输入值 2。

（4）单击 ✔ 按钮，完成筋特征 1 的创建（图 5.1.7）。

图 5.1.6 截面草图 3

图 5.1.7 筋特征 1

Step5. 创建图 5.1.8 所示的镜像特征 1。

（1）选择命令。选择下拉菜单 插入(I) ➡ 阵列/镜向(E) ➡ ▣▣ 镜向(M)... 命令，系统弹出"镜像"对话框。

（2）定义镜像基准面。选取"右视基准面"作为镜像平面。

（3）定义镜像对象。选取筋特征 1 为镜像特征对象。

（4）单击 ✔ 按钮，完成镜像特征 1 的创建。

图 5.1.8　镜像特征 1

Step6. 创建图 5.1.9b 所示的倒角特征 1。

（1）选择命令。选择下拉菜单 插入(I) ➡ 特征(F) ➡ ◇ 倒角(C)... 命令，系统弹出"倒角"对话框。

（2）在"倒角"对话框 倒角类型 区域中单击 选项；在 文本框中输入值 0.5，在 文本框中输入值 45。

（3）单击 ✔ 按钮，完成倒角特征 1 的创建。.

a）倒角前　　　　　　　　　　　　　　　　　　　b）倒角后

图 5.1.9　倒角特征 1

Step7. 创建图 5.1.10b 所示的倒圆角特征 1。

（1）选择命令。选择下拉菜单 插入(I) ➡ 特征(F) ➡ ▢ 圆角(U)... 命令，系统弹出"圆角"对话框。

（2）选取图 5.1.10a 所示的两条边线为倒圆角参照，并在 文本框中输入值 0.5。

（3）单击 ✔ 按钮，完成倒圆角特征 1 的创建。

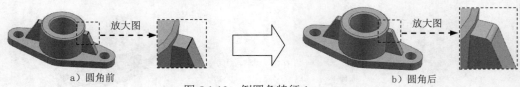

a）圆角前　　　　　　　　　　　　　　　　　　　b）圆角后

图 5.1.10　倒圆角特征 1

Step8. 创建倒圆角特征 2。操作步骤参照 Step7，选取图 5.1.11a 所示的四条边为倒圆角参照，圆角半径值为 0.3。

a）圆角前　　　　　　图 5.1.11　倒圆角特征 2　　　　　　b）圆角后

Step9. 创建倒圆角特征 3。操作步骤参照 Step7，选取图 5.1.12a 所示的两条边为倒圆角参照，圆角半径值为 0.3。

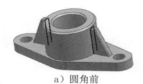

a）圆角前　　　　　　图 5.1.12　倒圆角特征 3　　　　　　b）圆角后

Step10. 创建倒圆角特征 4。操作步骤参照 Step7，选取图 5.1.13a 所示的边为倒圆角参照，圆角半径值为 0.3。

a）圆角前　　　　　　图 5.1.13　倒圆角特征 4　　　　　　b）圆角后

Step11. 保存零件模型。选择下拉菜单 文件(F) ➡ 保存(S) 命令，即可保存零件模型。

5.2　零件设计综合实例二

实例概述：

本实例设计了一个简单的圆形盖，主要运用了旋转、抽壳、拉伸和倒圆角等特征命令，首先创建基础旋转特征，然后添加其他修饰，重在零件的结构安排。零件模型及设计树如图 5.2.1 所示。

Step1. 新建模型文件。选择下拉菜单 文件(F) ➡ 新建(N)... 命令，在系统弹出的"新建 SolidWorks 文件"对话框中选择"零件"模块，单击 确定 按钮，进入建模环境。

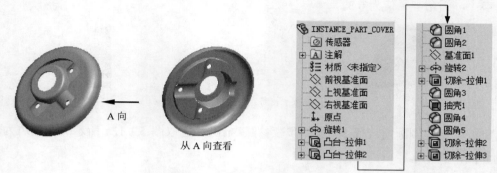

图 5.2.1　零件模型及设计树

Step2. 创建图 5.2.2 所示的零件基础特征——凸台-旋转 1。选择下拉菜单 插入(I)

➡ 凸台/基体(B) ➡ 🔍 旋转(R)... 命令。选取前视基准面作为草图基准面，绘制图

5.2.3 所示的横断面草图（包括旋转中心线）。采用草图中绘制的中心线作为旋转轴线，

在 方向 1(1) 区域的 文本框中输入数值 360.00。

图 5.2.2　凸台-旋转 1

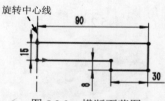

图 5.2.3　横断面草图

Step3. 创建图 5.2.4 所示的零件基础特征——凸台-拉伸 1。选择下拉菜单 插入(I)

➡ 凸台/基体(B) ➡ 🔳 拉伸(E)... 命令。选取前视基准面作为草图基准面，绘制图

5.2.5 所示的横断面草图；在"凸台-拉伸"对话框 方向 1(1) 区域的下拉列表中选择 两侧对称

选项，输入深度值 170.0。

图 5.2.4　凸台-拉伸 1

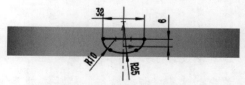

图 5.2.5　横断面草图

Step4. 创建图 5.2.6 所示的零件基础特征——凸台-拉伸 2。选择下拉菜单 插入(I)

➡ 凸台/基体(B) ➡ 🔳 拉伸(E)... 命令。选取右视基准面作为草图基准面，绘制图

5.2.7 所示的横断面草图；在"凸台-拉伸"对话框 方向 1(1) 区域的下拉列表中选择 两侧对称

选项，输入深度值 170.0。

图 5.2.6　凸台-拉伸 2

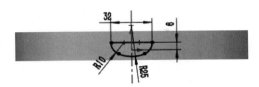

图 5.2.7　横断面草图

Step5. 创建图 5.2.8b 所示的倒圆角特征 1。选择图 5.2.8a 所示的边线作为圆角对象，圆角半径值为 6.0。

a）倒圆角前

b）倒圆角后

图 5.2.8　倒圆角特征 1

Step6. 创建图 5.2.9b 所示的倒圆角特征 2。选择图 5.2.9a 所示的边线作为圆角对象，圆角半径值为 15.0。

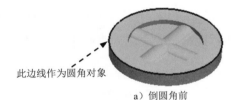

a）倒圆角前

b）倒圆角后

图 5.2.9　倒圆角特征 2

Step7. 创建图 5.2.10 所示的基准面 1。选择下拉菜单 插入(I) ➡ 参考几何体(G) ➡ ▯ 基准面(P)... 命令。选取右视基准面作为参考实体，采用系统默认的偏移方向，输入偏移距离值 15.0。单击 ✔ 按钮，完成基准面 1 的创建。

图 5.2.10　基准面 1

Step8. 创建图 5.2.11 所示的零件基础特征——凸台-旋转 2。选择下拉菜单 插入(I)

➡️ 凸台/基体(B) ➡️ 🌀 旋转(R)...命令。选取基准面 1 作为草图基准面，绘制图 5.2.12 所示的横断面草图（包括旋转中心线）。采用草图中绘制的中心线作为旋转轴线，在 方向 1(1) 区域的 文本框中输入数值 360.00。

图 5.2.11　凸台-旋转 2

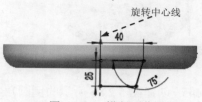

图 5.2.12　横断面草图

Step9. 创建图 5.2.13 所示的零件特征——切除-拉伸 1。选择下拉菜单 插入(I) ➡️ 切除(C) ➡️ 📦 拉伸(E)...命令。选取前视基准面作为草图基准面，绘制图 5.2.14 所示的横断面草图。在"切除-拉伸"对话框 方向 1(1) 区域和 ☑ 方向 2(2) 区域的下拉列表中选择 完全贯穿 选项。

图 5.2.13　切除-拉伸 1

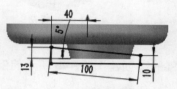

图 5.2.14　横断面草图

Step10. 创建图 5.2.15 所示的零件特征——抽壳 1。选择下拉菜单 插入(I) ➡️ 特征(F) ▶ ➡️ 📄 抽壳(S)...命令。选取图 5.2.15a 所示的模型表面作为要移除的面，在"抽壳 1"对话框的 参数(P) 区域中输入壁厚值 3.0。

要移除的面

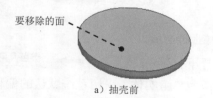

a）抽壳前　　　　　　　　　　　　　　b）抽壳后

图 5.2.15　抽壳 1

Step11. 创建图 5.2.16b 所示的倒圆角特征 3。选取图 5.2.16a 所示的边线作为圆角对象，圆角半径值为 1.0。

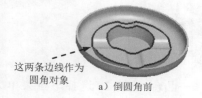

这两条边线作为圆角对象　　a）倒圆角前　　　　　　　　　　　b）倒圆角后

图 5.2.16　倒圆角特征 3

Step12. 创建图 5.2.17b 所示的倒圆角特征 4。选取图 5.2.17a 所示的边线作为圆角对象，圆角半径值为 6.0。

此边线作为圆角对象

a）倒圆角前

b）倒圆角后

图 5.2.17 倒圆角特征 4

Step13. 创建图 5.2.18 所示的零件特征——切除-拉伸 2。选择下拉菜单 插入(I) ➡ 切除(C) ➡ 拉伸(E)... 命令。选取上视基准面作为草图基准面，绘制图 5.2.19 所示的横断面草图。在"切除-拉伸"对话框 方向 1(1) 区域的下拉列表中选择 完全贯穿 选项。

图 5.2.18 切除-拉伸 2

图 5.2.19 横断面草图

Step14. 创建图 5.2.20 所示的零件特征——切除-拉伸 3。选择下拉菜单 插入(I) ➡ 切除(C) ➡ 拉伸(E)... 命令。选取上视基准面作为草图基准面，绘制图 5.2.21 所示的横断面草图。在"切除-拉伸"对话框 方向 1(1) 区域的下拉列表中选择 完全贯穿 选项。

图 5.2.20 切除-拉伸 3

图 5.2.21 横断面草图

Step15. 保存模型。选择下拉菜单 文件(F) ➡ 保存(S) 命令，将模型命名为 INSTANCE_PART_COVER，保存模型。

5.3 零件设计综合实例三

实例概述：

　　本实例介绍了一个连接臂的创建过程，主要运用了旋转、拉伸、圆角等命令。该零件模型如图 5.3.1 所示。

　　说明：本实例的详细操作过程请参见随书光盘中 video\ch05.03\文件夹下的语音视频讲解文件。模型文件为 D:\swxc18\work\ch05.03\limit-button.prt。

5.4 零件设计综合实例四

实例概述：

　　本实例主要运用了实体建模的基本技巧，包括实体拉伸、旋转、筋和异形向导孔的创建等特征命令，其中异形向导孔在造型上运用得比较巧妙。该零件模型如图 5.4.1 所示。

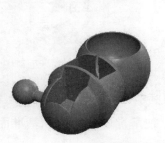　　

图 5.3.1　零件模型 1　　　　　　　　图 5.4.1　零件模型 2

　　说明：本实例的详细操作过程请参见随书光盘中 video\ch05.04\文件夹下的语音视频讲解文件。模型文件为 D:\swxc18\work\ch05.04\footplate_braket.prt。

5.5 零件设计综合实例五

实例概述：

　　本实例介绍了一个支架的创建过程，读者可以掌握实体的拉伸、抽壳、旋转、镜像和倒圆角等特征的应用。该零件模型如图 5.5.1 所示。

　　说明：本实例的详细操作过程请参见随书光盘中 video\ch05.05\文件夹下的语音视频讲解文件。模型文件为 D:\swxc18\work\ch05.05\toy-cover.prt。

5.6 零件设计综合实例六

实例概述：

该实例中使用的命令较多，主要运用了拉伸、扫描、放样、圆角及抽壳等命令。设计思路是首先创建互相交叠的拉伸、扫描、放样特征，然后对其进行抽壳，从而得到模型的主体结构。其中，扫描和放样的综合使用是重点，务必保证草图的正确性，否则此后的圆角将难以创建。该零件模型如图 5.6.1 所示。

说明：本实例的详细操作过程请参见随书光盘中 video\ch05.06\文件夹下的语音视频讲解文件。模型文件为 D:\swxc18\work\ch05.06\main-housing.prt。

图 5.5.1　零件模型 3

图 5.6.1　零件模型 4

5.7 零件设计综合实例七

实例概述：

该实例的创建方法是一种典型的"搭积木"式的方法，主要使用了拉伸、镜像、旋转、阵列、切除-拉伸和圆角等命令，但要提醒读者注意其中创建筋特征的方法和技巧。该零件模型如图 5.7.1 所示。

说明：本实例的详细操作过程请参见随书光盘中 video\ch05.07\文件夹下的语音视频讲解文件。模型文件为 D:\swxc18\work\ch05.07\handle_body.SLDPRT。

5.8 零件设计综合实例八

实例概述：

本实例是一个陀螺玩具的底座设计，主要运用了旋转、凸台-拉伸、切除-拉伸、移动/复制、圆角及倒角等特征创建命令。需要注意在选取草图基准面、圆角顺序及移动/复制实体的技巧和注意事项。零件实体模型如图 5.8.1 所示。

说明：本实例的详细操作过程请参见随书光盘中 video\ch05.08\文件夹下的语音视频讲解文件。模型文件为 D:\swxc18\work\ch05.08\declivity.prt。

5.9　零件设计综合实例九

实例概述：

本实例创建的是一个饮水机开关，主要运用拉伸、镜像、扫描、切除-旋转和切除-拉伸等特征命令，难点在于扫描轨迹的创建。零件模型如图 5.9.1 所示。

说明：本实例的详细操作过程请参见随书光盘中 video\ch05.09\文件夹下的语音视频讲解文件。模型文件为 D:\swxc18\work\ch05.09\water-fountain-switch01.SLDPRT。

从 A 向看

图 5.7.1　零件模型 5

图 5.8.1　零件模型 6　　　　图 5.9.1　零件模型 7

第 6 章 曲 面 设 计

6.1 曲面设计基础入门

    SolidWorks 中的曲面设计功能主要用于创建表面形状复杂的零件。这里要注意，曲面是没有厚度的几何特征，不要将曲面与实体中的薄壁特征相混淆，薄壁特征本质上是实体，只不过它的壁很薄。

    用曲面创建形状复杂的零件的主要过程如下。

（1）创建数个单独的曲面。

（2）对曲面进行剪裁、合并和等距等操作。

（3）将各个单独的曲面缝合为一个整体的面组。

（4）将曲面（面组）转化为实体零件。

6.2 曲线线框设计

    曲线是构成曲面的基本元素，在绘制许多形状不规则的零件时，经常要用到曲线工具。

    本节主要介绍分割线、投影曲线、通过 xyz 点的曲线、螺旋线/涡状线、组合曲线和通过参考点的曲线的一般创建过程。

6.2.1 分割线

    "分割线"命令可以将草图、实体边缘、曲面、面、基准面或曲面样条曲线投影到曲面或平面，并将所选的面分割为多个分离的面，从而允许对分离的面进行操作。下面以图 6.2.1 为例来介绍分割线的一般创建过程。

    Step1. 打开文件 D:\swxc18\work\ch06.02.01\Split_Lines.SLDPRT。

a）创建前   b）创建后

图 6.2.1 创建分割线

Step2. 选择命令。选择下拉菜单 插入(I) ➡ 曲线(U) ➡ 分割线(S)... 命令，系统弹出"分割线"对话框。

Step3. 定义分割类型。在"分割线"对话框的 分割类型(T) 区域中选中 ⊙ 投影(P) 单选项。

Step4. 定义投影曲线。选取图 6.2.2 所示的曲线为投影曲线。

Step5. 定义分割面。选取图 6.2.2 所示的曲面为分割面。

Step6. 单击 ✔ 按钮，完成分割线的创建。

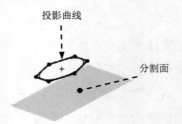

投影曲线

分割面

图 6.2.2　定义分割参照

"分割线"对话框中部分选项的说明如下。

- 分割类型(T) 区域提供了以下三种分割类型。
  - ☑ ⊙ 轮廓(S) 单选项：以基准平面、模型表面或曲面相交生成的轮廓作为分割线。
  - ☑ ⊙ 投影(P) 单选项：将曲线投影到曲面或模型表面，生成分割线。
  - ☑ ⊙ 交叉点(I) 单选项：以所选择的实体、曲面、面、基准面或曲面样条曲线的相交线生成分割线。
- 选择(E) 区域：包括了需要选取的元素。
  - ☑ ⌐ 文本框：单击该文本框后，选择投影草图。
  - ☑ ⬚ 列表框：单击该列表框后，选择要分割的面。

6.2.2　投影曲线

投影曲线就是将曲线沿其所在平面的法向投射到指定曲面上而生成的曲线。投影曲线的产生包括"面上草图""草图上草图"两种方式。下面以图 6.2.3 为例来介绍创建投影曲线的一般操作步骤。

Step1. 打开文件 D:\swxc18\work\ch06.02.02\projection_Curves.SLDPRT。

Step2. 选择命令。选择下拉菜单 插入(I) ➡ 曲线(U) ➡ 📄 投影曲线(P)... 命令，系统弹出图 6.2.4 所示的"投影曲线"对话框。

a）投影前

b）投影后

图 6.2.3 创建投影曲线

Step3. 定义投影方式。在"投影曲线"对话框的 选择(S) 区域选中 ⊙ 面上草图(K) 单选项。

Step4. 定义投影曲线。选取图 6.2.5 所示的曲线为投影曲线。

Step5. 定义投影面。在"投影曲线"对话框中单击 📄 列表框，选取图 6.2.5 所示的圆柱面为投影面。

Step6. 定义投影方向。在"投影曲线"对话框中选中 选择(S) 区域中的 ☑ 反转投影(R) 复选框（图 6.2.4），使投影方向朝向投影面，如图 6.2.3b 所示。

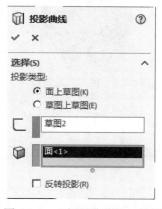

图 6.2.4 "投影曲线"对话框

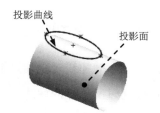

图 6.2.5 定义投影参照

Step7. 单击 ✔ 按钮，完成投影曲线的创建。

说明：只有草绘曲线才可以进行投影，实体的边线及分割线等是无法使用"投影曲线"命令的。

6.2.3 组合曲线

组合曲线是将一组连续的曲线、草图或模型的边线组合成一条曲线。下面以图 6.2.6

为例来介绍创建组合曲线的一般操作步骤。

Step1. 打开文件 D:\swxc18\work\ch06.02.03\Composite_Curve.SLDPRT。

a）创建前　　　　　　　　　　　　　　　　　　　　b）创建后

图 6.2.6　创建组合曲线

Step2. 选择命令。选择下拉菜单 插入(I) ➡ 曲线(U) ➡ 🔄 组合曲线(C)...
命令，系统弹出图 6.2.7 所示的"组合曲线"对话框。

Step3. 定义组合曲线。依次选取图 6.2.8 所示的曲线 1、曲线 2 和曲线 3 为组合对象。

Step4. 单击 ✔ 按钮，完成组合曲线的创建。

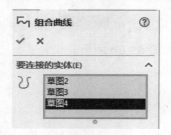

图 6.2.7　"组合曲线"对话框

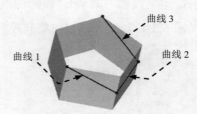

图 6.2.8　定义组合曲线

6.2.4　通过 xyz 点的曲线

通过 xyz 点的曲线是指通过输入 X、Y、Z 的坐标值建立点之后，再将这些点连接成曲线。创建通过 xyz 点的曲线的一般操作过程如下。

Step1. 打开文件 D:\swxc18\work\ch06.02.04\Curve Through_XYZ_Points.SLDPRT。

Step2. 选择命令。选择下拉菜单 插入(I) ➡ 曲线(U) ➡ ⑬ 通过 XYZ 点的曲线...
命令，系统弹出图 6.2.9 所示的"曲线文件"对话框。

Step3. 定义曲线通过的点。通过双击该对话框中的 X、Y 和 Z 坐标列中的单元格，并在每个单元格中输入图 6.2.9 所示的坐标值来生成一系列点。

说明：

● 在最后一行的单元格中双击即可添加新点。

● 在 点 下方选择要删除的点，然后按 Delete 键即可删除该点。

Step4. 单击 确定 按钮，完成曲线的创建，结果如图 6.2.10 所示。

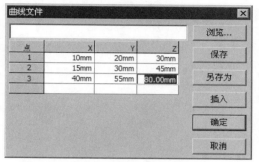

图 6.2.9　"曲线文件"对话框

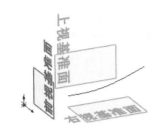

图 6.2.10　创建通过 xyz 点的曲线

图 6.2.9 所示的"曲线文件"对话框中各选项按钮的说明如下。

● 浏览… 按钮：可以打开曲线文件，也可以打开 X、Y、Z 坐标清单的 TXT
　文件，但是文件中不能包括任何标题。

● 保存 按钮：可以保存已创建的曲面文件。

● 另存为 按钮：可以另存已创建的曲面文件。

● 插入 按钮：可以插入新的点。具体方法是，在 点 下方选择插入点的
　位置（某一行），然后单击 插入 按钮。

6.2.5　通过参考点的曲线

通过参考点的曲线就是通过已有的点来创建曲线。下面以图 6.2.11 所示的曲线为例，介绍通过参考点创建曲线的一般过程。

Step1. 打开文件 D:\swxc18\work\ch06.02.05\Curve_Through_Reference_Points.SLDPRT。

a）创建前　　　　　　　　　　　　　　　　　　b）创建后

图 6.2.11　创建通过参考点的曲线

Step2. 选择命令。选择下拉菜单 插入(I) ➡ 曲线(U) ➡ 通过参考点的曲线(T)
命令，系统弹出图 6.2.12 所示的"通过参考点的曲线"对话框。

Step3. 定义通过点。依次选取图 6.2.13 所示的点 1、点 2、点 3 和点 4 为曲线通过

点。

Step4. 单击 ✔ 按钮，完成曲线的创建。

说明：如果选中该对话框中的 ☑ 闭环曲线(O) 复选框，则创建的曲线为封闭曲线，如图 6.2.14 所示。

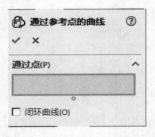

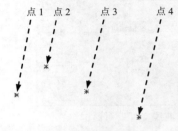

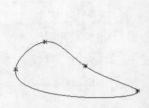

图 6.2.12　"通过参考点的曲线"对话框　　图 6.2.13　定义通过点　　图 6.2.14　封闭曲线

6.2.6　螺旋线/涡状线

螺旋线可以用于扫描特征的一个路径或引导曲线，或用于放样特征的引导曲线。在创建螺旋线/涡状线之前，必须绘制一个圆或选取包含单一圆的草图来定义螺旋线的断面。下面以图 6.2.15 为例来介绍创建螺旋线/涡状线的一般操作步骤。

Step1. 打开文件 D:\swxc18\work\ch06.02.06\Helix_Spiral.SLDPRT。

Step2. 选择命令。选择下拉菜单 插入(I) ➡ 曲线(U) ➡ 〓 螺旋线/涡状线 (H)… 命令，系统弹出"螺旋线/涡状线"对话框。

Step3. 定义螺旋线横断面。选取图 6.2.15a 所示的圆为螺旋线横断面。

Step4. 定义螺旋线的方式。在"螺旋线/涡状线"对话框 定义方式(D): 区域的下拉列表中选择 螺距和圈数 选项。

Step5. 定义螺旋线参数。在"螺旋线/涡状线"对话框的 参数(P) 区域中选中 ⊙ 恒定螺距(C) 单选项，在 螺距(I): 文本框中输入数值 10.00；在 圈数(R): 文本框中输入数值 10，在 起始角度(S): 文本框中输入数值 0.00，选择 ⊙ 顺时针(C) 单选项，如图 6.2.16 所示。

Step6. 单击 ✔ 按钮，完成螺旋线/涡状线的创建。

图 6.2.16 所示的"螺旋线/涡状线"对话框中部分选项的说明如下。

● 定义方式(D): 区域：提供了四种创建螺旋线的方式。

☑ 螺距和圈数 选项：通过定义螺距和圈数生成一条螺旋线。

☑ 高度和圈数 选项：通过定义高度和圈数生成一条螺旋线。

☑ 高度和螺距 选项：通过定义高度和螺距生成一条螺旋线。

☑ 涡状线 选项：通过定义螺距和圈数生成一条涡状线。

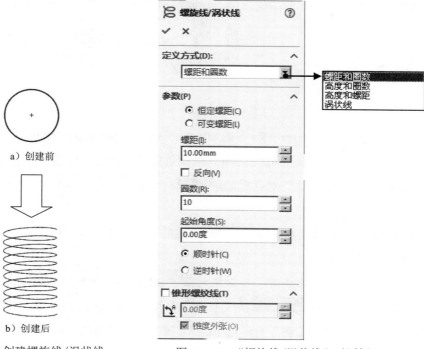

a）创建前

b）创建后

图 6.2.15　创建螺旋线/涡状线　　　　图 6.2.16　"螺旋线/涡状线"对话框

- 参数(P) 区域：用以定义螺旋线或涡状线的参数。

  ☑ ⊙ 恒定螺距(C) 单选项：生成的螺旋线的螺距是恒定的。

  ☑ ⊙ 可变螺距(L) 单选项：根据用户指定的参数，生成可变螺距的螺旋线。

  ☑ 螺距(I): 文本框：输入螺旋线的螺距值。

  ☑ ☑ 反向(V) 复选框：使螺旋线或涡状线的生成方向相反。

  ☑ 圈数(R): 文本框：输入螺旋线或涡状线的旋转圈数。

  ☑ 起始角度(S): 文本框：设置螺旋线或涡状线在断面上旋转的起始位置。

  ☑ ⊙ 顺时针(C) 单选项：旋转方向设置为顺时针。

  ☑ ⊙ 逆时针(W) 单选项：旋转方向设置为逆时针。

6.2.7　曲线曲率的显示

在创建曲面时，必须认识到，曲线是形成曲面的基础，要得到高质量的曲面，必须先有高质量的曲线，质量差的曲线不可能得到质量好的曲面。通过显示曲线的曲率，用户可以方便地查看和修改曲线，从而使曲线更光顺，使设计的产品更完美。

下面以图 6.2.17 所示的曲线为例，说明显示曲线曲率的一般操作过程。

a）显示前   b）显示后

图 6.2.17　显示曲线曲率

Step1. 打开文件 D:\swxc18\work\ch06.02.07\curve_curvature.SLDPRT。

Step2. 在图形区选取图 6.2.17a 所示的样条曲线，系统弹出"样条曲线"对话框。

Step3. 在"样条曲线"对话框的 选项(O) 区域选中 ☑ 显示曲率 复选框，系统弹出"曲率比例"对话框。

Step4. 定义比例和密度。在 比例(S) 区域的文本框中输入数值 45，在 密度(D) 区域的文本框中输入数值 200。

说明：定义曲率的比例时，可以拖动 比例(S) 区域中的轮盘来改变比例值；定义曲率的密度时，可以拖动 密度(D) 区域中的滑块来改变密度值。

Step5. 单击"曲率比例"对话框中的 ✔ 按钮，完成曲线曲率的显示操作。

6.3　简单曲面

6.3.1　拉伸曲面

拉伸曲面是将曲线或直线沿指定的方向拉伸所形成的曲面。下面以图 6.3.1 为例来介绍创建拉伸曲面的一般操作步骤。

a）创建前   b）创建后

图 6.3.1　创建拉伸曲面

Step1. 打开文件 D:\swxc18\work\ch06.03.01\extrude.SLDPRT。

Step2. 选择命令。选择下拉菜单 插入(I) ➡ 曲面(S) ➡ ◇ 拉伸曲面(E)... 命令，系统弹出图 6.3.2 所示的"拉伸"对话框。

Step3. 定义拉伸曲线。选取图 6.3.3 所示的曲线为拉伸曲线。

Step4. 定义深度属性。在"曲面–拉伸"对话框（图 6.3.4）中设置深度的属性。

（1）确定深度类型。在"曲面–拉伸"对话框 **方向 1(1)** 区域的 ↗ 下拉列表中选择 **给定深度** 选项，如图 6.3.4 所示。

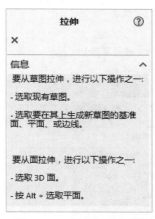

图 6.3.2 "拉伸"对话框

选取此曲线

图 6.3.3 定义拉伸曲线

图 6.3.4 "曲面–拉伸"对话框

（2）确定拉伸方向。采用系统默认的拉伸方向。

（3）确定拉伸深度。在"曲面–拉伸"对话框 **方向 1(1)** 区域的 ⬢ 文本框中输入深度值 20.00，如图 6.3.4 所示。

Step5. 在该对话框中单击 ✔ 按钮，完成拉伸曲面的创建。

6.3.2 旋转曲面

旋转曲面是将曲线绕中心线旋转所形成的曲面。下面以图 6.3.5 所示的模型为例来介绍创建旋转曲面的一般操作步骤。

a）创建前　　　　　　　　　　　　　　　b）创建后

图 6.3.5 创建旋转曲面

Step1. 打开文件 D:\swxc18\work\ch06.03.02\rotate.SLDPRT。

Step2. 选择命令。选择下拉菜单 插入(I) ➡️ 曲面(S) ➡️ 🌐 旋转曲面(R)... 命令，系统弹出图 6.3.6 所示的"旋转"对话框。

Step3. 定义旋转曲线。选取图 6.3.7 所示的曲线为旋转曲线，系统弹出图 6.3.8 所示的"曲面-旋转"对话框。

Step4. 定义旋转轴。采用系统默认的旋转轴。

说明：在选取旋转曲线时，系统自动将图 6.3.7 所示的中心线选取为旋转轴，所以此例不需要再选取旋转轴；用户可以通过单击 ✏️ 文本框来选择中心线。

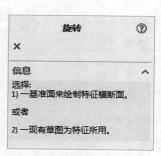
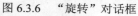
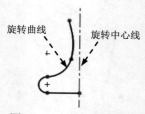
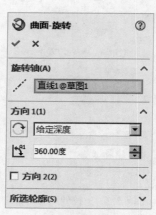

图 6.3.6　"旋转"对话框　　图 6.3.7　定义旋转曲线　　图 6.3.8　"曲面-旋转"对话框

Step5. 定义旋转类型及角度。在"曲面-旋转"对话框 方向1(1) 区域的 🔄 下拉列表中选择 给定深度 选项；在 文本框中输入角度值 360.00，如图 6.3.8 所示。

Step6. 单击 ✔️ 按钮，完成旋转曲面的创建。

6.3.3　等距曲面

等距曲面是将选定曲面沿其法线方向偏移后所生成的曲面。下面介绍创建图 6.3.9 所示的等距曲面的一般操作步骤。

b）创建后　　　　　a）创建前　　　　　c）创建后
图 6.3.9　创建等距曲面

Step1. 打开文件 D:\swxc18\work\ch06.03.03\Offset_Surface.SLDPRT。

Step2. 选择命令。选择下拉菜单 插入(I) ➡ 曲面(S) ➡ 🍪 等距曲面(O)... 命令，系统弹出图 6.3.10 所示的"等距曲面"对话框。

Step3. 定义等距曲面。选取图 6.3.11 所示的曲面为等距曲面。

Step4. 定义等距面组。在"等距曲面"对话框 等距参数(O) 区域的 📝 文本框中输入数值 10.00，等距曲面预览如图 6.3.11 所示。

说明：选取图 6.3.12 所示的面组为等距曲面，结果如图 6.3.9b 所示。

Step5. 单击 ✔ 按钮，完成等距曲面的创建。

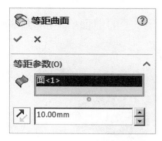

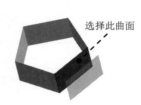
选择此曲面

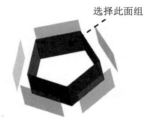
选择此面组

图 6.3.10 "等距曲面"对话框　　图 6.3.11 定义等距曲面　　图 6.3.12 定义等距面组

6.3.4 平面区域

平面区域命令可以通过一个非相交、单一轮廓的闭环边界来生成平面。下面以图 6.3.13 为例介绍创建平面区域的一般操作步骤。

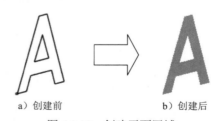

a）创建前　　　　　　b）创建后

图 6.3.13 创建平面区域

Step1. 打开文件 D:\swxc18\work\ch06.03.04\planar_Surface.SLDPRT。

Step2. 选择命令。选择下拉菜单 插入(I) ➡ 曲面(S) ➡ 平面区域(P)... 命令，系统弹出图 6.3.14 所示的"平面"对话框。

Step3. 定义平面区域。选取图 6.3.15 所示的文字为平面区域。

Step4. 单击 ✔ 按钮，完成平面区域的创建。

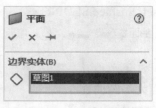

图 6.3.14　"平面"对话框

图 6.3.15　定义平面区域

6.4　高级曲面

6.4.1　扫描曲面

扫描曲面是将轮廓曲线沿一条路径和引导线进行移动所产生的曲面。下面以图 6.4.1 所示的模型为例，介绍创建扫描曲面的一般操作步骤。

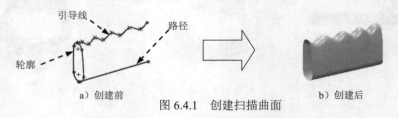

图 6.4.1　创建扫描曲面

Step1. 打开文件 D:\swxc18\work\ch06.04.01\sweep.SLDPRT。

Step2. 选择命令。选择下拉菜单 插入(I) ➡ 曲面(S) ▶ ➡ 扫描曲面(S)...命令，系统弹出图 6.4.2 所示的"曲面-扫描"对话框。

Step3. 定义轮廓曲线。选取图 6.4.3 所示的曲线 1 为扫描轮廓。

图 6.4.2　"曲面-扫描"对话框

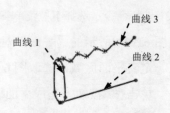

图 6.4.3　定义轮廓曲线

Step4. 定义扫描路径。选取图 6.4.3 所示的曲线 2 为扫描路径。

Step5. 定义扫描引导线。在"曲面-扫描"对话框的 引导线(C) 区域中单击 🔗 后的列表框，选取图 6.4.3 所示的曲线 3 为引导线，其他参数采用系统默认设置值，如图 6.4.2 所示。

Step6. 在该对话框中单击 ✔ 按钮，完成扫描曲面的创建。

6.4.2　放样曲面

放样曲面是将两个或多个不同的轮廓通过引导线连接所生成的曲面。下面以图 6.4.4 所示的模型为例，介绍创建放样曲面的一般操作步骤。

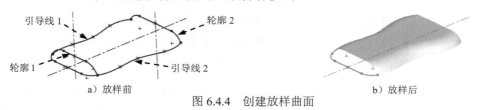

图 6.4.4　创建放样曲面

Step1. 打开文件 D:\swxc18\work\ch06.04.02\Lofted_Surface.SLDPRT。

Step2. 选择命令。选择下拉菜单 插入(I) ➡ 曲面(S) ▸ ➡ 🦴 放样曲面(L)... 命令，系统弹出图 6.4.5 所示的"曲面-放样"对话框。

Step3. 定义放样轮廓。选取图 6.4.6 所示的曲线 1 和曲线 2 为轮廓。

Step4. 定义放样引导线。选取图 6.4.6 所示的曲线 3 和曲线 4 为引导线，其他参数采用系统默认设置值，如图 6.4.5 所示。

Step5. 在该对话框中单击 ✔ 按钮，完成放样曲面的创建。

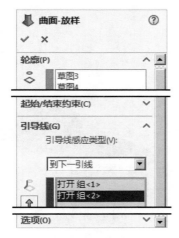

图 6.4.5　"曲面-放样"对话框

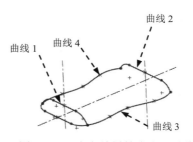

图 6.4.6　定义放样轮廓和引导线

6.4.3 边界曲面

边界曲面可用于生成在两个方向上（曲面的所有边）相切或曲率连续的曲面。多数情况下，边界曲面的结果比放样曲面的结果质量更高。下面以图 6.4.7 为例，介绍创建边界曲面的一般操作步骤。

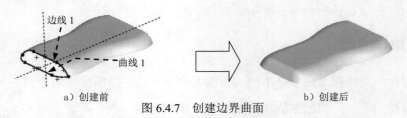

a）创建前　　　　　　　　　　b）创建后

图 6.4.7　创建边界曲面

Step1. 打开文件 D:\swxc18\work\ch06.04.03\boundary_Surface.SLDPRT。

Step2. 选择命令。选择下拉菜单 插入(I) ➡ 曲面(S) ➡ 边界曲面(B)...命令，系统弹出图 6.4.8 所示的"边界-曲面"对话框。

Step3. 定义边界曲线。分别选取图 6.4.7a 所示的边线 1 和曲线 1 为边界曲线。

Step4. 设置约束相切。在"边界-曲面"对话框 方向 1(1) 区域的列表框中选择 边线<1> 选项，在列表框下面的下拉列表中选择 与面相切 选项，单击 按钮，调整相切方向至图 6.4.9 所示，其他参数采用系统默认设置值，如图 6.4.8 所示。

Step5. 单击 按钮，完成边界曲面的创建。

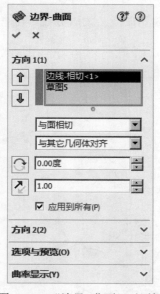

图 6.4.8　"边界-曲面"对话框

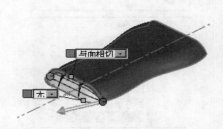

图 6.4.9　定义边界曲线

6.4.4 填充曲面

填充曲面是将现有模型的边线、草图或曲线定义为边界，在其内部构建任何边数的曲面修补。下面以图 6.4.10 所示的模型为例，介绍创建填充曲面的一般操作步骤。

图 6.4.10 曲面的填充

Step1. 打开文件 D:\swxc18\work\ch06.04.04\filled_Surface.SLDPRT。

Step2. 选择命令。选择下拉菜单 插入(I) ➡ 曲面(S) ➡ 填充(I)... 命令，系统弹出图 6.4.11 所示的"填充曲面"对话框。

Step3. 定义修补边界。选取图 6.4.12 所示的四条边线为修补边界。

图 6.4.11 "填充曲面"对话框

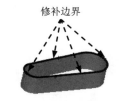

图 6.4.12 定义修补边界

Step4. 在该对话框中单击 ✔ 按钮，完成填充曲面的创建，如图 6.4.10b 所示。

说明：

● 若在选取每条边之后，都在"填充曲面"对话框"修补边界"区域的下拉列表中选择 相切 选项，单击 交替面(A) 按钮可以调整曲面的凹凸方向，则填充曲面的创建结果如图 6.4.10c 所示。

● 为了方便快速地选取修补边界,在填充前可对需要进行修补的边界进行组合(选择下拉菜单 插入(I) ➡ 曲线(U) ➡ 组合曲线(C)... 命令)。

6.4.5　直纹曲面

使用直纹曲面命令,可以沿已存在的零件实体或曲面的边线,生成一个与之垂直或成一定锥度的曲面,该曲面常用于模具中的分型面。下面介绍创建直纹曲面的一般操作步骤。

Step1. 打开文件 D:\swxc18\work\ch06.04.05\cover-surface.SLDPRT,如图 6.4.13 所示。

Step2. 沿已存在的模型边线生成图 6.4.14 所示的直纹曲面。

(1)选择命令。选择下拉菜单 插入(I) ➡ 曲面(S) ➡ 直纹曲面(D)... 命令,系统弹出图 6.4.15 所示的"直纹曲面"对话框。

(2)在"直纹曲面"对话框的 类型(T) 区域中选中 ⊙ 相切于曲面 单选项,在 距离/方向(D) 区域的 文本框中输入距离值 12.00,单击以激活 边线选择(E) 区域的文本框,选取图 6.4.13 所示的边线,其他参数采用系统默认设置值。

Step3. 单击 ✔ 按钮,生成的直纹曲面如图 6.4.14 所示。

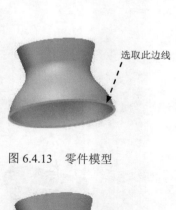

选取此边线

图 6.4.13　零件模型

图 6.4.14　生成的直纹曲面

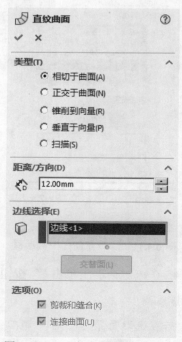

图 6.4.15　"直纹曲面"对话框

图 6.4.15 所示"直纹曲面"对话框中各选项的功能说明如下。

◆ ⊙ 相切于曲面：直纹曲线相切于共用所选边线的曲面。

◆ ⊙ 正交于曲面(N)：直纹曲线垂直于共用所选边线的曲面，在该区域中显示 🔄 按
钮，单击 🔄 按钮可反转直纹曲面垂直的方向。

◆ ⊙ 锥削到向量(R)：直纹曲面与指定向量成锥形；单击以激活 🔄 后的文本框，在
图形区选择参考向量，参考向量可以是模型表面或基准面，也可以是模型或草
图的边线，单击 🔄 按钮可反转参考向量的方向；在 📐 后的文本框中可输入锥
形的角度值。

◆ ⊙ 垂直于向量(P)：直纹曲面垂直于指定向量。

◆ ⊙ 扫描(S)：通过使用所选边线为引导线来生成一扫描曲面创建直纹曲面。

◆ ☑ 剪裁和缝合(K)：系统将自动裁剪和缝合直纹曲面。

◆ ☑ 连接曲面(U)：取消选中此复选框，可移除所有连接曲面；连接曲面通常在尖
角之间形成。

6.4.6 延展曲面

使用延展曲面命令，可以通过沿指定平面方向延展所选边线来生成曲面。下面介绍
创建延展曲面的一般操作步骤。

Step1. 打开图 6.4.16 所示的模型文件 D:\swxc18\ch06.04.06\stretch-surface.SLDPRT。

Step2. 创建图 6.4.17 所示的曲面—延展 1。

图 6.4.16　模型文件　　　　　　　　　图 6.4.17　曲面-延展 1

（1）选择命令。选择下拉菜单 插入(I) ➡ 曲面(S) ▶ ➡ 🌑 延展曲面(A)... 命令，
系统弹出图 6.4.18 所示的"延展曲面"对话框。

（2）定义延展参数。单击以激活 🔄 后的文本框，选取上视基准面作为延展方向参考，
单击以激活 🌑 后的文本框，选取图 6.4.19 所示的模型边线为要延展的边线，其他参数采
用系统默认值。

图 6.4.18 "延展曲面"对话框

图 6.4.19 定义延展参数

说明： 通过选取不同的延展方向参考，可更改延展曲面的延展方向。

Step3. 单击 ✔ 按钮，完成曲面-延展 1 的创建。

6.5 曲面的编辑

6.5.1 曲面的延伸

曲面的延伸就是将曲面延长某一距离、延伸到某一平面或某一点，延伸部分的曲面与原始曲面类型可以相同，也可以不同。下面以图 6.5.1 为例来介绍曲面延伸的一般操作步骤。

a）延伸前　　　　　　　　　　　　　　b）延伸后

图 6.5.1 曲面的延伸

Step1. 打开文件 D:\swxc18\work\ch06.05.01\extension.SLDPRT。

Step2. 选择命令。选择下拉菜单 插入(I) ➡ 曲面(S) ▶ ➡ 🔶 延伸曲面(X)... 命令，系统弹出图 6.5.2 所示的 "延伸曲面" 对话框。

Step3. 定义延伸边线。选取图 6.5.3 所示的边线为延伸边线。

Step4. 定义终止条件类型。在图 6.5.2 所示的 "延伸曲面" 对话框的 终止条件(C): 区域中选中 ⊙ 成形到某一面(T) 单选项。

Step5. 定义延伸类型。在 延伸类型(X) 区域中选择 ⊙ 线性(L) 单选项。

Step6. 定义延伸终止面。选取图 6.5.3 所示的基准面 2 为延伸终止面。

Step7. 在该对话框中单击 ✔ 按钮，完成延伸曲面的创建。

图 6.5.2 "延伸曲面"对话框

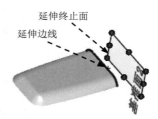

图 6.5.3 定义延伸边线和延伸终止面

6.5.2 曲面的剪裁

曲面的剪裁（Trim）是通过曲面、基准面或曲线等剪裁工具将相交的曲面进行剪切，它类似于实体的切除（Cut）功能。

下面以图 6.5.4 为例来介绍剪裁曲面的一般操作步骤。

b）保留内侧　　　　　　　a）剪裁前　　　　　　　c）保留外侧

图 6.5.4 曲面的剪裁

Step1. 打开文件 D:\swxc18\work\ch06.05.02\Trim_Surface.SLDPRT。

Step2. 选择命令。选择下拉菜单 插入(I) ➡ 曲面(S) ▶ ➡ 剪裁曲面(T)... 命令，系统弹出图 6.5.5 所示的"剪裁曲面"对话框。

Step3. 定义剪裁类型。在"剪裁曲面"对话框的 剪裁类型(T) 区域中选中 ⊙ 标准(D) 单选项。

图 6.5.5 所示的"剪裁曲面"对话框中各选项的说明如下。

● 剪裁类型(T) 区域提供了两种剪裁类型。

☑ ⊙ 标准(D) 单选项：使用曲面、草图、曲线和基准面等剪裁工具来剪裁曲面。

☑ ◉ **相互(M)** 单选项：使用相交曲面的交线来剪裁两个曲面。

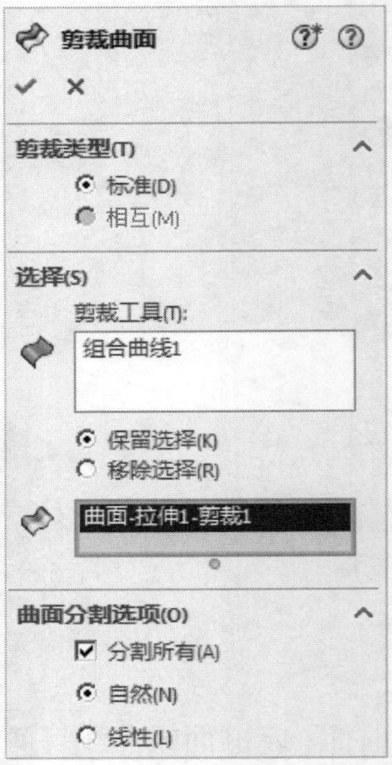

图 6.5.5 "剪裁曲面"对话框

- **选择(S)** 区域用以选择剪裁工具及选择保留面或移除面。
  - ☑ **剪裁工具(T)**: 文本框：单击该文本框，可以在图形区域中选择曲面、草图、曲线或基准面作为剪裁其他曲面的工具。
  - ☑ ◉ **保留选择(K)** 单选项：选择要保留的部分。
  - ☑ ◉ **移除选择(R)** 单选项：选择要移除的部分。
  - ☑ 单击 🖑 列表框后，选取需要保留或移除的部分。
- **曲面分割选项(O)** 区域包括 ☑ **分割所有(A)** 、◉ **自然(N)** 和 ◉ **线性(L)** 三个选项。
  - ☑ ☑ **分割所有(A)** 复选框：显示曲面中的所有分割。
  - ☑ ◉ **自然(N)** 单选项：使边界边线随曲面形状变化。
  - ☑ ◉ **线性(L)** 单选项：使边界边线随剪裁点的线性方向变化。

Step4. 定义剪裁工具。选取图 6.5.6 所示的组合曲线为剪裁工具。

Step5. 定义保留曲面。在"剪裁曲面"对话框的 **选择(S)** 区域中选中 ◉ **保留选择(K)** 单选项；选取图 6.5.7 所示的曲面为保留曲面，其他参数采用系统默认设置值。

Step6. 在该对话框中单击 ✔ 按钮，完成剪裁曲面的创建。

注意：在选取需要保留的曲面时，如果选取图 6.5.8 所示的曲面为保留曲面，则结果如图 6.5.4c 所示。

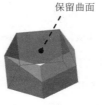
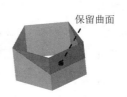

图 6.5.6　定义剪裁工具　　图 6.5.7　定义保留曲面（一）　　图 6.5.8　定义保留曲面（二）

6.5.3　曲面的缝合

缝合曲面可以将多个独立曲面缝合到一起，作为一个曲面。下面以图 6.5.9 所示的模型为例，介绍创建曲面缝合的一般操作步骤。

Step1. 打开文件 D:\swxc18\work\ch06.05.03\sew.SLDPRT。

Step2. 选择命令。选择下拉菜单 插入(I) ➡ 曲面(S) ➡ 缝合曲面(K)... 命令，系统弹出图 6.5.10 所示的"缝合曲面"对话框。

Step3. 定义缝合对象。选取图 6.5.11 所示的曲面 1 和曲面 2 为缝合对象。

Step4. 在该对话框中单击 ✔ 按钮，完成缝合曲面的创建。

图 6.5.9　曲面的缝合　　图 6.5.10　"缝合曲面"对话框　　图 6.5.11　定义缝合对象

6.5.4　删除面

删除命令可以把现有多个面删除，并对删除后的曲面进行修补或填充。下面以图 6.5.12 为例来说明其一般操作步骤。

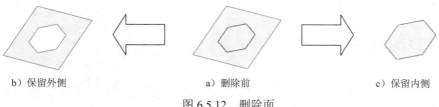

b）保留外侧　　　　　　a）删除前　　　　　　c）保留内侧

图 6.5.12　删除面

Step1. 打开文件 D: \swxc18\work\ch06.05.04\Delete_Face.SLDPRT。

Step2. 选择命令。选择下拉菜单 插入(I) ➡ 面(F) ➡ 删除(D)... 命令，系统弹出图 6.5.13 所示的"删除面"对话框。

Step3. 定义删除面。选取图 6.5.14 所示的曲面 1 为要删除的面。

Step4. 定义删除类型。在 选项(O) 区域中选择 ⊙删除 单选项，其他参数采用系统默认设置值。

Step5. 在该对话框中单击 ✔ 按钮，完成面的删除，结果如图 6.5.12b 所示。

注意：在选取删除面时，如果选取图 6.5.15 所示的曲面 2 为要删除的面，结果如图 6.5.12c 所示。

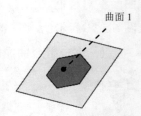

曲面 1

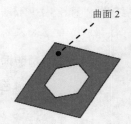

曲面 2

图 6.5.13 "删除面"对话框　　图 6.5.14 定义删除面 1　　图 6.5.15 定义删除面 2

图 6.5.13 所示"删除面"对话框中各选项的说明如下。

● 选择 区域中只有一个列表框，单击该列表框后，选取要删除的面。

● 选项(O) 区域中包含关于删除面的设置。

☑ ⊙删除 单选项：从多个曲面中删除某个面，或从实体中删除一个或多个面。

☑ ⊙删除并修补 单选项：从曲面或实体中删除一个面，并自动对实体进行修补和剪裁。

☑ ⊙删除并填补 单选项：删除面并生成单一面，并将任何缝隙填补起来。

6.6 曲面的基本分析

6.6.1 曲面曲率的显示

下面以图 6.6.1 所示的曲面为例，说明曲面曲率显示的一般操作步骤。

a）显示前

b）显示后

图 6.6.1 显示曲面曲率

Step1. 打开文件 D:\swxc18\work\ch06.06.01\surface_curvature.SLDPRT。

Step2. 选择命令。选择下拉菜单 视图(V) ➡️ 显示(D) ➡️ 曲率 (C) 命令，图形区立即显示曲面的曲率图。

说明：

● 显示曲面的曲率后，当鼠标指针移动到曲面上时，系统会显示鼠标指针所在点的曲率和曲率半径。

● 冷色表明曲面的曲率较低，如黑色、紫色和蓝色；暖色表明曲面的曲率较高，如红色和绿色。

6.6.2 曲面斑马条纹的显示

下面以图 6.6.2 为例，说明曲面斑马条纹显示的一般操作步骤。

a）显示前

b）显示后

图 6.6.2 显示曲面斑马条纹

Step1. 打开文件 D:\swxc18\work\ch06.06.02\surface_curvature.SLDPRT。

Step2. 选择命令。选择下拉菜单 视图(V) ➡️ 显示(D) ➡️ 斑马条纹 (Z) 命令，系统弹出图 6.6.3 所示的"斑马条纹"对话框，同时图形区显示曲面的斑马条纹图。

Step3. 设置参数。在"斑马条纹"对话框中选中 ⊙ 水平条纹(H) 单选项，其他参数采用系统默认设置值，然后单击 ✔️ 按钮，完成曲面的斑马条纹显示操作。

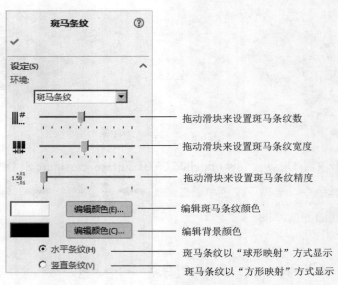

图 6.6.3　"斑马条纹"对话框

6.7　曲面实体化操作

6.7.1　曲面的实体化

缝合曲面命令可以将封闭的曲面缝合成一个面，并将其实体化。下面以图 6.7.1 为例来介绍闭合曲面实体化的一般操作步骤。

a）合并前　　　　　　　　　　　　　　　　　　　　b）合并后

图 6.7.1　闭合曲面实体化

Step1. 打开文件 D:\swxc18\work\ch06.07.01\Thickening_ the _ Model.SLDPRT。

Step2. 用剖面视图的方法检测零件模型为曲面。

（1）选择剖面视图命令。选择下拉菜单 视图(V) ➡ 显示 (D) ▶ ➡ 剖面视图 (V) 命令，系统弹出图 6.7.2 所示的"剖面视图"对话框。

（2）定义剖面。在"剖面视图"对话框的 剖面 1(1) 区域中单击 按钮，以前视基准面作为剖面，此时可看到在绘图区中显示的特征为曲面，如图 6.7.3 所示；单击 按钮，关闭"剖面视图"对话框。

Step3. 选择缝合曲面命令。选择下拉菜单 插入(I) ➡ 曲面(S) ➡
缝合曲面(K)...命令，系统弹出图 6.7.4 所示的"缝合曲面"对话框。

图 6.7.2 "剖面视图"对话框

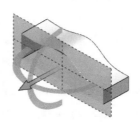

图 6.7.3 定义参考剖面

图 6.7.4 "缝合曲面"对话框

Step4. 定义缝合对象。选取图 6.7.5 所示的曲面 1、曲面 2 和曲面 3（或在设计树上选择 曲面-拉伸1 、 曲面填充1 和 曲面填充2 ）为缝合对象。

Step5. 定义实体化。在"缝合曲面"对话框的 选择(S) 区域中选中 ☑ 创建实体(T) 复选框。

Step6. 单击 ✅ 按钮，完成曲面实体化的操作。

Step7. 用剖面视图查看零件模型为实体。

（1）选择剖面视图命令。选择下拉菜单 视图(V) ➡ 显示(D) ➡ 剖面视图(V) 命令，系统弹出图 6.7.2 所示的"剖面视图"对话框。

（2）定义剖面。在"剖面视图"对话框的 剖面 1(1) 区域中单击 按钮，以前视基准面作为剖面，此时可看到在绘图区中显示的特征为实体，如图 6.7.6 所示。单击 ✖ 按钮，关闭"剖面视图"对话框。

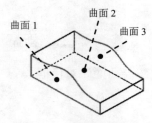

图 6.7.5　定义缝合对象

图 6.7.6　定义参考剖面

6.7.2　曲面的加厚

加厚命令可以将开放的曲面（或开放的面组）转化为薄壁实体特征。下面以图 6.7.7 为例，说明加厚曲面的一般操作步骤。

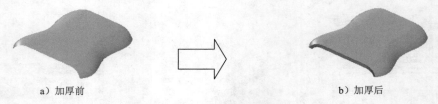

a）加厚前　　　　　　　　　　　　　　　　　　　　b）加厚后

图 6.7.7　开放曲面的加厚

Step1. 打开文件 D:\swxc18\work\ch06.07.02\thicken.SLDPRT。

Step2. 选择命令。选择下拉菜单 插入(I) ➡ 凸台/基体(B) ➡ 加厚(T)... 命令，系统弹出图 6.7.8 所示的"加厚"对话框。

Step3. 定义加厚曲面。选取图 6.7.9 所示的曲面为加厚曲面。

注意： 在加厚多个相邻的曲面时，必须先缝合曲面。

Step4. 定义加厚方向。在"加厚"对话框的 加厚参数(T) 区域中单击 按钮。

Step5. 定义厚度。在"加厚"对话框 加厚参数(T) 区域的 文本框中输入数值 3.00。

Step6. 在该对话框中单击 按钮，完成开放曲面的加厚。

图 6.7.8　"加厚"对话框

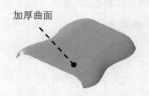

加厚曲面

图 6.7.9　定义加厚曲面

6.7.3　替换面

使用替换命令可以用曲面替代实体的表面,替换曲面不必与实体表面有相同的边界。下面以图 6.7.10 为例来说明用曲面替换实体表面的一般操作步骤。

　　　a)替换前　　　　　　　　　　　　　　　　b)替换后

图 6.7.10　用曲面替换实体表面

Step1. 打开文件 D:\swxc18\work\ch06.07.03\Replace_Face.SLDPRT。

Step2. 选择命令。选择下拉菜单 插入(I) ➡ 面(F) ➡ 替换(R)... 命令,系统弹出图 6.7.11 所示的"替换面 1"对话框。

Step3. 定义替换的目标面。选取图 6.7.12 所示的曲面 1 为替换的目标面。

Step4. 定义替换面。单击"替换面 1"对话框 后的列表框,选取图 6.7.12 所示的曲面 2 为替换面。

Step5. 在该对话框中单击 按钮,完成替换操作,结果如图 6.7.13 所示。

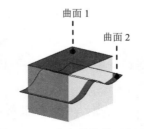

图 6.7.11　"替换面 1"对话框　　　图 6.7.12　定义替换的目标面　　　图 6.7.13　定义替换面

学习拓展:扫码学习更多视频讲解。

讲解内容:主要包含产品设计基础,曲面设计的基本概念,常用的曲面设计方法及流程,曲面转实体的常用方法,典型曲面设计案例等。特别是对曲线与曲面的阶次、连续性及曲面分析这些背景知识进行了系统讲解。

第 **7** 章　曲面设计综合实例

7.1　曲面设计综合实例一

实例概述：

　　本实例讲解了咖啡壶的设计过程，主要运用了扫描、旋转、缝合、填充、剪裁、加厚和圆角等特征创建命令。需要注意在创建及选取草绘基准面等过程中用到的技巧。零件实体模型及设计树如图 7.1.1 所示。

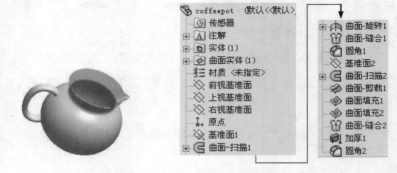

图 7.1.1　零件实体模型及设计树

　　Step1. 新建模型文件。选择下拉菜单 文件(F) ➡ 新建 (N)... 命令，在系统弹出的"新建 SolidWorks 文件"对话框中选择"零件"模块，单击 确定 按钮，进入建模环境。

　　Step2. 创建图 7.1.2 所示的基准面 1。选择下拉菜单 插入(I) ➡ 参考几何体 (G) ➡ 基准面(P)... 命令，系统弹出"基准面"对话框；选择上视基准面作为参考实体，等距距离值为 45.0；单击"基准面"对话框中的 ✔ 按钮，完成基准面 1 的创建。

　　Step3. 绘制图 7.1.3 所示的草图 1。选择下拉菜单 插入(I) ➡ 草图绘制 命令，系统弹出"编辑草图"对话框；选取上视基准面作为草图基准面，绘制图 7.1.3 所示的草图 1；选择下拉菜单 插入(I) ➡ 退出草图 命令，完成草图 1 的绘制。

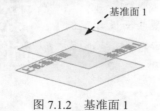

图 7.1.2　基准面 1

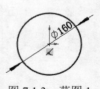

图 7.1.3　草图 1

Step4. 绘制草图 2。选择下拉菜单 插入(I) ➡️ 草图绘制 命令，系统弹出"编辑草图"对话框；选取基准面 1 作为草图基准面，绘制图 7.1.4 所示的草图 2；选择下拉菜单 插入(I) ➡️ 退出草图 命令，退出草图绘制环境。

Step5. 选取前视基准面作为草图基准面，绘制图 7.1.5 所示的草图 3。

Step6. 创建图 7.1.6 所示的曲面-扫描 1。

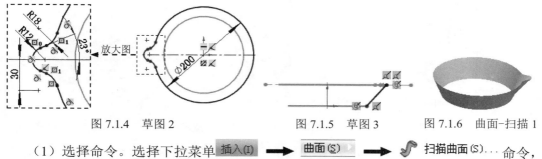

图 7.1.4　草图 2　　　　　　图 7.1.5　草图 3　　　　　图 7.1.6　曲面-扫描 1

（1）选择命令。选择下拉菜单 插入(I) ➡️ 曲面(S) ▶ ➡️ 扫描曲面(S)... 命令，系统弹出"曲面-扫描"对话框。

（2）定义扫描属性。选取草图 3 作为扫描轮廓，选取草图 1 作为扫描路径，选取草图 2 作为扫描引导线。

（3）单击 ✔ 按钮，完成曲面-扫描 1 的创建。

Step7. 创建图 7.1.7 所示的曲面-旋转 1。

（1）选择命令。选择下拉菜单 插入(I) ➡️ 曲面(S) ▶ ➡️ 旋转曲面(R)... 命令，系统弹出"旋转"对话框。

（2）选择前视基准面作为草图基准面，绘制图 7.1.8 所示的草图 4。

（3）在"曲面-旋转"对话框 方向 1(1) 区域的 文本框中输入数值 360.0。

（4）单击 ✔ 按钮，完成曲面-旋转 1 的创建。

Step8. 创建图 7.1.9 所示的曲面-缝合 1。

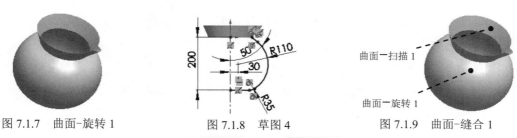

图 7.1.7　曲面-旋转 1　　　　　图 7.1.8　草图 4　　　　　图 7.1.9　曲面-缝合 1

（1）选择命令。选择下拉菜单 插入(I) ➡️ 曲面(S) ▶ ➡️ 缝合曲面(K)... 命令，系统弹出"缝合曲面"对话框。

（2）选取曲面-扫描 1 和曲面-旋转 1 作为要缝合的曲面，如图 7.1.9 所示。

（3）单击 ✔ 按钮，完成曲面-缝合 1 的创建。

Step9. 创建图 7.1.10 所示的圆角 1。选择图 7.1.11 所示的边线作为要圆角的对象，圆角半径值为 15.0。

Step10. 绘制图 7.1.12 所示的草图 5。选取前视基准面作为草图基准面。

图 7.1.10 圆角 1

要圆角的边
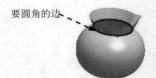
图 7.1.11 选择圆角对象

图 7.1.12 草图 5

Step11. 创建图 7.1.13 所示的基准面 2。选择下拉菜单 插入(I) ➡ 参考几何体(G) ▶ ➡ 🔲 基准面(P)... 命令，选取图 7.1.13 所示的草图 5 和点作为参考实体。单击“基准面”对话框中的 ✔ 按钮，完成基准面 2 的创建。

Step12. 绘制图 7.1.14 所示的草图 6。选取基准面 2 作为草图基准面。

Step13. 创建图 7.1.15 所示的曲面-扫描 2。

参考实体
选取草图 5
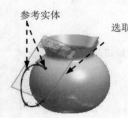
图 7.1.13 基准面 2

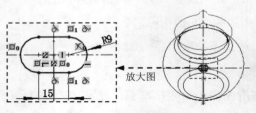
放大图
图 7.1.14 草图 6
图 7.1.15 曲面-描 2

（1）选择命令。选择下拉菜单 插入(I) ➡ 曲面(S) ▶ ➡ 🐛 扫描曲面(S)... 命令，系统弹出“曲面-扫描”对话框。

（2）定义扫描属性。选取草图 6 作为扫描轮廓，选取草图 5 作为扫描路径。

（3）单击 ✔ 按钮，完成曲面-扫描 2 的创建。

Step14. 创建图 7.1.16 所示的曲面-剪裁 1。

（1）选择命令。选择下拉菜单 插入(I) ➡ 曲面(S) ▶ ➡ 🐘 剪裁曲面(T)... 命令，系统弹出“剪裁曲面”对话框。

（2）选取图 7.1.16 所示的剪裁工具和要保留的部分。

（3）单击 ✔ 按钮，完成曲面-剪裁 1 的创建。

Step15. 创建图 7.1.17 所示的曲面填充 1。选择下拉菜单 插入(I) ➡ 曲面(S)

➡ ◈ 填充(I)...命令，系统弹出"填充曲面"对话框；选取图 7.1.18 所示的边线作

为修补边界，单击 ✔ 按钮，完成曲面填充 1 的创建。

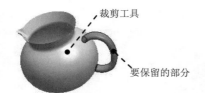

图 7.1.16　曲面-剪裁 1　　　图 7.1.17　曲面填充 1　　　图 7.1.18　选择修补边界

Step16. 创建图 7.1.19 所示的曲面填充 2。操作步骤参照 Step15，选取图 7.1.20 所示
的边线作为修补边界。

Step17. 创建图 7.1.21 所示的曲面-缝合 2。选择下拉菜单 插入(I) ➡ 曲面(S)

➡ ▨ 缝合曲面(K)...命令，系统弹出"缝合曲面"对话框。选取曲面-剪裁 1、曲面
填充 1 和曲面填充 2 作为要缝合的曲面，如图 7.1.21 所示。单击 ✔ 按钮，完成曲面-缝
合 2 的创建。

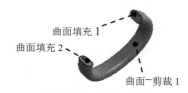

图 7.1.19　曲面填充 2　　　图 7.1.20　选择修补边界　　　图 7.1.21　曲面-缝合 2

Step18. 创建图 7.1.22 所示的加厚 1。选择下拉菜单 插入(I) ➡ 凸台/基体(B)

➡ ▥ 加厚(T)...命令，系统弹出"加厚"对话框；选取图 7.1.23 所示的曲面作为要
加厚的曲面，在"加厚"对话框的 加厚参数(T) 区域中单击 ▤ 按钮，在"加厚"对话框
加厚参数(T) 区域 ▨ 后的文本框中输入数值 1.0。单击 ✔ 按钮，完成加厚 1 的创建。

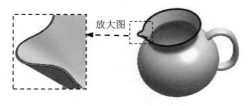

图 7.1.22　加厚 1　　　　　　图 7.1.23　选取要加厚的曲面

Step19. 创建图 7.1.24 所示的圆角 2。选择下拉菜单 插入(I) ➡ 曲面(S) ➡

▱ 圆角(U)...命令，系统弹出"圆角"对话框；在 圆角类型(Y) 区域中单击 ▨ 选项；分别

选取图 7.1.25 所示的边侧面组 1、中央面组和边侧面组 2；单击 ✔ 按钮，完成圆角 2 的创建。

Step20. 至此，零件模型创建完毕，选择下拉菜单 文件(F) ➡ 🖫│保存(S) 命令，命名为 coffeepot，即可保存零件模型。

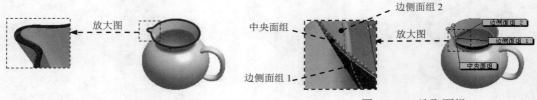

图 7.1.24　圆角 2　　　　　　　　　　　　　　图 7.1.25　选取面组

7.2　曲面设计综合实例二

实例概述：

　　本实例详细介绍了饮水机手柄的设计过程，其主要设计过程是将两个扫描曲面进行剪裁和缝合形成单独的实体，再与所创建的基础实体组合而成。关键是两个扫描曲面的创建及实体组合的运用。零件模型如图 7.2.1 所示。

Step1. 新建一个零件模型文件，进入建模环境。

Step2. 创建图 7.2.2 所示的零件基础特征——凸台-拉伸 1。

（1）选择命令。选择下拉菜单 插入(I) ➡ 凸台/基体 (B) ▶ ➡ 🗂 拉伸(E)... 命令。

（2）选取前视基准面作为草图基准面。绘制图 7.2.3 所示的横断面草图。

  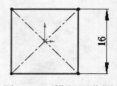

图 7.2.1　零件模型　　　　　　图 7.2.2　凸台-拉伸 1　　　　　图 7.2.3　横断面草图

（3）定义拉伸深度属性。

① 定义深度方向。采用系统默认的深度方向。

② 定义深度类型和深度值。在"凸台-拉伸"对话框 **方向1(1)** 区域的下拉列表中选择 **两侧对称** 选项，输入深度值 10.0。

（4）单击 ✅ 按钮，完成凸台-拉伸 1 的创建。

Step3. 创建图 7.2.4b 所示的圆角 1。选取图 7.2.4a 所示的四条边线为要圆角的对象，圆角半径值为 2.0。

Step4. 创建图 7.2.5b 所示的圆角 2。选取图 7.2.5a 所示的边线为要圆角的对象，圆角半径值为 3.0。

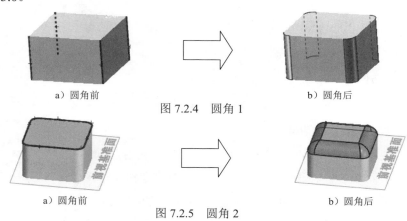

a）圆角前　　　　　　　　图 7.2.4　圆角 1　　　　　　　　b）圆角后

a）圆角前　　　　　　　　图 7.2.5　圆角 2　　　　　　　　b）圆角后

Step5. 创建图 7.2.6 所示的基准面 1。

（1）选择命令。选择下拉菜单 **插入(I)** ➡ **参考几何体(G)** ▶ ➡ 🚪 **基准面(P)...** 命令，系统弹出"基准面"对话框。

（2）选取图 7.2.6 所示的模型表面为参考实体，在 🔲 文本框后输入偏移距离值 2.0，选中 ☑ **反转等距** 复选框。

（3）单击 ✅ 按钮，完成基准面 1 的创建。

Step6. 选取基准面 1 为草图基准面，创建图 7.2.7 所示的草图 2。

Step7. 选取基准面 1 为草图基准面，创建图 7.2.8 所示的草图 3（使用三点圆弧命令，使圆弧经过原点和草图 2 的两个端点）。

图 7.2.6　基准面 1

图 7.2.7　草图 2

图 7.2.8　草图 3

Step8. 选取右视基准面作为草图基准面，创建图 7.2.9 所示的草图 4。该草图为样条曲线（注意观察图中的曲率），约束样条曲线的下端点与草图 2 穿透。

Step9. 选取右视基准面作为草图基准面，创建图 7.2.10 所示的草图 5，约束样条曲线的下端点与草图 3 穿透（此草图曲率如图 7.2.10 所示）。

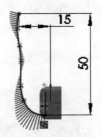

图 7.2.9　草图 4

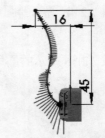

图 7.2.10　草图 5

Step10. 创建图 7.2.11 所示的曲面-扫描 1。

（1）选择命令。选择下拉菜单 插入(I) ➡ 曲面(S) ▶ ➡ 🪱 扫描曲面(S)... 命令，系统弹出"曲面-扫描"对话框。

（2）定义轮廓曲线。在设计树中选取"草图 2"为扫描轮廓。

（3）定义扫描路径。在设计树中选取 (-) 草图4 为扫描路径。

（4）单击对话框中的 ✔ 按钮，完成曲面-扫描 1 的创建。

Step11. 创建图 7.2.12 所示的曲面-扫描 2。在设计树中选取"草图 3"为扫描轮廓，选取 (-) 草图5 为扫描路径。

图 7.2.11　曲面-扫描 1

图 7.2.12　曲面-扫描 2

Step12. 创建图 7.2.13b 所示的曲面-剪裁 1。

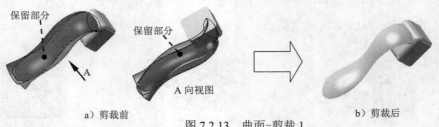

a）剪裁前　　　　　　　　　　　　b）剪裁后

图 7.2.13　曲面-剪裁 1

（1）选择下拉菜单 插入(I) ➡ 曲面(S) ▶ ➡ 🪿 剪裁曲面(T)... 命令，系统弹出

"剪裁曲面"对话框。

（2）在"剪裁曲面"对话框的 剪裁类型(T) 下拉列表中选中 ⊙ 相互(M) 单选项为剪裁类型。

（3）选择剪裁工具。选取曲面-扫描 1 和曲面-扫描 2 为剪裁工具。

（4）选择保留部分。选取图 7.2.13a 所示的曲面为保留部分。

（5）其他参数采用系统默认设置值，单击对话框中的 ✔ 按钮，完成曲面-剪裁 1 的创建。

说明：操作时可能会出现曲面无法剪裁的提示，这是由于剪裁对象没有完全相交造成的。读者可以进一步调整草图 4 和草图 5 中的样条曲线，使以其为参照生成的两扫描曲面完全相交。

Step13. 创建图 7.2.14 所示的曲面填充 1。

（1）选择命令。选择下拉菜单 插入(I) ➡ 曲面(S) ▶ ➡ ◇ 填充(I)...命令，系统弹出"填充曲面"对话框。

（2）定义修补边界。选取设计树中的"草图 2""草图 3"为修补边界。

（3）在"填充曲面"对话框 修补边界(B) 区域的下拉列表中选择 相触 选项。

（4）单击 ✔ 按钮，完成曲面填充 1 的创建。

Step14. 创建图 7.2.15 所示的曲面-缝合 1。

（1）选择命令。选择下拉菜单 插入(I) ➡ 曲面(S) ▶ ➡ 🗜 缝合曲面(K)...命令，系统弹出"缝合曲面"对话框。

（2）定义缝合对象。在设计树中选取 ◇ 曲面-剪裁1 和 ◇ 曲面填充1 为缝合对象，选中 ☑ 创建实体(T) 复选框。

（3）取消选中 ☐ 缝隙控制(A) 复选框，单击对话框中的 ✔ 按钮，完成曲面-缝合 1 的创建。

Step15. 创建图 7.2.16 所示的组合 1。

图 7.2.14 曲面填充 1   图 7.2.15 曲面-缝合 1   图 7.2.16 组合 1

（1）选择命令。选择下拉菜单 插入(I) ➡ 特征(F) ▶ ➡ 🔳 组合(B)...命令，系统弹出"组合 1"对话框。

（2）定义组合类型。在"组合 1"对话框的 操作类型(D) 区域选中 ⊙ 添加(A) 单选项。

（3）定义要组合的实体。选取图 7.2.16 所示的实体 1 和实体 2 作为要组合的实体。

（4）单击 ✔ 按钮，完成组合 1 的创建。

Step16. 创建图 7.2.17 所示的零件特征——切除-拉伸 1。

（1）选择下拉菜单 插入(I) ➡ 切除(C) ▶ ➡ 🔲 拉伸(E)... 命令。

（2）选取图 7.2.17 所示的模型表面为草图基准面，绘制图 7.2.18 所示的横断面草图。

（3）采用系统默认的切除深度方向；在"拉伸"对话框 方向 1(1) 区域的下拉列表中选择 成形到一面 选项，选取图 7.2.19 所示的模型表面为拉伸终止面。

（4）单击窗口中的 ✔ 按钮，完成切除-拉伸 1 的创建。

Step17. 创建图 7.2.20 所示的零件特征——切除-拉伸 2。选择下拉菜单 插入(I) ➡ 切除(C) ▶ ➡ 🔲 拉伸(E)... 命令；选取图 7.2.21 所示的模型表面为草图基准面，绘制图 7.2.22 所示的横断面草图；采用系统默认的切除深度方向；在"拉伸"对话框 方向 1(1) 区域的下拉列表中选择 成形到一面 选项，选取基准面 1 为拉伸终止面。

图 7.2.17　切除-拉伸 1

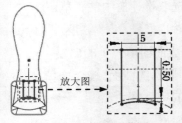

图 7.2.18　横断面草图

图 7.2.19　拉伸终止面

图 7.2.20　切除-拉伸 2

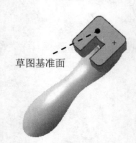

图 7.2.21　草图基准面

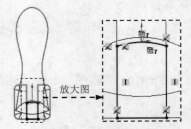

图 7.2.22　横断面草图

Step18. 创建图 7.2.23 所示的零件特征——凸台-拉伸 2。

（1）选择命令。选择下拉菜单 插入(I) ➡ 凸台/基体(B) ▶ ➡ 🔲 拉伸(E)... 命令。

（2）选取图 7.2.24 所示的模型表面作为草图基准面，绘制图 7.2.25 所示的横断面草图。约束草图中的两圆弧半径相等。

（3）单击**方向1(1)**区域中的  按钮，在"凸台-拉伸"对话框**方向1(1)**区域的下拉列表中选择 **给定深度** 选项，输入深度值 0.5。

（4）单击 ✅ 按钮，完成凸台-拉伸 2 的创建。

说明：创建凸台-拉伸 2 时，可能会出现实体不完全相交的现象。读者可以自行调整图 7.2.25 中的草图尺寸，或调整草图 4 和草图 5 中的样条曲线形状，使实体完全相交。

图 7.2.23　凸台-拉伸 2

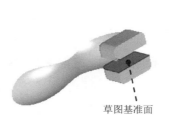

图 7.2.24　草图基准面

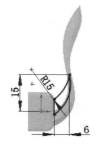

图 7.2.25　横断面草图

Step19. 创建图 7.2.26b 所示的镜像 1。

（1）选择命令。选择下拉菜单 **插入(I)** ➡ **阵列/镜向(E)** ➡ **⊪┤ 镜向(M)...** 命令。

（2）定义镜像基准面。选取右视基准面为镜像基准面。

（3）定义镜像对象。在设计树中选取 **凸台-拉伸2** 作为镜像 1 的对象。

（4）单击对话框中的 ✅ 按钮，完成镜像 1 的创建。

a）镜像前

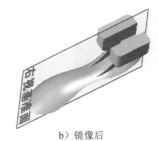

b）镜像后

图 7.2.26　镜像 1

Step20. 创建图 7.2.27 所示的零件特征——切除-旋转 1。

（1）选择命令。选择下拉菜单 **插入(I)** ➡ **切除(C)** ➡ **🗋 旋转(R)...** 命令，系统弹出"旋转"对话框。

（2）选取右视基准面作为草图基准面，绘制图 7.2.28 所示的横断面草图。

（3）定义旋转轴线。采用草图中的直边为旋转轴线。

（4）定义旋转属性。在"切除-旋转"对话框**方向1(1)**区域的下拉列表中选择 **给定深度** 选项，采用系统默认的旋转方向，在 **A¹** 文本框中输入数值 360.0。

（5）单击对话框中的  按钮，完成切除-旋转 1 的创建。

图 7.2.27　切除-旋转 1　　　　　　　　图 7.2.28　横断面草图

Step21. 创建图 7.2.29b 所示的圆角 3。选取图 7.2.29a 所示的边线为要圆角的对象，圆角半径值为 0.1。

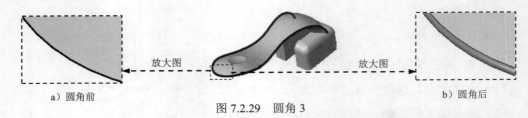

a）圆角前　　　　　　　　　　　　　　　　　　　　　　b）圆角后

图 7.2.29　圆角 3

Step22. 创建图 7.2.30b 所示的圆角 4。选取图 7.2.30a 所示的边线为要圆角的对象，圆角半径值为 2.0。

a）圆角前　　　　　　　　　　　　　　　　　　　　　　b）圆角后

图 7.2.30　圆角 4

Step23. 创建图 7.2.31b 所示的圆角 5。选取图 7.2.31a 所示的边线为要圆角的对象，圆角半径值为 0.5。

a）圆角前　　　　　　　　　　　　　　　　　　　　　　b）圆角后

图 7.2.31　圆角 5

Step24. 创建图 7.2.32b 所示的圆角 6。选取图 7.2.32a 所示的边线为要圆角的对象，圆角半径值为 2.0。

a）圆角前   b）圆角后

图 7.2.32   圆角 6

Step25. 创建图 7.2.33 所示的零件特征——凸台-拉伸 3。选择下拉菜单 插入(I) ➡ 凸台/基体(B) ➡ 拉伸(E)... 命令；选取图 7.2.34 所示的模型表面作为草图基准面，绘制图 7.2.35 所示的横断面草图；采用系统默认的深度方向，在 "凸台-拉伸" 对话框 方向1(1) 区域的下拉列表中选择 给定深度 选项，输入深度值 1.5。

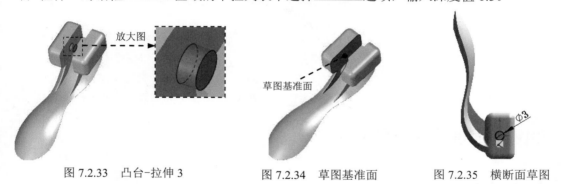

放大图   草图基准面   φ3

图 7.2.33   凸台-拉伸 3   图 7.2.34   草图基准面   图 7.2.35   横断面草图

Step26. 创建图 7.2.36 所示的镜像 2。

（1）选择下拉菜单 插入(I) ➡ 阵列/镜向(E) ➡ 镜向(M)... 命令。

（2）定义镜像基准面。选取右视基准面为镜像基准面。

（3）定义镜像对象。在设计树中选取 凸台-拉伸3 为镜像 2 的对象。

（4）单击对话框中的 ✔ 按钮，完成镜像 2 的创建。

a）镜像前   b）镜像后

图 7.2.36   镜像 2

Step27. 选择下拉菜单 文件(F) ➡ 保存 (S) 命令，将模型命名为 water-handle。

7.3 曲面设计综合实例三

实例概述：

本实例介绍了一个手柄曲面的设计过程。曲面零件设计的一般方法是先创建一系列草绘曲线和空间曲线，然后利用所创建的曲线构建几个独立的曲面，再利用缝合等工具将独立的曲面变成一个整体面，最后将整体面变成实体模型。零件模型如图 7.3.1 所示。

说明：本实例的详细操作过程请参见随书光盘中 video\ch07.03\文件夹下的语音视频讲解文件。模型文件为 D:\swxc18\work\ch07.03\Handle-01.prt。

图 7.3.1 零件模型 1

7.4 曲面设计综合实例四

实例概述：

本实例介绍了一个门把手的设计过程，主要运用了凸台-拉伸、基准面、曲面-放样、边界-曲面、曲面-基准面、曲面-缝合、3D 草图和投影曲线等特征创建命令。需要注意草图及 3D 草图的创建思路与技巧。零件模型如图 7.4.1 所示。

说明：本实例的详细操作过程请参见随书光盘中 video\ch07.04\文件夹下的语音视频讲解文件。模型文件为 D:\swxc18\work\ch07.04\Handle-02.prt。

7.5 曲面设计综合实例五

实例概述：

本实例介绍了自行车座的创建过程，主要运用了拉伸曲面、放样曲面、缝合曲面和加厚等特征命令。在本例中，着重练习样条曲线创建草图的方法。该零件模型如图 7.5.1 所示。

说明：本实例的详细操作过程请参见随书光盘中 video\ch07.05\文件夹下的语音视频讲解文件。模型文件为 D:\swxc18\work\ch07.05\bike-seat-surface。

7.6 曲面设计综合实例六

实例概述：

本实例主要介绍了遥控器上盖的设计过程。其中，曲面上的曲线也可以用两曲面的相交来创建，只是步骤较繁琐。因为曲面上的曲线为样条曲线，所以读者在创建时会与本实例有些不同。该零件模型如图 7.6.1 所示。

说明：本实例的详细操作过程请参见随书光盘中 video\ch07.06\文件夹下的语音视频讲解文件。模型文件为 D:\swxc18\work\ch07.06\remote-control.SLDPRT。

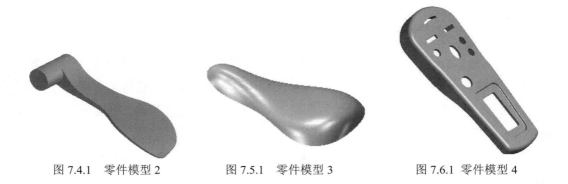

图 7.4.1　零件模型 2　　　　图 7.5.1　零件模型 3　　　　图 7.6.1　零件模型 4

学习拓展：扫码学习更多视频讲解。

讲解内容：曲面设计实例精选。本部分首先对常用的曲面设计思路和方法进行了系统的总结，然后讲解了数十个典型曲面产品设计的全过程，并对每个产品的设计要点都进行了深入剖析。

第 8 章　钣　金　设　计

8.1　钣金设计基础入门

8.1.1　概述

钣金件是利用金属的可塑性，针对金属薄板（一般是指 5mm 以下）通过弯边、冲裁、成形等工艺，制造出单个零件，然后通过焊接、铆接等装配成完整的钣金件。其最显著的特征是同一零件的厚度一致。因为钣金成形具有材料利用率高、重量轻、设计及操作方便等特点，所以钣金件的应用十分普遍，几乎占据了所有行业。

使用 SolidWorks 软件创建钣金件的一般过程如下。

（1）新建一个"零件"文件，进入建模环境。

（2）以钣金件所支持或保护的内部零部件大小和形状为基础，创建基体-法兰（基础钣金）。例如，设计机床床身护罩时，先要按床身的形状和尺寸创建基体-法兰。

（3）创建其余法兰。在基体-法兰创建之后，往往需要在其基础上创建另外的钣金，即边线-法兰、斜接法兰等。

（4）在钣金模型中，还可以随时创建一些实体特征，如（切除）拉伸特征、孔特征、圆角特征和倒角特征等。

（5）进行钣金的折弯。

（6）进行钣金的展开。

（7）创建钣金件的工程图。

8.1.2　钣金设计命令及工具条介绍

在学习本节时，请先打开 D:\swxc18\work\ch08.01\disc.SLDPR 钣金件模型文件。

1. 钣金菜单

钣金设计的命令主要分布在 插入(I) ➡ 钣金 (H) 子菜单中，下拉菜单中包含创建、保存、修改模型和设置 SolidWorks 环境的一些命令。

2. 工具栏按钮

工具栏中的命令按钮为快速进入命令及设置工作环境提供了极大的方便，用户可以根据具体情况定制工具栏。在工具栏处右击，在弹出的快捷菜单中确认 钣金(H) 选项被激活（ 钣金(H) 前的 按钮被按下），如图 8.1.1 所示，"钣金（H）"工具栏显示在工具栏按钮区。

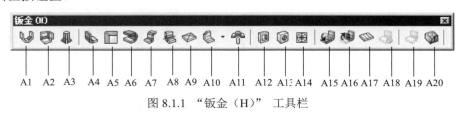

图 8.1.1　"钣金（H）" 工具栏

图 8.1.1 所示的"钣金（H）"工具栏各按钮说明如下。

A1：基体-法兰/薄片。　　　　A11：成形工具。

A2：转换到钣金 。　　　　　A12：拉伸切除。

A3：放样折弯 。　　　　　　A13：简单直孔。

A4：边线-法兰。　　　　　　A14：通风孔。

A5：斜接法兰。　　　　　　A15：展开。

A6：褶边。　　　　　　　　A16：折叠。

A7：转折。　　　　　　　　A17：展开。

A8：绘制的折弯。　　　　　　A18：不折弯。

A9：交叉-折断。　　　　　　A19：插入折弯。

A10：边角。　　　　　　　　A20：切口。

注意：用户会看到有些菜单命令和按钮处于非激活状态（呈灰色，即暗色），这是因为它们目前还没有处在发挥功能的环境中，一旦进入有关的环境，便会自动被激活。

3．状态栏

在用户操作软件的过程中，消息区会实时地显示当前操作、当前状态以及与当前操作相关的提示信息等，以引导用户操作。

8.2　基础钣金特征

本节详细介绍了钣金的基础特征，包括基体-法兰/薄片、边线-法兰、斜接法兰和切除-拉伸等内容；通过典型范例的讲解，读者可快速掌握这些命令的创建过程，并领悟其中的含义。

8.2.1 基体-法兰

1. 基体-法兰概述

使用"基体-法兰"命令可以创建出厚度一致的薄板，它是一个钣金零件的"基础"，其他钣金特征（如成形、折弯、拉伸等）都需要在这个"基础"上创建，因而基体-法兰特征是整个钣金件中最重要的部分。

选取"基体-法兰"命令有以下两种方法。

方法一： 从下拉菜单中选择特征命令。选择下拉菜单 插入(I) ➡ 钣金 (H) ➡ 基体法兰 (A)... 命令。

方法二： 从工具栏中获取特征命令。在"钣金（H）"工具栏中单击"基体-法兰"按钮 。

注意： 只有当模型中不含有任何钣金特征时，"基体-法兰"命令才可用；否则"基体-法兰"命令将会成为"薄片"命令，并且每个钣金零件模型中最多只能存在一个"基体-法兰"特征。

"基体-法兰"的类型：基体-法兰特征与实体建模中的拉伸特征相似，都是通过特征的横断面草图拉伸而成的，而基体-法兰特征的横断面草图可以是单一开放环草图、单一封闭环草图或者多重封闭环草图。根据不同类型的横断面草图所创建的基体-法兰也各不相同。下面将详细讲解三种不同类型的基体-法兰特征的创建过程。

2. 创建基体-法兰的一般过程

方法一： 使用"开放环横断面草图"创建基体-法兰。

在使用"开放环横断面草图"创建基体-法兰时，需要先绘制横断面草图，然后给定钣金壁厚度值和深度值，则系统将轮廓草图延伸至指定的深度，生成基体-法兰特征，如图 8.2.1 所示。

下面以图 8.2.1 所示的模型为例，说明使用"开放环横断面草图"创建基体-法兰的一般操作过程。

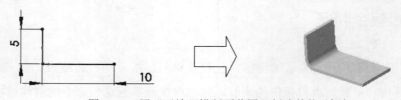

图 8.2.1 用"开放环横断面草图"创建基体-法兰

Step1. 新建模型文件。选择下拉菜单 文件(F) ➡️ 🗋 新建(N)... 命令，在系统弹出的"新建 SolidWorks 文件"对话框中选择"零件"模块，单击 确定 按钮，进入建模环境。

Step2. 选择命令。选择下拉菜单 插入(I) ➡️ 钣金(H) ➡️ 🔰 基体法兰(A)... 命令。

Step3. 定义特征的横断面草图。

（1）定义草图基准面。选取前视基准面作为草图基准面。

（2）定义横断面草图。在草绘环境中绘制图 8.2.2 所示的横断面草图。

（3）选择下拉菜单 插入(I) ➡️ 🔲 退出草图 命令，退出草绘环境，此时系统弹出图 8.2.3 所示的"基体法兰"对话框。

Step4. 定义钣金参数属性。

（1）定义深度类型和深度值。在"基体法兰"对话框 **方向 1(1)** 区域的 ↗ 下拉列表中选择 给定深度 选项，在 📐 文本框中输入深度值 10.0。

说明：也可以拖动图 8.2.4 所示的箭头改变深度和方向。

图 8.2.2　横断面草图

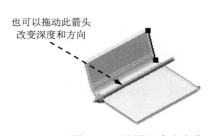

也可以拖动此箭头
改变深度和方向

图 8.2.4　设置深度和方向

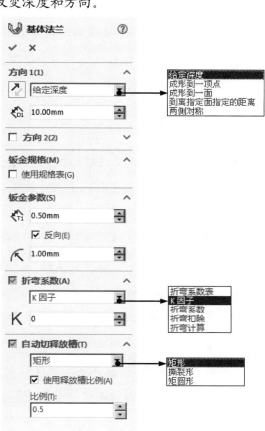

图 8.2.3　"基体法兰"对话框

（2）定义钣金参数。在 **钣金参数(S)** 区域的 文本框中输入厚度值 0.50，选中 ☑ **反向(E)** 复选框，在 文本框中输入圆角半径值 1.00。

（3）定义钣金折弯系数。在 ☑ **折弯系数(A)** 区域的下拉列表中选择 **K 因子** 选项，把 **K** 因子系数值改为 0.5。

（4）定义钣金自动切释放槽类型。在 ☑ **自动切释放槽(T)** 区域的下拉列表中选择 **矩形** 选项，选中 ☑ **使用释放槽比例(A)** 复选框，在 **比例(T):** 文本框中输入比例系数值 0.5。

Step5. 单击 ✔ 按钮，完成基体-法兰特征的创建。

说明： 当完成"基体-法兰 1"的创建后，系统将自动在设计树中生成 钣金6 和 平板型式6 两个特征，用户可以对 平板型式6 特征进行解压缩，把模型展平。

Step6. 保存钣金零件模型。选择下拉菜单 **文件(F)** ➡ **保存 (S)** 命令，将零件模型命名为 Base_Flange.01_ok.SLDPRT，即可保存模型。

关于"开放环横断面草图"有以下几点说明。

● 在单一开放环横截面草图中不能包含样条曲线。

● 单一开放环横断面草图中的所有尖角无须进行圆角创建，系统会根据设定的折弯半径在尖角处生成"基体折弯"特征。从上面例子的设计树中可以看到，系统自动生成了一个"基体折弯"特征，如图 8.2.5 所示。

图 8.2.3 所示的"基体法兰"对话框中各选项的说明如下。

● **方向 1(1)** 区域的下拉列表用于设置基体-法兰的拉伸类型。

● **钣金规格(M)** 区域用于设定钣金零件的规格。

    ☑ **使用规格表(G)**：选中此复选框，则使用钣金规格表设置钣金规格。

● **钣金参数(S)** 区域用于设置钣金的参数。

    ☑   ：设置钣金件的厚度值。

    ☑ ☑ **反向(E)**：定义钣金厚度的方向（图 8.2.6）。

    ☑   ：设置钣金的折弯半径值。

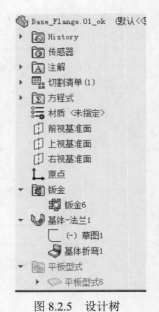

图 8.2.5 设计树

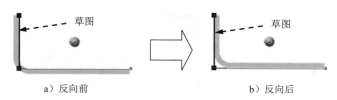

a）反向前　　　　　　　　　　b）反向后

图 8.2.6　设置钣金厚度的方向

方法二：使用"封闭环横断面草图"创建基体-法兰。

使用"封闭环横断面草图"创建基体-法兰时，需要先绘制横断面草图（封闭的轮廓），然后给定钣金厚度值。

下面以图 8.2.7 所示的模型为例，说明用"封闭环横断面草图"创建基体-法兰的一般操作过程。

图 8.2.7　用"封闭环横断面草图"创建基体-法兰

Step1. 新建模型文件。选择下拉菜单 文件(F) ➡ 新建(N)... 命令，在系统弹出的"新建 SolidWorks 文件"对话框中选择"零件"模块，单击 确定 按钮，进入建模环境。

Step2. 选择命令。选择下拉菜单 插入(I) ➡ 钣金(H) ➡ 基体法兰(A)... 命令。

Step3. 定义特征的横断面草图。选取前视基准面作为草图基准面，绘制图 8.2.7 所示的横断面草图。

Step4. 定义钣金参数属性。

（1）定义钣金参数。在"基体法兰"对话框 钣金参数(S) 区域的 文本框中输入厚度值 0.50。

（2）定义钣金折弯系数。在 ☑ 折弯系数(A) 区域的下拉列表中选择 K 因子 选项，在 **K** 因子系数文本框中输入值 0.5。

（3）定义钣金自动切释放槽类型。在 ☑ 自动切释放槽(T) 区域的下拉列表中选择 矩形 选项，选中 ☑ 使用释放槽比例(A) 复选框，在 比例(T): 文本框中输入比例系数值 0.5。

Step5. 单击 ✅ 按钮，完成基体-法兰特征的创建。

Step6. 保存钣金零件模型。选择下拉菜单 文件(F) ➡ 保存(S) 命令，将零件模型保存命名为 Base_Flange.02_ok.SLDPRT，即可保存模型。

方法三：使用"多重封闭环横断面草图"创建基体-法兰。

下面以图 8.2.8 所示的模型为例，说明用"多重封闭环横断面草图"创建基体-法兰的一般操作过程。

图 8.2.8 用"多重封闭环横断面草图"创建基体-法兰

Step1. 新建模型文件。选择下拉菜单 文件(F) ━━▶ 📄 新建 (N)... 命令，在系统弹出的"新建 SolidWorks 文件"对话框中选择"零件"模块，单击 确定 按钮，系统进入建模环境。

Step2. 选择命令。选择下拉菜单 插入(I) ━━▶ 钣金 (H) ▶ ━━▶ 🔽 基体法兰 (A)... 命令。

Step3. 定义特征的横断面草图。选取前视基准面作为草图基准面，绘制图 8.2.8 所示的横断面草图。

Step4. 定义钣金参数属性。

（1）定义钣金参数。在 钣金参数(S) 区域的 ⟨T⟩ 下拉列表中输入厚度值 0.50。

（2）定义钣金折弯系数。在 🔽 折弯系数(A) 区域的文本框中选择 K 因子 选项，在 K 因子系数文本框输入数值 0.5。

（3）定义钣金自动切释放槽类型。在 🔽 自动切释放槽(T) 区域的下拉列表中选择 矩形 选项，选中 🔽 使用释放槽比例(A) 复选框，在 比例(T): 文本框中输入比例系数值 0.5。

Step5. 单击 ✓ 按钮，完成基体-法兰特征的创建。

Step6. 保存零件模型。选择下拉菜单 文件(F) ━━▶ 🔲 保存 (S) 命令，将零件模型命名为 Base_Flange.03_ok.SLDPRT，即可保存模型。

8.2.2 边线-法兰

1. 边线-法兰概述

边线-法兰是在已存在的钣金壁的边缘上创建出简单的折弯和弯边区域,其厚度与原有钣金厚度相同。

在创建边线-法兰特征时，须先在已存在的钣金中选取某一条边线或多条边作为边线-法兰钣金壁的附着边，所选的边线可以是直线，也可以是曲线，其次需要定义边线-法兰特征的尺寸，设置边线-法兰特征与已存在钣金壁夹角的补角值。

2. 创建边线-法兰的一般过程

下面以图 8.2.9 所示的模型为例，说明定义一条附着边创建边线-法兰特征的一般操作过程。

a）创建前　　　　　　　　　　　　　　　b）创建后

图 8.2.9　定义一条附着边创建边线-法兰特征

Step1. 打开文件 D:\swxc18\work\ch08.02.02\Edge_Flange_01.SLDPRT。

Step2. 选择命令。选择下拉菜单 插入(I) ➡ 钣金(H) ➡ ▣ 边线法兰(E)... 命令。

Step3. 定义附着边。选取图 8.2.10 所示的模型边线为边线-法兰的附着边。

边线-法兰的附着边

图 8.2.10　选取边线-法兰的附着边

Step4. 定义法兰参数。

（1）定义法兰角度值。在图 8.2.11 所示的"边线-法兰 1"对话框 角度(G) 区域的 文本框中输入角度值 90.00。

（2）定义长度类型和长度值。

① 在"边线-法兰 1"对话框 法兰长度(L) 区域的 下拉列表中选择 给定深度 选项。

② 方向如图 8.2.12 所示，在 文本框中输入深度值 7.00。

③ 在此区域中单击"外部虚拟交点"按钮 。

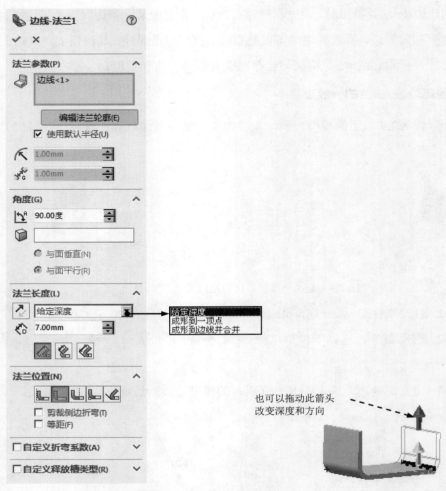

图 8.2.11 "边线-法兰 1"对话框   图 8.2.12 设置深度和方向

（3）定义法兰位置。在 **法兰位置(N)** 区域中单击"材料在外"按钮 <kbd>⌐</kbd>，取消选中 **☐ 剪裁侧边折弯(T)** 复选框和 **☐ 等距(F)** 复选框。

Step5. 单击 ✔ 按钮，完成边线-法兰的创建。

Step6. 选择下拉菜单 **文件(F)** ➡ **另存为 (A)...** 命令，将零件模型命名为 Edge_Flange_01_ok.SLDPRT，即可保存模型。

图 8.2.11 所示的"边线-法兰 1"对话框中各选项的说明如下。

● **法兰参数(P)** 区域

☑ 🔷 图标旁边的文本框：用于收集所选取的边线-法兰的附着边。

☑ **编辑法兰轮廓(E)** 按钮：单击此按钮后，系统弹出"轮廓草图"对话框，并进入编辑草图模式，在此模式下可以编辑边线−法兰的轮廓草图。

- ☑ ☑使用默认半径(U) 复选框：是否使用默认的半径。

- ☑ ⊼文本框：用于设置边线−法兰的折弯半径。

- ☑ ⚒文本框：用于设置边线−法兰之间的缝隙距离，如图 8.2.13 所示。

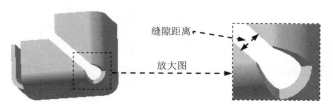

图 8.2.13　设置缝隙距离

- ● 角度(G) 区域

- ☑ ⬚文本框：可以输入折弯角度值，该值是与原钣金所成角度的补角，几种折弯角度如图 8.2.14 所示。

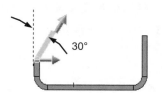 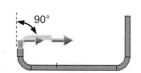 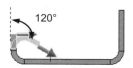

图 8.2.14　设置折弯角度值

- ☑ ⬚文本框：单击以激活此文本框，用于选择面。

- ☑ ◉与面垂直(N) 单选项：创建后的边线−法兰与选择的面垂直，如图 8.2.15 所示。

- ☑ ◉与面平行(R) 单选项：创建后的边线−法兰与选择的面平行，如图 8.2.16 所示。

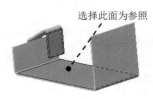 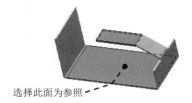

图 8.2.15　与面垂直　　　　　　　　　　图 8.2.16　与面平行

- ● 法兰长度(L) 区域

- ☑ ⬈按钮：单击此按钮，可切换折弯长度的方向（图 8.2.17）。

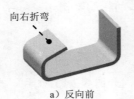
向右折弯

向左折弯

a）反向前
b）反向后

图 8.2.17　设置折弯长度的方向

☑ **给定深度** 选项：创建确定深度尺寸类型的特征。

☑ **成形到一顶点** 选项：特征在拉伸方向上延伸，直至与指定顶点所在的面相交（此面必须与草图基准面平行），如图 8.2.18 所示。

☑ **✎** 文本框：用于设置深度值。

☑ "外部虚拟交点"按钮**✎**：边线-法兰的总长是从折弯面的外部虚拟交点处开始计算，直到折弯平面区域端部为止的距离，如图 8.2.19a 所示。

☑ "内部虚拟交点"按钮**✎**：边线-法兰的总长是从折弯面的内部虚拟交点处开始计算，直到折弯平面区域端部为止的距离，如图 8.2.19b 所示。

☑ "双弯曲"按钮**✎**：边线-法兰的总长是从折弯面相切虚拟交点处开始计算，直到折弯平面区域的端部为止的距离（只对大于 90° 的折弯有效），如图 8.2.19c 所示。

选择此顶点为参照

图 8.2.18　成形到-顶点

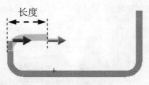
长度

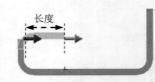
长度

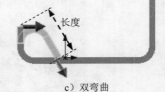
长度

a）外部虚拟交点
b）内部虚拟交点
c）双弯曲

图 8.2.19　设置法兰长度选项

● **法兰位置(N)** 区域

☑ "材料在内"按钮**▥**：边线-法兰的外侧面与附着边平齐，如图 8.2.20 所示。

☑ "材料在外"按钮**▥**：边线-法兰的内侧面与附着边平齐，如图 8.2.21 所示。

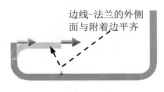

图 8.2.20　材料在内

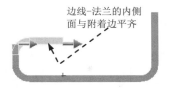

图 8.2.21　材料在外

☑　"折弯在外"按钮：把折弯特征直接加在基础特征上来创建材料，而不改变基础特征尺寸，如图 8.2.22 所示。

☑　"虚拟交点的折弯"按钮：把折弯特征加在虚拟交点处，如图 8.2.23 所示。

☑　"与折弯相切"按钮：把折弯特征加在折弯相切处（只对大于 90° 的折弯有效）。

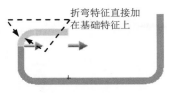

图 8.2.22　折弯在外

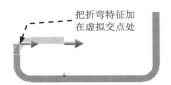

图 8.2.23　虚拟交点的折弯

☑　☑剪裁侧边折弯(T)复选框：是否移除邻近折弯的多余材料，如图 8.2.24 所示。

☑　☑等距(F)复选框：选择等距法兰。

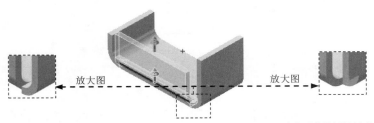

a）取消选中"剪裁侧边折弯"复选框　　　　b）选中"剪裁侧边折弯"复选框

图 8.2.24　设置是否"剪裁侧边折弯"

说明：在创建边线-法兰过程中还可以定义多条附着边，其结果如图 8.2.25 所示；在创建边线-法兰钣金壁后，用户可以自由定义边线-法兰的形状，如图 8.2.26 所示。

a）创建前

b）创建后

图 8.2.25　定义多条附着边创建边线-法兰特征

a）编辑前　　　　　　　　　　　　　　b）编辑后

图 8.2.26　编辑边线-法兰的形状

8.2.3　斜接法兰

1．斜接法兰概述

使用"斜接法兰"命令可将一系列法兰创建到钣金零件的一条或多条边线上。创建"斜接法兰"时，首先必须以"基体-法兰"为基础生成"斜接法兰"特征的草图。

选取"斜接法兰"命令有如下两种方法。

方法一：选择下拉菜单 插入(I) ➡ 钣金(H) ▶ ➡ 斜接法兰 (M)... 命令。

方法二：在"钣金（H）"工具栏中单击 按钮。

2．在一条边上创建斜接法兰

下面以图 8.2.27 所示的模型为例，讲述在一条边上创建斜接法兰的一般过程。

a）创建"斜接法兰"前　　　　　　　　　　　b）创建"斜接法兰"后

图 8.2.27　斜接法兰

Step1. 打开文件 D:\swxc18\work\ch08.02.03\Miter_Flange_01.SLDPRT。

Step2. 选择命令。选择下拉菜单 插入(I) ➡ 钣金(H) ▶ ➡ 斜接法兰 (M)... 命令。

Step3. 定义斜接参数。

（1）定义边线。选取图 8.2.28 所示的草图，系统弹出图 8.2.29 所示的"斜接法兰"对话框。系统默认图 8.2.30 所示的边线为附着边，图形区中出现图 8.2.30 所示的斜接法兰的预览。

（2）定义法兰位置。在"斜接法兰"对话框的 法兰位置(L): 选项中单击"材料在内"按钮 。

Step4. 定义起始/结束处等距。在"斜接法兰"对话框的 **启始/结束处等距(O)** 区域中，在 （开始等距距离）文本框中输入数值 6.00，在 （结束等距距离）文本框中输入数值 6.00，图 8.2.31 所示为斜接法兰的预览。

Step5. 定义折弯系数。在"斜接法兰"对话框中选中 ☑ **自定义折弯系数(A)** 复选框，在此区域的下拉列表中选择 **K 因子** 选项，并在 **K** 文本框中输入数值 0.4。

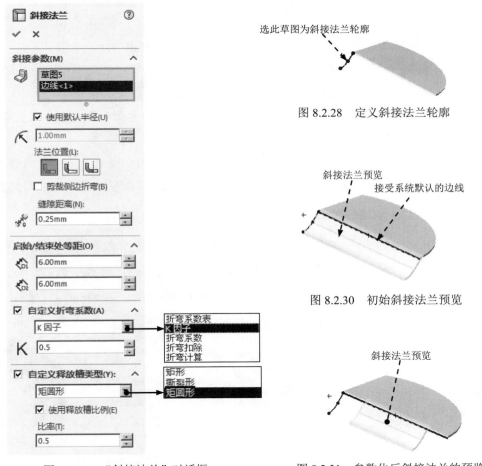

图 8.2.28 定义斜接法兰轮廓

图 8.2.30 初始斜接法兰预览

图 8.2.29 "斜接法兰"对话框

图 8.2.31 参数化后斜接法兰的预览

Step6. 定义释放槽。在"斜接法兰"对话框中选中 ☑ **自定义释放槽类型(Y):** 复选框，在其下拉列表中选择 **矩圆形** 选项，在 ☑ **自定义释放槽类型(Y):** 区域中选中 ☑ **使用释放槽比例(E)** 复选框，在 **比例(T):** 文本框中输入数值 0.5。

Step7. 单击"斜接法兰"对话框中的 ✓ 按钮，完成斜接法兰的创建。

Step8. 选择下拉菜单 **文件(F)** ➡ **另存为(A)...** 命令，将零件模型命名为

Miter_Flange_01_ok.SLDPRT，即可保存模型。

图 8.2.29 所示的"斜接法兰"对话框中各项说明如下。

- **斜接参数(M)** 区域：用于设置斜接法兰的附着边、折弯半径、法兰位置和缝隙距离。
  - ☑ 沿边线列表框：用于显示用户所选择的边线。
  - ☑ **使用默认半径(U)** 复选框：取消选中此复选框后，可以在"折弯半径"文本框 中输入半径值。
  - ☑ **法兰位置(L)：** 区域：此区域中提供了与边线法兰相同的法兰位置。
  - ☑ **缝隙距离(N)：** 区域：若同时选择多条边线，在切口缝隙文本框中输入的数值即为相邻法兰之间的距离。
- **启始/结束处等距(O)** 区域：用于设置斜接法兰的第一方向和第二方向的长度，如图 8.2.32 所示。
  - ☑ "开始等距距离"文本框 ：用于设置斜接法兰附加壁的第一个方向的距离。
  - ☑ "结束等距距离"文本框 ：用于设置斜接法兰附加壁的第二个方向的长度。

3. 在多条边上创建斜接法兰

下面以图 8.2.33 所示的模型为例，讲述在多条边上创建斜接法兰的一般操作过程。

Step1. 打开文件 D:\swxc18\work\ch08.02.03\Miter_Flange_02.SLDPRT。

Step2. 选择命令。选择下拉菜单 插入(I) ➡ 钣金(H) ➡ 斜接法兰(M)... 命令。

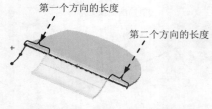
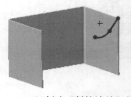

图 8.2.32　设置两个方向的长度

a）创建"斜接法兰"前　　b）创建"斜接法兰"后

图 8.2.33　创建斜接法兰

Step3. 定义斜接参数。

（1）定义斜接法兰轮廓。选取图 8.2.34 所示的草图为斜接法兰轮廓，系统将自动预览图 8.2.35 所示的斜接法兰。

（2）定义斜接法兰边线。单击图 8.2.36 所示的"相切"按钮 ，系统自动捕捉到与默认边线相切的所有边线，图形中会出现图 8.2.35 所示的斜接法兰的预览。

（3）设置法兰位置。在"斜接法兰"对话框的 **法兰位置(L)：** 区域中单击"材料在外"

按钮。

（4）定义缝隙距离。在"斜接法兰"对话框的"缝隙距离" 文本框中输入数值 0.10。

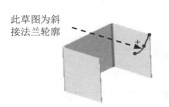

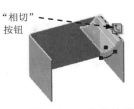

此草图为斜 接法兰轮廓

斜接法兰预览

"相切" 按钮

图 8.2.34   定义斜接法兰轮廓　　图 8.2.35   斜接法兰的预览　　图 8.2.36   定义边线

Step4. 定义起始/结束处等距。在"斜接法兰"对话框 **启始/结束处等距(O)** 区域的"开始等距距离"文本框中输入数值 0，在"结束等距距离"文本框中输入数值 0。

Step5. 定义折弯系数。在"斜接法兰"对话框中选中 ☑ **自定义折弯系数(A)** 复选框，在此区域的下拉列表中选择 **K 因子** 选项，并在 **K** 文本框中输入数值 0.4。

Step6. 单击"斜接法兰"对话框中的"完成"按钮 ✓ ，完成斜接法兰的创建。

Step7. 保存钣金零件模型。选择下拉菜单 **文件(F)** ➡ **另存为(A)...** 命令，将零件模型命名为 Miter_Flange_02 _ok.SLDPRT，即可保存模型。

8.2.4　钣金拉伸切除

在钣金设计中，"切除-拉伸"特征是应用较为频繁的特征之一，它是在已有的零件模型中移除一定的材料，从而达到需要的效果。

1. 选择"切除-拉伸"命令

方法一： 选择下拉菜单 **插入(I)** ➡ **切除(C)** ➡ **拉伸(E)...** 命令。

方法二： 在"钣金（H）"工具栏中单击"切除-拉伸" **□** 按钮。

2. 钣金与实体"切除-拉伸"特征的区别

若当前所设计的零件为钣金零件，则选择下拉菜单 **插入(I)** ➡ **切除(C)** ➡ **拉伸(E)...** 命令，或在工具栏中单击"切除-拉伸"按钮 **□** ，屏幕左侧会出现图 8.2.37a 所示的对话框，该对话框比实体零件中"切除-拉伸"对话框多了 ☑ **与厚度相等(L)** 和 ☑ **正交切除(N)** 两个复选框，如图 8.2.37 所示。

两种"切除-拉伸"特征的区别：当草绘平面与模型表面平行时，二者没有区别，但当草绘平面与模型表面不平行时，二者有明显的差异。在确认已经选中 ☑ **正交切除(N)** 复选框后，钣金切除-拉伸是垂直于钣金表面去切除，形成垂直孔，如图 8.2.38 所示；实体切除-拉伸是垂直于草绘平面去切除，形成斜孔，如图 8.2.39 所示。

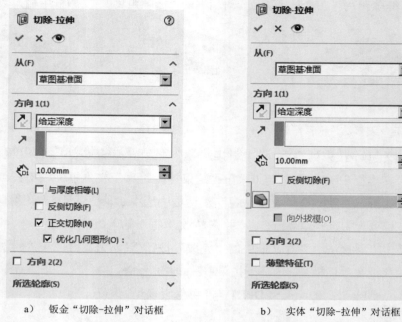

a)　钣金"切除-拉伸"对话框　　　　　b)　实体"切除-拉伸"对话框

图 8.2.37　两个"切除-拉伸"对话框

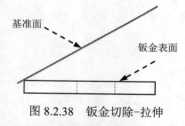

图 8.2.38　钣金切除-拉伸

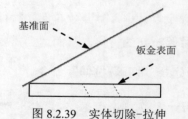

图 8.2.39　实体切除-拉伸

图 8.2.37 所示对话框的说明如下。

● 选中 ☑ 与厚度相等(L) 复选框，切除深度与钣金的厚度相等。

● 选中 ☑ 正交切除(N) 复选框，不管基准面是否与钣金表面平行，切除-拉伸都是垂直于钣金表面去切除，形成垂直孔。

3. 拉伸切除的一般创建过程

生成"切除-拉伸"特征的步骤如下（以图 8.2.40 所示的模型为例）。

Step1. 打开文件 D: \swxc18\work\ch08.02.04\cut.SLDPRT。

Step2. 选择命令。选择下拉菜单 插入(I) ➡ 切除(C) ▶ ➡ 拉伸(E)... 命令，或在钣金工具栏中单击"切除-拉伸"按钮 ⬚，系统弹出图 8.2.41 所示的"拉伸"对话框。

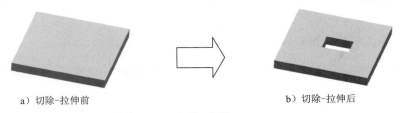

a）切除-拉伸前　　　　　　　　　b）切除-拉伸后

图 8.2.40　切除-拉伸

Step3. 定义特征的横断面草图。

（1）定义草图基准面。选取图 8.2.42 所示的基准面 1 为草图基准面。

（2）定义横断面草图。在草绘环境中绘制图 8.2.43 所示的横断面草图。

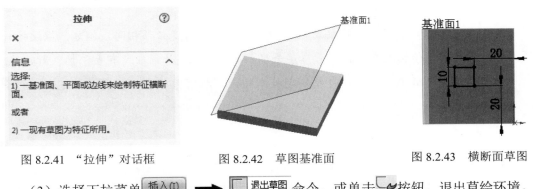

图 8.2.41　"拉伸"对话框　　　图 8.2.42　草图基准面　　　图 8.2.43　横断面草图

（3）选择下拉菜单 插入(I) ➡️ 退出草图 命令，或单击 ↙ 按钮，退出草绘环境。
此时系统自动弹出图 8.2.37a 所示的"切除-拉伸"对话框。

Step4. 定义切除-拉伸属性。在"切除-拉伸"对话框 方向 1(1) 区域的 ↗ 下拉列表中
选择 完全贯穿 选项，并单击"反向"按钮 ↗，选中 ☑ 正交切除(N) 复选框。

Step5. 单击该对话框中的 ✓ 按钮，完成切除-拉伸的创建。

Step6. 选择下拉菜单 文件(F) ➡️ 保存(S) 命令，即可保存零件模型。

8.2.5　钣金的折弯系数

折弯系数包括折弯系数表、K-因子、折弯系数和折弯扣除。

1. 折弯系数表

折弯系数表包括折弯半径、折弯角度和钣金件的厚度值。可以在折弯系数表中指定
钣金件的折弯系数或折弯扣除值。

一般情况下，有两种格式的折弯系数表：一种是嵌入的 Excel 电子表格，另一种是扩展名为* .btl 的文本文件。

这两种格式的折弯系数表有如下区别。

嵌入的 Excel 电子表格格式的折弯系数表只可以在 Microsoft Excel 软件中进行编辑，当使用这种格式的折弯系数表，与别人共享零件时，折弯系数表自动包括在零件内，因为其已被嵌入；而扩展名为* .btl 的文本文件格式的折弯系数表，其文字表格可在一系列应用程序中编辑，当使用这种格式的折弯系数表，与别人共享零件时，必须记住同时也共享其折弯系数表。

可以在单独的 Excel 对话框中编辑折弯系数表。

注意：

◆　如果有多个折弯厚度表的折弯系数表，半径和角度必须相同。例如，假设将一新的折弯半径值插入有多个折弯厚度表的折弯系数表，必须在所有表中插入新数值。

◆　除非有 SolidWorks 2000 或早期版本的旧制折弯系数表，推荐使用 Excel 电子表格。

2．K–因子

K-因子代表钣金件中性面在钣金件厚度中的位置。

当选择 K-因子作为折弯系数时，可以指定 K-因子折弯系数表。SolidWorks 应用程序自带 Microsoft Excel 格式的 K-因子折弯系数表格。其文件位于 SolidWorks 应用程序的安装目录 Program Files\SolidWorks Corp\SolidWorks\lang\chinese-simplified\Sheetmetal Bend Tables\kfactor base bend table.xls。也可通过使用钣金规格表来应用基于材料的默认 K-因子，定义 K-因子的含义（图 8.2.44）。

带 K-因子的折弯系数使用以下计算公式：

$$BA = \pi \ (R + KT) \ A/180$$

BA —— 折弯系数；

R —— 内侧折弯半径（mm）；

K —— K-因子，$K = t / T$；

T —— 材料厚度（mm）；

t —— 内表面到中性面的距离（mm）；

A —— 折弯角度（经过折弯材料的角度）。

3. 折弯扣除

当在生成折弯时，可以通过输入数值来给任何一个钣金折弯指定一个明确的折弯扣除值。定义折弯扣除值的含义如图 8.2.45 所示。

注意：按照定义，折弯扣除为折弯系数与双倍外部逆转之间的差。

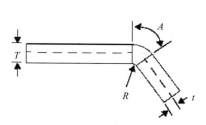

图 8.2.44　定义 K-因子

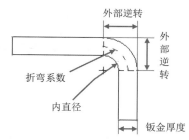

图 8.2.45　定义折弯扣除值

8.2.6　钣金中的释放槽

当附加钣金壁部分地与附着边相连，并且弯曲角度不为 0 时，需要在连接处的两端创建释放槽，也称减轻槽。

SolidWorks 2018 系统提供的释放槽分为三种：矩形释放槽、矩圆形释放槽和撕裂形释放槽。

在附加钣金壁的连接处，将主壁材料切割成矩形缺口构建的释放槽为矩形释放槽，如图 8.2.46 所示。

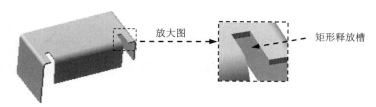

图 8.2.46　矩形释放槽

在附加钣金壁的连接处，将主壁材料切割成矩圆形缺口构建的释放槽为矩圆形释放槽，如图 8.2.47 所示。

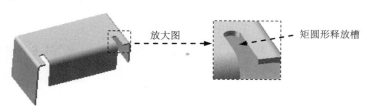

图 8.2.47　矩圆形释放槽

撕裂形释放槽分为切口撕裂形释放槽和延伸撕裂形释放槽两种。

◆ 切口撕裂形释放槽

在附加钣金壁的连接处，通过垂直切割主壁材料至折弯线处构建的释放槽为切口撕裂形释放槽，如图 8.2.48 所示。

图 8.2.48　切口撕裂形释放槽

◆ 延伸撕裂形释放槽

在附加钣金壁的连接处，用材料延伸折弯构建的释放槽为延伸撕裂形释放槽，如图 8.2.49 所示。

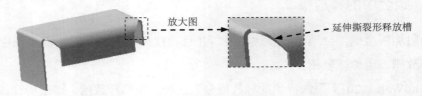

图 8.2.49　延伸撕裂形释放槽

下面以图 8.2.50 所示的模型为例，介绍创建释放槽的一般过程。

Step1.　打开文件 D:\swxc18\work\ch08.02.06\Edge_Flange_relief.SLDPRT。

Step2.　创建图 8.2.50 所示的释放槽。

（1）选择命令。选择下拉菜单 插入(I) ➡ 钣金(H) ➡ 边线法兰(E)... 命令。

（2）定义附着边。选取图 8.2.51 所示的模型边线为边线-法兰的附着边。

（3）定义边线-法兰属性。

① 定义折弯半径。在"边线-法兰"对话框的 法兰参数(P) 区域中取消选中 □ 使用默认半径(U) 复选框，在 文本框中输入折弯半径值 3.00。

② 定义法兰角度值。在"边线-法兰"对话框 角度(G) 区域的 文本框中输入角度值 90.00。

③ 定义长度类型和长度值。在"边线-法兰"对话框 法兰长度(L) 区域的 下拉列表中选择 给定深度 选项，在 文本框中输入深度值 20.00，设置折弯方向如图 8.2.50 所示，单击"内部虚拟交点"按钮。

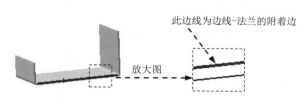

此边线为边线-法兰的附着边

放大图

图 8.2.50 创建释放槽 　　　　　　图 8.2.51 定义边线-法兰的附着边

（4）定义法兰位置。在 **法兰位置(N)** 区域中单击"材料在内"按钮 ，取消选中 □ 剪裁侧边折弯(T) 复选框和 □ 等距(F) 复选框。

（5）定义钣金折弯系数。选中 ☑ **自定义折弯系数(A)** 复选框，在"自定义折弯系数"区域的下拉列表中选择 K 因子 选项，在 **K** 因子系数文本框中输入数值 0.5。

（6）定义钣金自动切释放槽类型。选中图 8.2.52 所示的 ☑ **自定义释放槽类型(R)** 复选框，在"自定义释放槽类型"区域的下拉列表中选择 撕裂形 选项，单击"切口"按钮 。

（7）单击 ✔ 按钮，完成释放槽的创建。

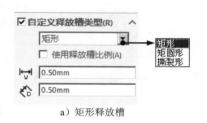

a）矩形释放槽

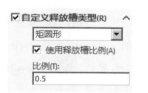

b）选中"使用释放槽比例"

c）撕裂形释放槽

图 8.2.52 "自定义释放槽类型"区域

（8）选择下拉菜单 文件(F) ➡ 另存为(A)... 命令，将零件模型命名为 Edge_Flange_relief_ok.SLDPRT，即可保存模型。

图 8.2.52 所示的 ☑ **自定义释放槽类型(R)** 区域中各选项的说明如下。

- 矩形 ：将释放槽的形状设置为矩形。
- 矩圆形 ：将释放槽的形状设置为矩圆形。
  - ☑ ☑ **使用释放槽比例(A)** 复选框：是否使用释放槽比例，如果取消选中此复选框，则可以在 文本框和 文本框中设置释放槽的宽度和深度。
  - ☑ 比例(T): 文本框：设置矩形或长圆形切除的尺寸与材料厚度的比例值。
- 撕裂形 ：将释放槽的形状设置为撕裂形。
  - ☑ ：设置为撕裂形释放槽。

☑ 🔧：设置为延伸撕裂形释放槽。

8.3 钣金的折弯与展开

8.3.1 褶边

"褶边"命令可以在钣金模型的边线上创建不同形状的卷曲，其壁厚与基体-法兰相同。在创建褶边时，须先在现有的基体-法兰上选取一条或多条边线作为褶边的附着边，其次需要定义其侧面形状及尺寸等参数。

下面以图 8.3.1 所示的模型为例，说明在一条边上创建褶边的一般过程。

a）创建褶边前

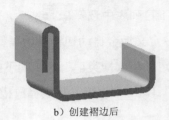
b）创建褶边后

图 8.3.1　创建褶边特征

Step1. 打开文件 D:\swxc18\work\ch08.03.01\Hem_01.SLDPRT。

Step2. 选择命令。选择下拉菜单 插入(I) ➡ 钣金 (H) ▶ ➡ 🔩 褶边 (H)... 命令，系统弹出"褶边"对话框。

Step3. 定义褶边边线。选取图 8.3.2 所示的边线为褶边边线。

注意：褶边边线必须为直线。

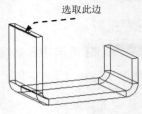
选取此边

图 8.3.2　定义褶边边线

Step4. 定义褶边位置。在"褶边"对话框的 边线(E) 区域中单击"折弯在外"按钮 🔩。

Step5. 定义类型和大小。

（1）定义类型。在"褶边"对话框的 类型和大小(T) 区域中单击"打开"按钮 🔩。

（2）定义大小。在 🔩（长度）文本框中输入数值 15，在 🔩（缝隙距离）文本框中输入数值 2。

Step6. 定义折弯系数。在"褶边"对话框中选中 ☑自定义折弯系数(A) 复选框，在此区域的下拉列表中选择 K-因子 选项，并在 **K** 文本框中输入数值 0.4。

Step7. 单击"褶边"对话框中的 ✔ 按钮，完成褶边的创建。

Step8. 选择下拉菜单 文件(F) ➡ 📁 保存(S) 命令。

"褶边"对话框中的各选项说明如下。

- 边线(E) 列表框中显示用户选取的褶边边线。
  - ☑ ↗ （反向）：单击反向按钮，可以切换褶边的生成方向。
  - ☑ ⊑ （材料在内）：在成形状态下，褶边边线位于褶边区域的外侧。
  - ☑ ⊑ （折弯在外）：在成形状态下，褶边边线位于褶边区域的内侧。
- 类型和大小(T) 区域中提供了四种褶边形式，选择每种形式，都需要设置不同的几何参数。
  - ☑ ⊑闭合：选择此类型后整个褶边特征的内壁面与附着边之间的垂直距离为 0.10，此距离不能改变。
  - ☑ ⊑长度：在此文本框中输入不同的数值，可以改变褶边的长度。
  - ☑ ⊑打开：选择此类型后可以定义褶边特征的内壁面与附着边之间的缝隙距离。
  - ☑ ⊑缝隙距离：在此文本框中输入不同的数值，可改变褶边特征的内壁面与附着边之间的垂直距离。
  - ☑ ⊑撕裂形：创建撕裂形的褶边特征。
  - ☑ ⊑角度：此角度只能在 180°～270° 之间。
  - ☑ ⊑半径：在此文本框中输入不同的数值，可改变撕裂形褶边内侧半径的大小。
  - ☑ ⊑滚扎：此类型包括"角度""半径"文本框，角度值在 0°～360° 之间。

说明：在创建褶边的过程中定义褶边边线为多条边时，其结果如图 8.3.3 所示。

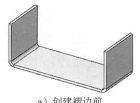
a）创建褶边前

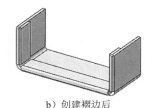
b）创建褶边后

图 8.3.3 创建褶边特征

8.3.2　转折

"转折"特征是在平整钣金件上创建两个成一定角度的折弯区域，并且在转折特征上创建材料。"转折"特征的折弯线位于放置平整钣金件上，并且必须是一条直线，该直线不必是水平或垂直直线，折弯线的长度不必与折弯面的长度相同。

1. 选择"转折"命令

方法一：选择下拉菜单 插入(I) ➡ 钣金(H) ➡ 转折(J)... 命令。

方法二：在"钣金（H)"工具栏中单击"转折"按钮 。

2. 创建转折特征的一般过程

（1）定义转折特征的草绘平面。

（2）定义转折特征的草图。

（3）定义转折特征的固定平面。

（4）定义转折特征的参数（转折等距、转折位置、转折角度等）。

（5）完成转折特征的创建。

下面以图 8.3.4 所示的模型为例，说明创建转折特征的一般过程。

a）转折前　　　　　　　　　　　　　　　　　　　　　b）转折后

图 8.3.4　创建转折的一般过程

Step1. 打开文件 D:\swxc18\work\ch08.03.02\jog.SLDPRT。

Step2. 选择下拉菜单 插入(I) ➡ 钣金(H) ➡ 转折(J)... 命令，或单击"钣金（H)"工具栏上的"转折"按钮 。

Step3. 定义特征的折弯线。

（1）定义折弯线基准面。选取图 8.3.5 所示的模型表面作为折弯线基准面。

（2）定义折弯线草图。在草绘环境中绘制图 8.3.6 所示的折弯线。

（3）选择下拉菜单 插入(I) ➡ 退出草图 命令，退出草绘环境，此时系统弹出图8.3.7 所示的"转折"对话框。

说明：在钣金零件的平面上绘制一条或多条直线作为折弯线，各直线应保持方向一致且不相交；折弯线的长度可以是任意的。

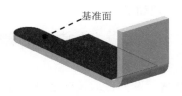

图 8.3.5 基准面

图 8.3.6 绘制折弯线

Step4. 定义折弯固定平面。在图 8.3.8 所示的位置处单击，确定折弯固定侧。

Step5. 定义折弯参数。取消选中 □使用默认半径(U) 复选框，在 文本框中输入半径值 3.5；在 转折等距(O) 区域的 下拉列表中选择 给定深度 选项；在 文本框中输入距离值 20；在 尺寸位置: 区域单击"外部等距"按钮 ；在 转折位置(P) 区域单击"折弯中心线"按钮 ；在 文本框中输入角度值 90；接受系统默认的其他参数设置值。

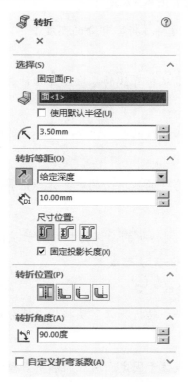

图 8.3.7 "转折"对话框

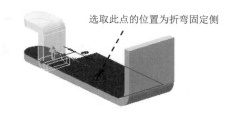

选取此点的位置为折弯固定侧

图 8.3.8 要选取的固定侧

说明： 如果想要改变折弯方向，可以单击"转折等距"下面的"反向"按钮 。

Step6. 单击 按钮，完成转折特征的创建。

Step7. 至此，零件模型创建完毕。选择下拉菜单 文件(F) ➡ 另存为(A)... 命令，将模型命名为 jog_ok，即可保存零件模型。

图 8.3.7 所示的“转折”对话框中各项的功能说明如下。

- (固定面)：固定面是指在创建钣金折弯特征时作为钣金折弯特征放置面的某一模型表面。
- 使用默认半径(U) 复选框：该复选框默认为选中状态，取消该选项后才可以对折弯半径进行编辑。
- 文本框：在该文本框中输入的数值为折弯特征折弯部分的半径值。
- 反向按钮：该按钮用于更改折弯方向。单击该按钮，可以将折弯方向更改为系统给定的相反方向。再次单击该按钮，将返回原来的折弯方向。
- 下拉列表：该下拉列表用来定义“转折等距”的终止条件，包含 给定深度、成形到一顶点、成形到一面、到离指定面指定的距离 四个选项。
- 文本框：在该文本框中输入的数值为折弯特征折弯部分的高度值。
- 尺寸位置: 区域各选项控制折弯高度类型。
  - ☑ (外部等距)：转折的顶面高度距离是从折弯线的基准面开始计算，延伸至总高。
  - ☑ (内部等距)：转折的等距距离是从折弯线的基准面开始计算，延伸至总高，再根据材料厚度来偏置距离。
  - ☑ (总尺寸)：转折的等距距离是从折弯线的基准面的对面开始计算，延伸至总高。
- 固定投影长度(X) 复选框：选中此复选框，则转折的面保持相同的长度；取消选中此复选框，则转折特征因不能添加材料而无法形成。
- 转折位置(P) 区域各选项控制折弯线所在位置的类型。
  - ☑ (折弯中心线)：选择该选项时，第一个转折折弯区域将均匀地分布在折弯线两侧。
  - ☑ (材料在内)：选择该选项时，折弯线位于固定面所在面和折弯壁的外表面之间的交线上。
  - ☑ (材料在外)：选择该选项时，折弯线位于固定面所在面和折弯壁的内表面所在平面的交线上。
  - ☑ (折弯在外)：选择该选项时，折弯特征将置于折弯线的某一侧。
- 文本框：在该文本框中输入的数值为转折特征折弯部分的角度值。

8.3.3　绘制的折弯

"绘制的折弯"是将钣金的平面区域以折弯线为基准弯曲某个角度。在进行折弯操作时，应注意折弯特征仅能在钣金的平面区域建立，不能跨越另一个折弯特征。折弯线可以是一条或多条直线，各折弯线应保持方向一致且不相交，其长度无须与折弯面的长度相同。

钣金折弯特征包括如下四个要素。

◆ 折弯线：确定折弯位置和折弯形状的几何线。

◆ 固定面：折弯时固定不动的面。

◆ 折弯半径：折弯部分的弯曲半径。

◆ 折弯角度：控制折弯的弯曲程度。

1. 选择"绘制的折弯"命令

方法一：选择下拉菜单 插入(I) ➡ 钣金(H) ➡ 绘制的折弯(S)... 命令。

方法二：在"钣金（H）"工具栏中单击"绘制的折弯"按钮 。

2. 创建"绘制的折弯"的一般过程

下面以图 8.3.9 所示的模型为例，介绍创建折弯线为一条直线的折弯特征的一般过程。

Step1. 打开文件 D:\swxc18\work\ch08.03.03\sketched_bend_1.SLDPRT。

Step2. 选择下拉菜单 插入(I) ➡ 钣金(H) ➡ 绘制的折弯(S)... 命令，或单击"钣金（H）"工具栏上的"绘制的折弯"按钮 。

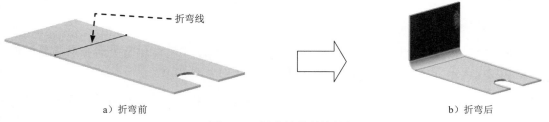

a）折弯前　　　　　　　　　　　　　　　　　　　　　　b）折弯后

图 8.3.9　钣金的绘制的折弯

Step3. 定义特征的折弯线。

（1）定义折弯线基准面。选取图 8.3.10 所示的模型表面作为草图基准面。

（2）定义折弯线草图。在草绘环境中绘制图 8.3.11 所示的折弯线。

（3）选择下拉菜单 插入(I) ➡ 退出草图 命令，退出草绘环境后系统弹出图 8.3.12

所示的"绘制的折弯"对话框。

图 8.3.10 折弯线基准面

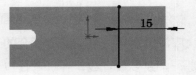

图 8.3.11 折弯线

图 8.3.12 "绘制的折弯"对话框

说明：在钣金零件的平面上绘制一条或多条直线作为折弯线，各直线应保持方向一致且不相交；折弯线的长度可以是任意的。

图 8.3.12 所示"绘制的折弯"对话框中各项说明如下。

- （固定面）：固定面是指在创建钣金折弯特征中固定不动的平面，该平面位于折弯线的一侧。
- （折弯中心线）：选择该选项时，创建的折弯区域将均匀地分布在折弯线两侧。
- （材料在内）：选择该选项时，折弯线将位于固定面所在平面与折弯壁的外表面所在平面的交线上。
- （材料在外）：选择该选项时，折弯线位于固定面所在平面的外表面和折弯壁的内表面所在平面的交线上。
- （折弯在外）：选择该选项时，折弯区域将置于折弯线的某一侧。
- 反向按钮：该按钮用于更改折弯方向。单击该按钮，可以将折弯方向更改为系统给定的相反方向。再次单击该按钮，将返回原来的折弯方向。
- 文本框：在该文本框中输入的数值为折弯特征折弯部分的角度值。

- ☑ 使用默认半径(U) 复选框：该复选框默认为选中状态，取消选中该复选框后才可以对折弯半径进行编辑。

- ⬈文本框：在该文本框中输入的数值为折弯特征折弯部分的半径值。

Step4. 定义折弯线位置。在 折弯位置: 区域单击"材料在内"按钮🔲。

Step5. 定义折弯固定侧。在图 8.3.13 所示的位置处单击，确定折弯固定侧。

图 8.3.13　要选取的固定侧

Step6. 定义折弯参数。在⬈文本框中输入角度值 90；取消选中 ☐ 使用默认半径(U) 复选框，在⬈文本框中输入半径值 2；其他参数采用系统默认设置值。

说明：如果想要改变折弯方向，可以单击"反向"按钮⬈。

Step7. 单击✓按钮，完成折弯特征的创建。

8.3.4　展开

在钣金设计中，如果需要在钣金件的折弯区域创建剪裁或孔等特征，首先用展开命令可以将折弯特征展平，然后就可以在展平的折弯区域创建剪裁或孔等特征，这种展开与"平板型式"解除压缩来展开整个钣金零件是不一样的。

下面以图 8.3.14 为例，讲述展开特征的一般创建过程。

Step1. 打开文件 D:\swxc18\work\ch08.03.04\unfold.SLDPRT。

a）展开前　　　　　　　　　　　　　　　　　　　　　　　b）展开后

图 8.3.14　钣金的展开

Step2. 选择下拉菜单 插入(I) ➡ 钣金(H) ➡ 🗖 展开(U)... 命令，或在"钣金(H)"工具栏中单击"展开"按钮🗖，系统弹出图 8.3.15 所示的"展开"对话框。

图 8.3.15 所示的"展开"对话框各项的说明如下。

- 🗖（固定面）：激活该选项（该选项为默认选项），可以选取钣金零件的平面表面作为平板实体的固定面，在选定固定面后系统将以该平面为基准将钣金零件展开。

图 8.3.15　"展开"对话框

- 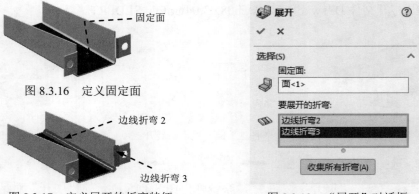（要展开的折弯）：激活该选项，可以根据需要选取模型中可展平的折弯特征，然后以已选取的参考面为基准将钣金零件展开，创建钣金实体。

- 收集所有折弯(A) 按钮：单击此按钮，系统自动将模型中所有可以展平的折弯特征全部选中。

Step3. 定义固定面。选取图 8.3.16 所示的模型表面为固定面。

Step4. 定义展开的折弯特征。在模型上单击图 8.3.17 所示的两个折弯特征，系统将刚才所选的可展平的折弯特征显示在 要展开的折弯: 列表框中，如图 8.3.18 所示。

说明：如果不需要将所有的折弯特征全部展开，则可以在 要展开的折弯: 列表框中选择不需要展开的特征，右击，在系统弹出的快捷菜单中选择 删除 (B) 命令。

图 8.3.16　定义固定面

图 8.3.17　定义展开的折弯特征

图 8.3.18　"展开"对话框

Step5. 在"展开"对话框中单击"确定"按钮，所选中的折弯特征将全部展平，完成展开特征后的钣金件如图 8.3.14b 所示。

说明：在钣金设计中，首先用展开命令可以取消折弯钣金件的折弯特征，然后就可以在展平的折弯区域创建裁剪或孔等特征，最后通过"折叠"命令将展开的钣金件折叠起来。

Step6. 选择下拉菜单 文件(F) ➡ 💾 保存 (S) 命令，保存零件。

8.3.5 折叠

折叠与展开的操作方法相似，但是作用相反；通过折叠特征可以使展开的钣金零件重新回到原样。

1. 选择"折叠"命令

方法一：从下拉菜单中获取特征命令。选择下拉菜单 插入(I) ➡ 钣金 (H) ▶ ➡ 👐 折叠(F)... 命令。

方法二：从工具栏中获取特征命令。单击"钣金（H）"工具栏上的"折叠"按钮 👐 。

2. 创建折叠特征的一般过程

（1）在"钣金"工具栏上单击"折叠"命令按钮。

（2）定义"折叠"特征的固定面。

（3）选择要折叠的特征。

（4）完成折叠特征的创建。

下面以图 8.3.19 所示的模型为例，说明"折叠"的一般过程。

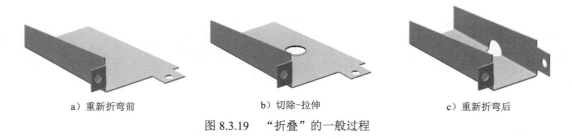

a）重新折弯前   b）切除-拉伸   c）重新折弯后

图 8.3.19 "折叠"的一般过程

Task1. 打开一个现有的零件模型，并创建切除-拉伸特征

Step1. 打开文件 D:\swxc18\work\ch08.03.05\fold_02.SLDPRT。

Step2. 在展开的钣金件上创建图 8.3.20 所示的切除-拉伸 1 特征。

（1）选择命令。选择下拉菜单 插入(I) ➡ 切除(C) ▶ ➡ 🗐 拉伸(E)... 命令。

（2）定义特征的横断面草图。

① 定义草图基准面。选取图 8.3.21 所示的模型表面作为草图基准面。

② 定义横断面草图。在草绘环境中绘制图 8.3.22 所示的横断面草图。

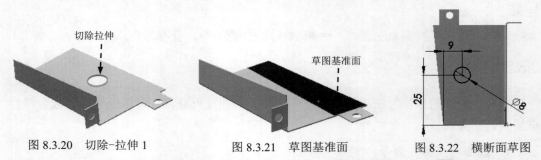

图 8.3.20　切除-拉伸 1　　　　图 8.3.21　草图基准面　　　　图 8.3.22　横断面草图

（3）定义切除深度属性。在"切除-拉伸"对话框 **方向 1(1)** 区域的 ↗ 下拉列表中选择 **完全贯穿** 选项，选中 ☑ **正交切除(N)** 复选框，其他参数采用系统默认设置值。

（4）单击"切除-拉伸"对话框中的 ✅ 按钮，完成切除-拉伸 1 的创建。

Task2. 创建折叠特征

Step1. 选择特征命令。从下拉菜单中获取特征命令。选择下拉菜单 **插入(I)** ➡ **钣金(H)** ➡ **🧷 折叠(F)...** 命令，系统弹出图 8.3.23 所示的"折叠"对话框。

图 8.3.23　"折叠"对话框

Step2. 定义固定面。系统自动选取图 8.3.24 所示的模型表面为固定面。

Step3. 定义折叠的折弯特征。在模型上选取图 8.3.25 所示的折弯特征。

图 8.3.24　定义固定面

图 8.3.25　定义折叠的折弯特征

Step4. 单击 ✔ 按钮，完成折叠特征的创建。

Step5. 选择下拉菜单 文件(F) ➡ 📁 保存(S) 命令，保存零件模型。

8.4 将实体转换成钣金件

将实体零件转换成钣金件是另外一种设计钣金件的方法，通过"切口""折弯"两个命令将实体零件转换成钣金零件。"切口"命令可以切开类似盒子形状实体的边角，使转换后的钣金件能够顺利展开。"折弯"命令是实体零件转换成钣金件的钥匙，它可以将抽壳或具有薄壁特征的实体零件转换成钣金件。

下面以图 8.4.1 所示的模型为例，讲述将实体零件转换成钣金零件的一般创建过程。

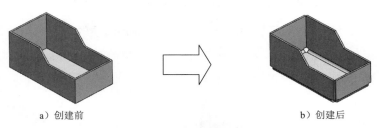

a）创建前   b）创建后

图 8.4.1　将实体零件转换成钣金零件

Task1. 创建切口特征（图 8.4.2）

a）创建前   b）创建后

图 8.4.2　创建"切口"特征

Step1. 打开文件 D: \swxc18\work\ch08.04\transition.SLDPRT。

Step2. 选择命令。选择下拉菜单 插入(I) ➡ 钣金(H) ➡ 📦 切口(R)... 命令，系统弹出图 8.4.3 所示的"切口"对话框。

Step3. 定义切口参数。

（1）选取要切口的边线。选取图 8.4.4 所示的边线。

说明：在"要切口的边线" 📄 区域中，要选取的边线既可以是外部边线、内部边线，还可以是线性草图实体。

图 8.4.3 "切口"对话框

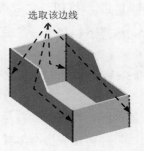

图 8.4.4 定义切口边线

（2）定义切口缝隙大小。在 切口参数(R) 区域的 ✎G （缝隙距离）文本框中输入数值 0.10。

Step4. 单击对话框中的 ✓ 按钮，完成切口的创建。

图 8.4.3 所示"切口"对话框中 切口参数(R) 区域各选项的功能说明如下。

● 单击 改变方向(C) 按钮，可以切换三种不同类型的切口方向，如图 8.4.5 所示。默认情况下，系统使用"双向"切口。

a）双向

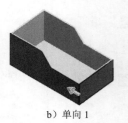
b）单向 1

c）单向 2

图 8.4.5 切换切口方向

● ✎G （缝隙距离）文本框中的数值，就是所切除材料后的两法兰之间的距离。在 ✎G 文本框中输入数值 1.0 和输入数值 3.0 的比较如图 8.4.6 所示。

Task2. 创建折弯特征

Step1. 选择命令。选择下拉菜单 插入(I) ➡ 钣金(H) ▶ ➡ 🖨 折弯(B)... 命令，系统弹出"折弯"对话框。

a）输入 1.0   b）输入 3.0

图 8.4.6 切口缝隙

Step2. 定义折弯参数。

（1）定义固定面或边线。选取图 8.4.7 所示的面作为折弯固定面。

（2）定义折弯半径。在 **折弯参数(B)** 区域的 文本框中输入折弯半径值 3.0。

Step3. 定义折弯系数。在 **☑ 折弯系数(A)** 区域的文本框中选择 **K 因子**，把文本框 **K** 因子系数改为值 0.5。

Step4. 定义自动切释放槽类型。在 **☑ 自动切释放槽(T)** 区域的"自动释放槽类型"下拉列表中选择 **矩形** 选项，在"释放槽比例"文本框中输入比例系数值 0.5。

Step5. 单击"完成"按钮 ，系统弹出图 8.4.8 所示的对话框，单击 **确定** 按钮，完成将实体零件转换成钣金件的操作。

Step6. 保存零件模型。选择下拉菜单 **文件(F)** ➡ **另存为(A)…** 命令，将零件模型命名为 body_to_sm_ok，即可保存模型。

图 8.4.7　定义折弯固定面

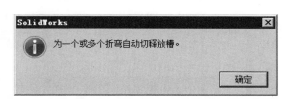

图 8.4.8　"SolidWorks"对话框

说明：完成折弯特征的创建后，系统自动创建 **钣金1**、 **展开-折弯1**、 **加工-折弯1** 和 **平板型式** 四个钣金特征，每一个特征都代表在实体模型转换成钣金件过程中的一个步骤。

◆ **钣金1** 特征表示进入钣金状态后用户可以利用该特征的 命令来对钣金参数进行修改。

◆ **展开-折弯1** 特征表示展开零件。它保存了"尖角""圆角"转换成"折弯"的所有信息。展开该特征的列表，可以看到每一个替代尖角和圆角的折弯。若要编辑尖角特征，则可以利用该特征的 命令来实现。

◆ **加工-折弯1** 特征表示钣金件已经从展开状态到了成形状态。

◆ **平板型式** 特征。解压缩该特征时，可以显示钣金零件的展开状态。

8.5 高级钣金特征

8.5.1 钣金成形特征

在成形特征的创建过程中成形工具的选择尤其重要，有了一个很好的成形工具才可以创建完美的成形特征。在 SolidWorks 2018 中，用户可以直接使用软件提供的成形工具或将其修改后使用，也可按要求自已创建成形工具。本节将详细讲解使用成形工具的几种方法。

1. 软件提供的成形工具

在任务窗格中单击"设计库"按钮 📦，系统打开图 8.5.1 所示的"设计库"对话框。SolidWorks 2018 软件在设计库的 📁 forming tools（成形工具）文件夹下提供了一套成形工具的实例， 📁 forming tools（成形工具）文件夹是一个被标记为成形工具的零件文件夹，包括 📁 embosses（压凸）、 📁 extruded flanges（冲孔）、 📁 lances（切口）、 📁 louvers（百叶窗）和 📁 ribs（肋）。 📁 forming tools 文件夹中的零件是 SolidWorks 2018 软件中自带的工具，专门用来在钣金零件中创建成形工具特征，这些工具也称为标准成形工具。

说明：如果"设计库"对话框中没有 📦 design library 文件夹，可以按照下面的方法进行创建。

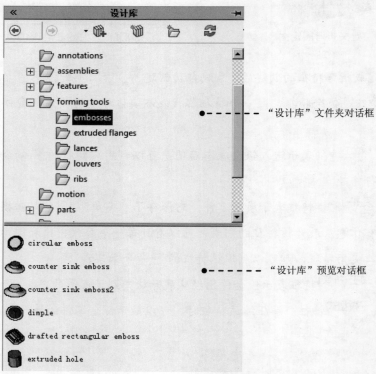

图 8.5.1 "设计库"对话框

Step1. 在"设计库"对话框中单击"添加文件位置"按钮 📦 ，系统弹出"选取文件夹"对话框。

Step2. 在 查找范围(I): 下拉列表中找到 C:\ProgramData\SolidWorks\SOLIDWORKS 2018\Design Library 文件夹后，单击 确定 按钮。

2. 转换修改成形工具

在 SolidWorks"设计库"中提供了许多类型的成形工具，但是这些成形工具不是 *.sldftp 格式的文件，都是零件文件，而且在设计树中没有"成形工具"特征。

Step1. 在任务窗格中单击"设计库"按钮 📦 ，系统打开"设计库"对话框。

Step2. 打开系统提供的成形工具。在 📁 forming tools （成形工具）文件夹下的 📁 ribs （肋）子文件夹中找到 single rib.sldprt 文件并右击，从系统弹出的快捷菜单中选择 📂 打开 命令。

Step3. 删除特征。

（1）在设计树中右击 📄 Orientation Sketch ，在系统弹出的快捷菜单中选择 ✖ 删除… (N) 命令。

说明：若此时系统弹出"确认删除"对话框，单击 是(Y) 按钮将其关闭即可。

（2）用同样的方法删除 📷 Cut-Extrude1 和 📄 Sketch3 。

Step4. 修改尺寸。单击设计树中 📷 Boss-Extrude1 前的 ▸ ，右击 📄 Sketch2 特征，在系统弹出的快捷菜单中选择 📝 命令，进入草绘环境。将图 8.5.2 所示的尺寸值 4 改成 6 后退出草绘环境。

Step5. 创建成形工具 1。

（1）选择命令。选择下拉菜单 插入(I) ➡ 钣金 (H) ▸ ➡ 🍄 成形工具 命令，系统弹出图 8.5.3 所示的"成形工具"对话框。

（2）定义成形工具属性。

① 定义停止面属性。激活"成形工具"对话框中的 停止面 区域，选取图 8.5.4 所示的停止面。

② 定义移除面属性。由于不涉及移除，成形工具不选取移除面。

（3）单击 ✔ 按钮，完成成形工具 1 的创建。

Step6. 转换成形工具。选择下拉菜单 文件(F) ➡ 🖫 另存为 (A)… 命令，选择 保存类型 (T): 为*.sldftp，把模型保存于 D:\swxc18\work\ch08.05.01\form_tool_sldftp，并命名为 form_tool_03。

Step7. 成形工具调入设计库。

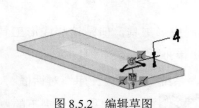

图 8.5.2　编辑草图

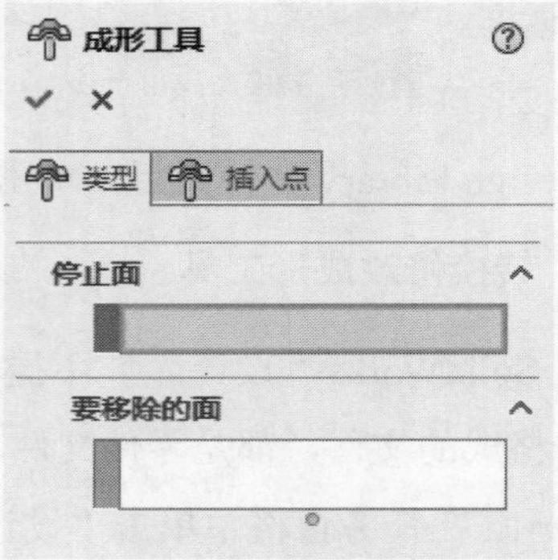

图 8.5.3　"成形工具"对话框

（1）单击任务窗格中的"设计库"按钮 ，打开"设计库"对话框。

（2）在"设计库"对话框中单击"添加文件位置"按钮 ，系统弹出"选取文件夹"对话框，在 查找范围(I): 下拉列表中找到 D:\swxc18\work\ch08.05.01\form_tool_sldftp 文件夹后，单击 确定 按钮。

停止面

图 8.5.4　成形工具

（3）此时在设计库中出现 form_tool_sldftp 节点，右击该节点，在系统弹出的快捷菜单中选择 成形工具文件夹 命令，确认 成形工具文件夹 命令前面显示 ✔ 符号。

3. 自定义成形工具

用户也可以自己设计并在"设计库"对话框中创建成形工具文件夹。

说 明： 在默认情况下，" C:\ProgramData\SolidWorks\SolidWorks 2018\design library\forming tools" 文件夹以及它的子文件夹被标记为成形工具文件夹。

选择"成形工具"命令有两种方法：选择 插入(I) 下拉菜单 钣金 (H) 子菜单中的 成形工具 命令或者在"钣金（H）"工具栏中单击"成形工具"按钮 。

在钣金件的创建过程中，使用到的成形工具有两种类型：不带移除面的成形工具和带移除面的成形工具。

下面用一个例子，来说明创建图 8.5.5 所示自定义成形工具的一般过程，然后用自定义成形工具在钣金件上创建不带移除面的成形工具特征。

Task1. 创建自定义成形工具

图 8.5.5　零件模型

Step1. 新建模型文件。选择下拉菜单 文件(F) ➡ 🗋 新建(N)... 命令，在系统弹出的 "新建 SOLIDWORKS 文件" 对话框中选择 "零件" 模块，单击 确定 按钮，进入建模环境。

Step2. 创建图 8.5.6 所示的零件基础特征——凸台-拉伸 1。

（1）选择命令。选择下拉菜单 插入(I) ➡ 凸台/基体 (B) ▶ ➡ 🗐 拉伸(E)... 命令。

（2）定义特征的横断面草图。选取前视基准面作为草图基准面；在草绘环境中绘制图 8.5.7 所示的横断面草图；选择下拉菜单 插入(I) ➡ 🖵 退出草图 命令，退出草绘环境，此时系统弹出 "凸台-拉伸" 对话框。

（3）定义拉伸深度属性。采用系统默认的深度方向；在 "凸台-拉伸" 对话框 **方向 1(1)** 区域的 ↗ 下拉列表中选择 给定深度 选项，在 🔿 文本框中输入深度值 8；单击 ✔ 按钮，完成凸台-拉伸 1 的创建。

图 8.5.6　凸台-拉伸 1

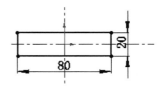

图 8.5.7　横断面草图

Step3. 创建图 8.5.8 所示的零件特征——凸台-拉伸 2。

（1）选择命令。选择下拉菜单 插入(I) ➡ 凸台/基体 (B) ▶ ➡ 🗐 拉伸(E)... 命令。

（2）定义特征的横断面草图。选取右视基准面作为草图基准面；在草绘环境中绘制图 8.5.9 所示的横断面草图；选择下拉菜单 插入(I) ➡ 🖵 退出草图 命令，退出草绘环境，此时系统弹出 "凸台-拉伸" 对话框。

（3）定义拉伸深度属性。采用系统默认的深度方向；在 "凸台-拉伸" 对话框 **方向 1(1)** 区域的 ↗ 下拉列表中选择 两侧对称 选项，在 🔿 文本框中输入深度值 60，选中

复选框；单击 ✅ 按钮，完成凸台-拉伸 2 的创建。

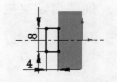

图 8.5.8 凸台-拉伸 2

图 8.5.9 横断面草图

Step4. 创建图 8.5.10 所示的零件特征——拔模 1。

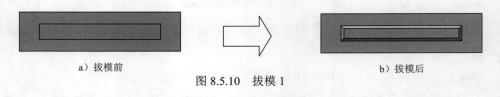

a）拔模前

b）拔模后

图 8.5.10 拔模 1

（1）选择命令。选择下拉菜单 插入(I) ➡ 特征(E) ➡ 拔模(D)... 命令。

（2）定义要拔模的项目。在 文本框中输入拔模角度值 20，选取图 8.5.11 所示的表面作为拔模中性面，在 区域中选取图 8.5.11 所示的表面作为拔模面。

图 8.5.11 拔模参考面

（3）单击 ✅ 按钮，完成拔模 1 的初步创建。

（4）定义拔模参数。在设计树中右击 拔模1，在系统弹出的快捷菜单中选择 命令，系统弹出"拔模"对话框，在对话框中进行如下设置。

① 定义拔模类型。在 拔模类型(T) 区域中选中 ● 中性面(E) 单选项。

② 定义拔模沿面延伸。在 拔模面(F) 区域的 拔模沿面延伸(A): 下拉列表中选择 内部的面 选项。

（5）单击 ✅ 按钮，完成拔模 1 的创建。

Step5. 创建图 8.5.12 所示的圆角特征 1。选取图 8.5.12a 所示的四条边线为要圆角的对象，圆角半径值为 2。

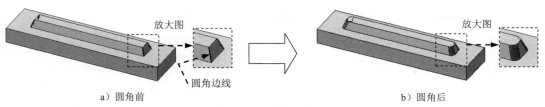

a）圆角前　　　　圆角边线　　　　　　　　　　　　b）圆角后

图 8.5.12　圆角特征 1

注意： 在创建自定义成形工具时，创建的圆角特征的最小曲率半径必须大于钣金零件的厚度，否则在钣金零件上创建成形工具特征时会提示创建失败。测量最小曲率半径的方法是选择下拉菜单 工具(T) ➡ 评估(E) ▶ 检查(C)... 命令。

Step6. 创建图 8.5.13 所示的圆角特征 2。选取图 8.5.13a 所示的边线为要圆角的对象，圆角半径值为 1.5。

圆角边线

a）圆角前　　　　　　　　　　　　　　　　　　b）圆角后

图 8.5.13　圆角特征 2

Step7. 创建成形工具模型 1。

（1）选择命令。选择下拉菜单 插入(I) ➡ 钣金(H) ▶ 成形工具 命令，系统弹出"成形工具"对话框。

（2）定义成形工具属性。

① 定义停止面属性。激活"成形工具"对话框中的 停止面 区域，选取图 8.5.14 所示的停止面。

停止面

图 8.5.14　成形工具模型 1

② 定义移除面属性。由于不涉及移除，成形工具模型 1 不选取移除面。

（3）单击 ✔ 按钮，完成成形工具模型 1 的创建。

Step8. 至此，成形工具模型创建完毕。选择下拉菜单 文件(F) ➡ 另存为(A)... 命令，选择 保存类型(T): 为 *.sldftp，把模型保存于 D:\swxc18\work\ch08.05.01\form_tool，并命名为 form_tool_01。

Step9. 将成形工具模型调入设计库。

（1）单击任务窗格中的"设计库"按钮，打开"设计库"对话框。

（2）在"设计库"对话框中单击"添加文件位置"按钮，系统弹出"选取文件夹"对话框，在 查找范围(I): 下拉列表中选择 D:\swxc18\work\ch08.05.01\form_tool 文件夹，单击 确定 按钮。

（3）此时在设计库中出现 form_tool 节点，右击该节点，在系统弹出的快捷菜单中选择 成形工具文件夹 命令，并确认 成形工具文件夹 命令前面显示 ✔ 符号。

Task2. 在钣金件上创建图 8.5.15 所示的成形工具特征

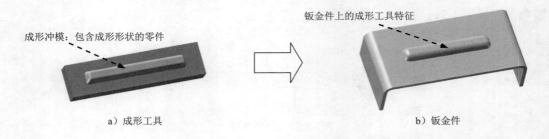

成形冲模：包含成形形状的零件

钣金件上的成形工具特征

a）成形工具   b）钣金件

图 8.5.15　钣金成形工具特征（不带移除面）

Step1. 打开文件 D:\swxc18\work\ch08.05.01\SM_FORM_01.SLDPRT。

Step2. 单击任务窗格中的"设计库"按钮，打开"设计库"对话框。

Step3. 单击"设计库"对话框中的 form_tool 节点，在设计库下部的预览对话框中选择 form_tool_01 文件并拖动到图 8.5.16 所示的平面，在系统弹出的"成形工具特征"对话框中单击✔按钮。

Step4. 单击设计树中 form_tool_011 前的 ▶，右击 (-) 草图2 特征，在系统弹出的快捷菜单中选择 命令，进入草绘环境。

Step5. 编辑草图，如图 8.5.17 所示。退出草绘环境，完成成形工具特征 1 的创建。

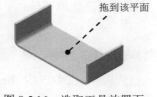

拖到该平面

图 8.5.16　选取工具放置面

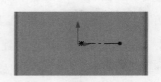

图 8.5.17　编辑草图

8.5.2 边角剪裁

"边角剪裁"命令是在展开钣金零件的内边角边切除材料，其中包括"释放槽""折断边角"两个部分。"边角剪裁"特征只能在 平板型式1 的解压状态下创建，当 平板型式1 压缩之后，"边角剪裁"特征也随之压缩。

1. 选择"边角-剪裁"命令

方法一： 选择下拉菜单 插入(I) ➡ 钣金(H) ▶ ➡ 边角剪裁(T)... 命令。

方法二： 在工具栏中选择 ➡ 边角剪裁 命令。

2. 创建边角-剪裁特征的一般过程

Task1. 创建释放槽

Step1. 打开文件 D:\swxc18\work\ch08.05.02\corner_dispose_01.SLDPRT。

Step2. 展平钣金件（图 8.5.18）。在设计树的 平板型式1 上右击，在系统弹出的快捷菜单中选择 命令，或在工具栏中单击"展开"按钮 。

a）展平前　　　　　　　　　　b）展平后

图 8.5.18　展平钣金件

Step3. 创建释放槽，如图 8.5.19 所示。

图 8.5.19　释放圆槽

（1）选择命令。选择下拉菜单 插入(I) ➡ 钣金(H) ▶ ➡ 边角剪裁(T)... 命令，或在工具栏中选择 ➡ 边角剪裁 命令，系统弹出图 8.5.20 所示的"边角-剪裁"对话框（一）。

（2）定义边角边线。选取图 8.5.21 所示的边线。

说明： 要想选取钣金模型中所有的边角边线，只需在 释放槽选项(R) 区域中单击 聚集所有边角 按钮。

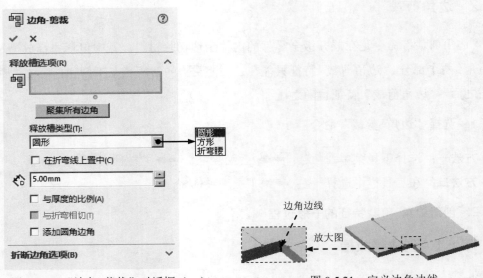

图 8.5.20 "边角-剪裁"对话框（一）　　　　图 8.5.21　定义边角边线

（3）定义释放槽类型。在 **释放槽选项(R)** 区域的 **释放槽类型(T):** 下拉列表中选择 **圆形** 选项。

（4）定义边角-剪裁参数。选中 **☑ 在折弯线上置中(C)** 复选框，在  文本框中输入半径值 2。其他参数采用系统默认设置值。

Step4. 单击该对话框中的 **☑** 按钮，完成释放槽的创建。

Step5. 选择下拉菜单 **文件(F)** ━━▶ **💾 保存(S)** 命令，即可保存零件模型。

图 8.5.20 所示的对话框 **释放槽选项(R)** 区域中的各项说明如下。

● **释放槽类型(T):** 下拉列表中各选项说明如下。

　　☑ 选择 **圆形** 选项，释放槽将以图 8.5.19 所示圆形切除材料。

　　☑ 选择 **方形** 选项，释放槽将以图 8.5.22 所示方形切除材料。

　　☑ 选择 **折弯腰** 选项，释放槽将以图 8.5.23 所示形状切除材料。

图 8.5.22　释放方槽　　　　　　　　　图 8.5.23　释放折弯腰槽

● **☑ 在折弯线上置中(C)** 复选框只在释放槽被设置为 **圆形** 或 **方形** 时可用，选中该复选框后，切除部分将平均在折弯线的两侧，如图 8.5.24b 所示。

● **☑ 与厚度的比例(A)** 复选框：选中此复选框后系统将用钣金厚度的比例来定义切除

材料的大小，🔧 文本框被禁用。

a）不选时   b）选取后

图 8.5.24 在折弯线上置中

- ☑ 与折弯相切(T) 复选框：只能在 ☑ 在折弯线上置中(C) 复选框被选中的前提下使用，选中此复选框，将生成与折弯线相切的边角切除（图 8.5.25b）。

a）选取前   b）选取后

图 8.5.25 与折弯相切

- 选中 ☑ 添加圆角边角 复选框，系统将在内部边角上生成指定半径的圆角（图 8.5.26b）。

a）添加前   b）添加后

图 8.5.26 添加圆角边角

Task2．创建折断边角

Step1. 打开文件 D:\swxc18\work\ch08.05.02\corner_dispose_02.SLDPRT。

Step2. 展平钣金件。在设计树的 🔲 平板型式1 上右击，在系统弹出的菜单上选择 🔧 命令，或在工具栏中单击"展开"按钮 🔲。

Step3. 创建图 8.5.27 所示的折断边角。

（1）选择命令。选择下拉菜单 插入(I) ➡ 钣金 (H) ➡ 🔲 边角剪裁(T)... 命令，或在工具栏中选择 🔧 · ➡ 🔲 边角剪裁 命令，系统弹出图 8.5.28 所示的"边角-剪裁"对话框（二）。

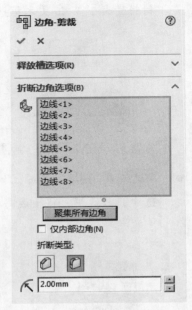

图 8.5.28 "边角-剪裁"对话框（二）

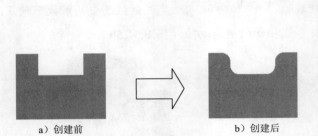

a）创建前　　　　b）创建后

图 8.5.27 创建折断边角

（2）选取边线。在 折断边角选项(B) 区域中单击 聚集所有边角 按钮，然后再单击图 8.5.29 所示的四条边线。

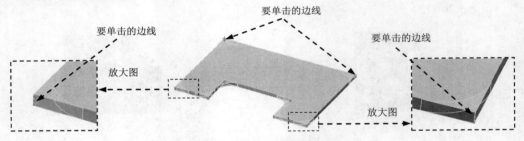

图 8.5.29 定义边角边线

（3）定义折断边角参数，并定义折断类型。在 折断类型: 区域中单击"圆角"按钮 ，在 文本框中输入半径值 2。

Step4. 单击该对话框中的 按钮，完成折断边角的创建。

Step5. 选择下拉菜单 文件(F) ━━▶ 保存(S) 命令，即可保存零件模型。

图 8.5.28 所示的对话框 折断边角选项(B) 区域中各项说明如下。

- 当在 折断类型: 区域中单击"倒角"按钮 时，边角以三角形的形式生成。
- ☑ 仅内部边角(N) 复选框相当于过滤器，选中则筛选掉外部边角。创建外部边角，则在钣金件中切除材料；创建内部边角，则是添加材料，如图 8.5.30 所示。

去除材料 添加材料

a）创建前 b）创建后

图 8.5.30 创建折断边角

8.5.3 闭合角

"闭合角"命令可以将法兰通过延伸至大于 90°法兰壁，使开放的区域闭合相关壁，并且在边角处进行剪裁以达到封闭边角的效果，它包括对接、重叠、欠重叠三种闭合形式。

下面以图 8.5.31 所示的钣金件模型为例，说明创建闭合角的一般过程。

Step1. 打开文件 D:\swxc18\work\ch08.05.03\closed_corner.SLDPRT。

Step2. 选择命令。选择下拉菜单 插入(I) ➡ 钣金 (H) ▶ 🔲 闭合角 (C)... 命令，或在工具栏中选择 🗲 ▪ ➡ 🔲 闭合角 命令。此时系统自动弹出图 8.5.32 所示的"闭合角"对话框。

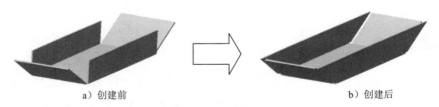

a）创建前 b）创建后

图 8.5.31 创建闭合角

Step3. 定义延伸面。选取图 8.5.33 所示的 4 个面为要延伸的面。

说明：要延伸的面可以是一个或多个，图 8.5.33 中未指示出的三个面与指示出的一个面是对应关系。

Step4. 定义边角类型。在 边角类型 区域中单击"对接"按钮 🔲。

Step5. 定义闭合角参数。在 🔩 文本框中输入缝隙距离值 1。选中 ☑ 开放折弯区域(O) 复选框。

Step6. 单击该对话框中的 ✅ 按钮，完成闭合角的创建。

Step7. 选择下拉菜单 文件(F) ➡ 🖫 保存(S) 命令，即可保存零件模型。

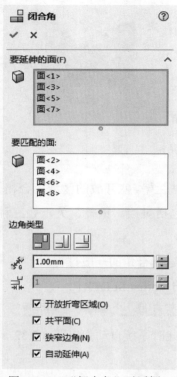

图 8.5.32　"闭合角"对话框

图 8.5.33　定义延伸面

8.5.4　断裂边角

"断裂边角"命令是在钣金件的边线创建或切除材料，相当于实体建模中的"倒角""圆角"命令，但断裂边角命令只能对钣金件厚度上的边进行操作，而倒角/圆角能对所有的边进行操作。

1. 选择"断裂边角"命令

方法一：选择下拉菜单 插入(I) ➡ 钣金 (H) ▶ ➡ 断裂边角 (K)... 命令。

方法二：在工具栏中选择 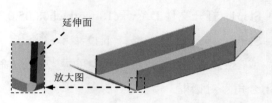 ➡ 断开边角/边角剪裁 命令。

2. 创建断裂边角特征的一般过程

下面以图 8.5.34 所示的模型为例，介绍"断裂边角"的创建过程。

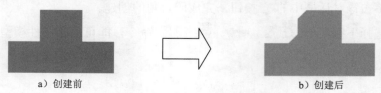

a）创建前　　　　　　　　　　　b）创建后

图 8.5.34　断裂－边角

Step1. 打开文件 D:\swxc18\work\ch08.05.04\break_corner.SLDPRT。

Step2. 选择命令。选择下拉菜单 插入(I) ➡ 钣金(H) ➡ 断裂边角(K)...命令，或在工具栏中选择 ➡ 断开边角/边角剪裁命令，系统弹出图 8.5.35 所示的"断开边角"对话框。

Step3. 定义边角边线。选取图 8.5.36 所示的边线。

Step4. 定义折断类型。在"断开边角"对话框 折断边角选项(B) 区域的 折断类型: 区域中单击"倒角"按钮 ⬟，在 文本框中输入距离值 4。

Step5. 单击对话框中的 ✔ 按钮，完成断开-边角的创建。

Step6. 选择下拉菜单 文件(F) ➡ 保存(S) 命令，即可保存零件模型。

图 8.5.35 "断开边角"对话框

图 8.5.36 定义边角边线

图 8.5.35 所示的"断开边角"对话框 折断边角选项(B) 区域的 折断类型: 区域中各项说明如下。

● 单击"倒角"按钮 ⬟ 时，边角以倒角的形式生成，如图 8.5.37a 所示。

● 单击"圆角"按钮 ⬟ 时，边角以圆角的形式生成，如图 8.5.37b 所示。

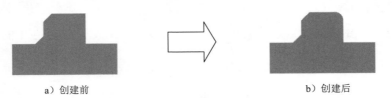

a) 创建前　　　　　　　　　　　　　　　b) 创建后

图 8.5.37 折断类型

第 9 章　钣金设计综合实例

9.1　钣金设计综合实例一

实例概述:

　　本实例主要讲解了插座铜芯的创建过程，十分适合于初学钣金的读者。通过学习本实例，既可以对 SolidWorks 中钣金的基本命令有一定的认识，如"基体法兰""薄片""斜接法兰"等，也可以巩固基准面的创建、镜像特征的应用等基础知识。该钣金件模型如图 9.1.1 所示。

图 9.1.1　插座铜芯钣金件模型

　　Step1. 新建模型文件。选择下拉菜单 文件(F) ➡ 📄 新建 (N)... 命令，在系统弹出的"新建 SolidWorks 文件"对话框中选择"零件"模块，单击 确定 按钮，进入建模环境。

　　Step2. 创建图 9.1.2 所示的钣金基础特征——基体-法兰 1。选择下拉菜单 插入(I)
➡ 钣金 (H) ▶ ➡ 🐚 基体法兰 (A)... 命令（或单击"钣金"工具栏上的"基体-法兰/薄片"按钮 🐚）；选取前视基准面作为草图平面，在草图环境中绘制图 9.1.3 所示的横断面草图，选择下拉菜单 插入(I) ➡ ▭ 退出草图 命令，退出草图环境，此时系统弹出图 9.1.4 所示的"基体法兰"对话框；在 钣金参数(S) 区域的 ⟋ 文本框中输入厚度值 0.20，在 ☑ 折弯系数(A) 区域的下拉列表中选择 K 因子 选项，把文本框 K 的因子系数值改为 0.4，在 ☑ 自动切释放槽(T) 区域的下拉列表中选择 矩形 选项，选中 ☑ 使用释放槽比例(A) 复选框，在 比例(T): 文本框中输入比例系数值 0.5；单击 ✔ 按钮，完成基体-法兰 1 的创建。

　　说明: 在 SolidWorks 中，当完成"基体-法兰 1"的创建后，系统将自动生成 🔧 钣金6 及 ▱ 平板型式6 两个特征，在设计树中分别位于"基体-法兰"的上面及下面。默认情况下，平板型式6特征为压缩状态，用户对其进行"解压缩"操作后可以把模型展平。后面创建的所有特征（不包括"边角剪裁"特征）将位于 平板型式6特征之上。

图 9.1.2 基体-法兰 1

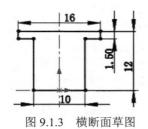

图 9.1.3 横断面草图

图 9.1.4 "基体法兰"对话框

Step3. 创建图 9.1.5 所示的钣金特征——薄片 1。选择下拉菜单 插入(I) ➡ 钣金(H) ➡ 基体法兰(A)... 命令；选取图 9.1.6 所示的模型表面作为草图平面，在草图环境中绘制图 9.1.7 所示的横断面草图，选择下拉菜单 插入(I) ➡ 退出草图 命令，退出草图环境，此时系统自动生成薄片 1。

图 9.1.5 薄片 1

草图平面

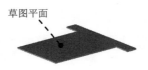

图 9.1.6 草图平面

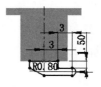

图 9.1.7 横断面草图

Step4. 创建图 9.1.8 所示的钣金特征——斜接法兰 1。选择下拉菜单 插入(I) ➡ 钣金(H) ➡ 斜接法兰(M)... 命令；在模型中选取图 9.1.9 所示的边线作为斜接法兰线，系统自动生成基准平面 1，并进入草图环境；在草图环境中绘制图 9.1.10 所示的横断面草图，选择下拉菜单 插入(I) ➡ 退出草图 命令，退出草图环境，系统弹出图 9.1.11 所示的"斜接法兰 1"对话框；在 法兰位置(L) 区域中单击"折弯在外"按钮，其他采用系统默认设置值；在 启始/结束处等距(O) 区域的下拉列表 输入值 3.00，在 输入值 3.00，其他采用系统默认设置值。单击  按钮，完成斜接法兰 1 的创建。

基准面1

图 9.1.8　斜接法兰 1

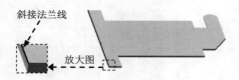

斜接法兰线

放大图

图 9.1.9　斜接法兰线

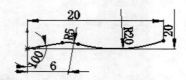

图 9.1.10　横断面草图

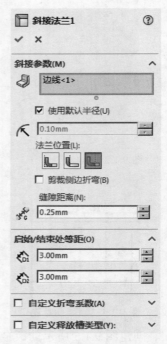

斜接法兰1

斜接参数(M)

边线<1>

☑ 使用默认半径(U)

0.10mm

法兰位置(L):

☐ 剪裁侧边折弯(B)

缝隙距离(N):

0.25mm

启始/结束处等距(O)

D1　3.00mm

D2　3.00mm

☐ 自定义折弯系数(A)

☐ 自定义释放槽类型(Y):

图 9.1.11　"斜接法兰 1"对话框

Step5. 创建图 9.1.12 所示的钣金特征——斜接法兰 2。选择下拉菜单 插入(I) ➡️ 钣金(H) ▶ ➡️ 斜接法兰(M)... 命令；选取图 9.1.13 所示的边线作为斜接法兰边线；在草图环境中绘制图 9.1.14 所示的横断面草图，选择下拉菜单 插入(I) ➡️ 退出草图 命令，退出草图环境，此时系统弹出"斜接法兰"对话框；在 法兰位置(L) 区域中单击"折弯在外"按钮 ；其他采用系统默认设置值；单击 ✔ 按钮，完成斜接法兰 2 的创建。

基准面2

图 9.1.12　斜接法兰 2

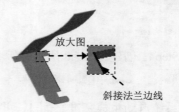

放大图

斜接法兰边线

图 9.1.13　斜接法兰边线

Step6. 创建图 9.1.15 所示的镜像 1。选择下拉菜单 插入(I) ➡️ 阵列/镜像(E) ➡️ 镜向(M)... 命令，系统弹出"镜像"对话框；选取右视基准面作为镜像基准面；

选择斜接法兰 2 作为镜像 1 的对象；单击 ✔ 按钮，完成镜像 1 的创建。

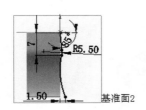

图 9.1.14 横断面草图

图 9.1.15 镜像 1

Step7. 至此，钣金件模型创建完毕。选择下拉菜单 [文件(F)] ➡ [💾 保存 (S)] 命令，将模型命名为 socket_contact_sheet，即可保存钣金件模型。

9.2 钣金设计综合实例二

实例概述：

本例介绍了一种常用夹子的设计过程。该设计过程较为复杂，应用的命令较多，重点要掌握成形工具的创建及应用方法，另外，要注意斜接法兰特征的创建过程。钣金件模型如图 9.2.1 所示。

图 9.2.1 钣金件模型 1

说明：本实例的详细操作过程请参见随书光盘中 video\ch09.02\文件夹下的语音视频讲解文件。模型文件为 D:\swxc18\work\ch09.02\box_down.prt。

9.3 钣金设计综合实例三

实例概述：

本实例讲解了钣金板的设计过程，该设计过程分为创建成形工具和创建主体零件模型两个部分。成形工具的设计主要运用基本实体建模命令，其重点是将模型转换成成形工具；主体零件模型是由一些钣金基本特征构成的，其中要注意绘制的折弯线和成形特征的创建方法。钣金件模型如图 9.3.1 所示。

说明：本实例的详细操作过程请参见随书光盘中 video\ch09.03\文件夹下的语音视频讲解文件。模型文件为 D:\swxc18\work\ch09.03\printer_support_02.prt。

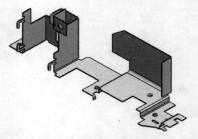

图 9.3.1　钣金件模型 2

学习拓展：扫码学习更多视频讲解。

讲解内容：钣金设计实例精选，包含二十多个常见钣金件的设计全过程讲解，并对设计操作步骤做了详细的演示。

第 **10** 章　焊　件　设　计

10.1　焊件设计基础入门

10.1.1　焊件设计概述

通过焊接技术将多个零件焊接在一起的零件称为焊件。焊件实际上是一个装配体，但是焊件在材料明细栏中是作为单独的零件来处理的，所以在建模过程中仍然将焊件作为多实体零件来建模。

由于焊件具有方便灵活、价格便宜、材料的利用率高、设计及操作方便等特点，因此应用于很多行业，日常生活中也十分常见，图 10.1.1 所示为几种常见的焊件。

图 10.1.1　几种常见的焊件

在多实体零件中创建一个焊件特征，零件即被标识为焊件，形成焊件零件的设计环境。SolidWorks 的焊件功能可完成以下任务。

◆　创建结构构件、角支撑、顶端盖和圆角焊缝。

◆　利用特殊的工具对结构构件进行剪裁和延伸。

◆　创建和管理子焊件。

◆　管理切割清单并在工程图中建立切割清单。

使用 SolidWorks 软件创建焊件的一般过程如下。

（1）新建一个"零件"文件，进入建模环境。

（2）通过二维草绘或三维草绘功能创建出框架草图。

（3）根据框架草图创建结构构件。

（4）对结构构件进行剪裁或延伸。

（5）创建焊件切割清单。

（6）创建焊件工程图。

10.1.2 焊件设计命令菜单介绍

1. 下拉菜单

焊件设计的命令主要分布在 插入(I) ➜ 焊件(W) 子菜单中，如图 10.1.2 所示。

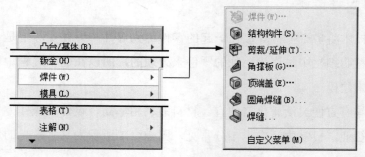

图 10.1.2 "焊件"子菜单

2. 工具栏

在工具栏处右击，在系统弹出的快捷菜单中确认 焊件(D) 选项被激活（ 焊件(D) 前的 按钮被按下），"焊件"工具条（图 10.1.3）显示在工具栏按钮区。

注意：用户会看到有些菜单命令和按钮处于非激活状态（呈灰色，即暗色），这是因为它们目前还没有处在发挥功能的环境中，一旦进入有关的环境，它们便会自动激活。

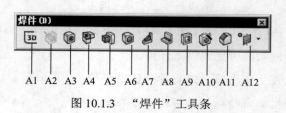

图 10.1.3 "焊件"工具条

A1：3D 草图。　　　　　　　　　　A2：焊件。

A3：结构构件。　　　　　　　　　　A4：剪裁/延伸。

A5：拉伸凸台/基体。　　　　　　　A6：顶端盖。

A7：角撑板。　　　　　　　　　　　A8：焊缝。

A9：拉伸切除。　　　　　　　　　　A10：异形孔向导。

A11：倒角。　　　　　　　　　　　　A12：参考几何体。

10.2　焊件框架与结构构件

可使用 2D 或 3D 草图定义焊件零件的框架草图，然后沿草图线段创建结构构件，生成图 10.2.1 所示的焊件。可使用线性或弯曲草图实体生成多个带基准面的 2D 草图、3D 草图或 2D 和 3D 草图组合。使用这种方法建立焊接零件时，只需建立焊件的框架草图，再分别选取框架草图中的线段生成不同的结构构件。

◆　生成焊件轮廓。

◆　选择草图线段。

◆　指定结构构件轮廓的方向和位置。

◆　指定构建边角处理条件。

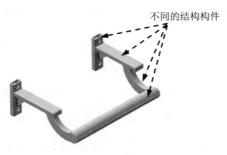

不同的结构构件

图 10.2.1　焊件

10.2.1　3D 草图基础

在创建焊件时，经常使用 3D 草图来布局焊件的框架草图，焊件中的 3D 草图只能包含直线和圆弧。在管道及电力模块中，管筒和电缆系统中的 3D 草图可以通过样条曲线来创建。

1. 坐标系的使用

在创建 3D 草图时，坐标系的使用非常重要，使用 Tab 键可在不同的平面（XY 平面、YZ 平面和 ZX 平面）之间切换，以创建出理想的 3D 草图。

3D 草图是三维空间的草图，但用户绘制 3D 草图时仍然是在一个二维的平面上开始的。当用户激活绘图工具时，系统默认在前视基准面上绘制草图，在绘制的过程中，光标的下面显示当前草图所在的基准面。如果用户不切换坐标系，绘制的所有图形均位于当前的基准面上。

2. 3D 草图中样条曲线的绘制

3D 草图中的样条曲线主要用于软管（管筒）和电缆的线路布置，通过控制样条曲线的型值点位置、数量和相切控制点来改变样条曲线的形状。下面以图 10.2.2 所示的样条曲线为例，讲述 3D 草图中样条曲线的创建过程。

a）创建前　　　　　　　　　　　　　　　　b）创建后

图 10.2.2　样条曲线

Step1. 打开文件 D:\swxc18\work\ch10.02.01\free_curve.SLDPRT。

Step2. 新建 3D 草图。选择下拉菜单 插入(I) ➡ 3D 3D 草图(3) 命令。

Step3. 创建样条曲线。选择下拉菜单 工具(T) ➡ 草图绘制实体(K) ➡ ∿ 样条曲线(S) 命令，绘制图 10.2.2a 所示的样条曲线（捕捉到两直线的端点）。

Step4. 创建相切约束。选择样条曲线分别与两条直线相切，结果如图 10.2.2b 所示。

Step5. 选择下拉菜单 插入(I) ➡ 3D 3D 草图(3) 命令，退出 3D 草图环境。

Step6. 保存文件。选择下拉菜单 文件(F) ➡ 另存为 (A)... 命令，命名为 free_curve_ok，即可保存模型。

10.2.2　焊件框架草图

结构构件是焊件中某个组成部分的称呼，它是焊件中的基本单元。而每个结构构件又必须包括两个要素：框架草图线段和轮廓，如图 10.2.3 所示。如果用"人体"来比喻结构构件的话，"轮廓"相当于人体的"肌肉"，而"框架草图线段"相当于人体的"骨头"。

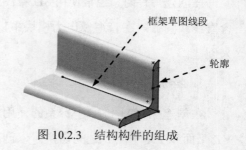

框架草图线段

轮廓

图 10.2.3　结构构件的组成

框架草图布局的好坏直接影响到整个焊件的质量与外观，布局出一个完美的框架草图是创建焊件的基础。框架草图的布局可以在 2D 或 3D 草图环境中进行，如果焊件结构比较复杂，可考虑用 3D 草图。下面分别讲解两种布局框架草图的过程。

1. 布局 2D 草图的一般过程

下面以图 10.2.4 所示的草图来说明布局 2D 草图的一般过程。

Step1. 新建一个零件模型文件，将其命名为 2D_sketch，并保存至 D:\swxc18\work\ch10.02.02。

Step2. 选择命令。选择下拉菜单 插入(I) ➡️ 草图绘制 命令，或在工具栏中单击"编辑草图"按钮 。

Step3. 定义草图基准面。选取前视基准面为草图基准面。

Step4. 绘制草图。在草绘环境中绘制图 10.2.4 所示的草图。

Step5. 选择下拉菜单 插入(I) ➡️ 退出草图 命令，退出草图设计环境。

Step6. 至此，2D 草图创建完毕。选择下拉菜单 文件(F) ➡️ 保存(S) 命令，保存零件模型。

2. 布局 3D 草图的一般过程

下面以图 10.2.5 所示的草图来说明布局 3D 草图的一般过程。

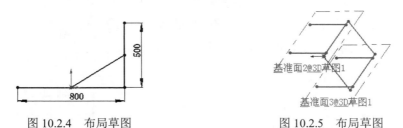

图 10.2.4 布局草图   图 10.2.5 布局草图

Step1. 新建一个零件模型文件，将其命名为 3D_sketch，并保存至 D:\swxc18\work\ch10.02.02。

Step2. 选择命令。选择下拉菜单 插入(I) ➡️ 3D 3D 草图(3) 命令。

Step3. 定义草图基准面。选取上视基准面为草图基准面。

Step4. 绘制矩形。在草绘环境中绘制图 10.2.6 所示的矩形。

Step5. 添加几何关系。如图 10.2.6 所示，约束边线 3 与边线 4 相等。约束边线 2 沿 Z 方向，约束边线 3 沿 X 方向。

Step6. 创建图 10.2.7 所示的 3D 草图基准面 2。

说明： 因为系统把第一次选取的基准面（本例为上视基准面）作为基准面 1，所以此步创建的是基准面 2。

（1）选择命令。在"草图"工具栏中单击"基准面"按钮 。系统弹出图 10.2.8 所示的"草图绘制平面"对话框。

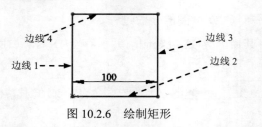

图 10.2.6 绘制矩形　　　　　　　　　图 10.2.7 基准面 2

（2）定义 3D 草图基准面 2。选取前视基准面作为 第一参考 ，单击 按钮。

（3）单击对话框中的 按钮，完成 3D 基准面 2 的创建。

说明： 文本框可以定义基准面的数量。

Step7. 在基准面 2 上创建图 10.2.9 所示的两条直线。

Step8. 创建 3D 草图基准面 3。

（1）选择命令。在工具栏中单击"基准面"按钮 。

（2）定义 3D 草图基准面 3。选取 Step6 中创建的基准面 2 为 第一参考 ，在 文本框中输入偏距值 100，选中 反向(D) 复选框。

（3）单击对话框中的 按钮，完成 3D 基准面 3 的创建。

Step9. 在基准面 3 上创建图 10.2.10 所示的两条直线。

图 10.2.8 "草图绘制平面"对话框

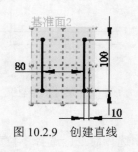

图 10.2.9 创建直线

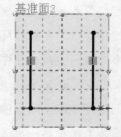

图 10.2.10 定义边角边线

Step10. 单击 按钮，完成 3D 草图的绘制。

Step11. 至此，3D 草图创建完毕。选择下拉菜单 文件(F) ➡ 保存(S) 命令，保存零件模型。

10.2.3 焊件结构构件

1. 选取"结构构件"命令的方法

方法一：选择下拉菜单 插入(I) ➡ 焊件(W) ▶ ➡ 🔲 结构构件 (S)... 命令。

方法二：在"焊件（D）"工具栏中单击"结构构件"按钮 🔳 。

2. 结构构件的一般创建过程

下面以图 10.2.11 所示的模型为例，介绍"结构构件"的创建过程。

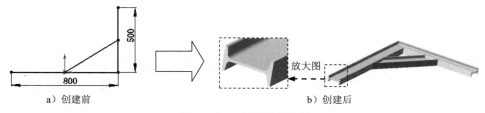

a）创建前　　　　　　　　　　　b）创建后

图 10.2.11　创建结构构件

Step1. 打开文件 D:\swxc18\work\ch10.02.03\2D_sketch.SLDPRT。

说明：图 10.2.11a 所示为图 10.2.11b 所示结构构件的 2D 草图。

Step2. 选择命令。选择下拉菜单 插入(I) ➡ 焊件(W) ▶ ➡ 🔲 结构构件 (S)... 命令，或在工具栏中单击"结构构件"按钮 🔳 ，系统弹出图 10.2.12 所示的"结构构件"对话框。

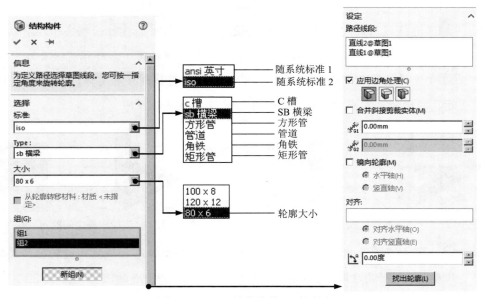

图 10.2.12　"结构构件"对话框

说明：当选择 📦 结构构件(S)... 命令后，系统自动在设计树中添加 🔧 焊件 特征。各种结构构件轮廓类型如图 10.2.13 所示。

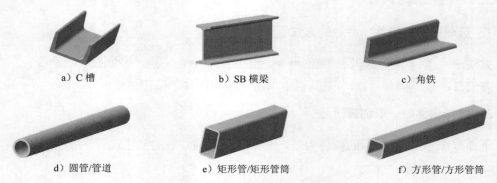

a）C 槽   b）SB 横梁   c）角铁

d）圆管/管道   e）矩形管/矩形管筒   f）方形管/方形管筒

图 10.2.13 各种结构构件轮廓类型

图 10.2.12 所示"结构构件"对话框的 设定 区域中边角处理说明如下。

- 选中 ☑ 应用边角处理(C) 复选框（在不涉及边角处理时，设定 区域中没有该复选框），会在其下方出现三种边角处理方法，📦（终端斜接）、📦（终端对接 1）、📦（终端对接 2），三种处理方法的区别如图 10.2.14 所示。

a）终端斜接   b）终端对接 1   c）终端对接 2

图 10.2.14 应用边角处理

- 📦（连接线段之间的简单切除）：使结构构件与平面接触面相齐平（有助于制造），如图 10.2.15 所示，该选项只有在使用终端对接 1 和终端对接 2 时可用。

- 📦（连接线段之间的封顶切除）：将结构构件剪裁到接触实体，如图 10.2.16 所示，该选项只有在使用终端对接 1 和终端对接 2 时可用。

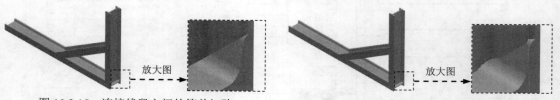

图 10.2.15 连接线段之间的简单切除   图 10.2.16 连接线段之间的封顶切除

- 📐（旋转角度）文本框：用来调整结构构件轮廓以路径线段为旋转轴所旋转的角度。在旋转角度 📐 文本框中输入数值 0、30、60、90 的比较如图 10.2.17 所示。

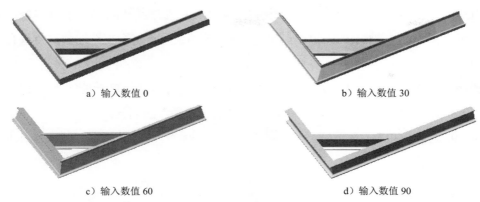

a）输入数值 0　　　　　　　　　　　　　b）输入数值 30

c）输入数值 60　　　　　　　　　　　　　d）输入数值 90

图 10.2.17　旋转角度比较

Step3. 定义构件轮廓。在 标准: 下拉列表中选择 iso 选项；在 Type: 下拉列表中选择 sb 横梁 选项；在 大小: 下拉列表中选择 80×6 选项。

Step4. 定义构件路径线段（布局草图）。激活 组(G): 区域，依次选取图 10.2.18 所示的边线 1 和边线 2 作为 组1 的路径线段，然后单击 新组(N) 按钮，新建一个 组2，选取图 10.2.18 所示的边线 3 作为 组2 的路径线段。

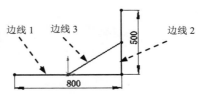

图 10.2.18　定义边角边线

Step5. 旋转角度。分别选择 组1 和 组2，在 文本框中输入旋转角度值 90，如图 10.2.19 所示。

Step6. 边角处理。选择 组1，在"结构构件"对话框的 设定 区域中选中 ☑ 应用边角处理(C) 复选框后，单击"终端斜接"按钮 。

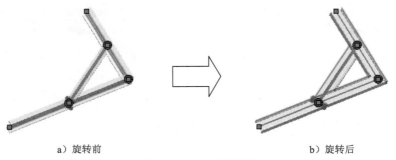

a）旋转前　　　　　　　　　　　　　b）旋转后

图 10.2.19　旋转角度

Step7. 更改穿透点。选择 组1 ，在 设定 区域中单击 找出轮廓(L) 按钮，屏幕将轮廓草图放大，单击图 10.2.20 所示的虚拟交点 1，系统自动约束此点与框架草图的原点重合（图 10.2.21）。

说明：单击虚拟交点 2，系统会弹出"边角处理"对话框，用于进行边角处理。

Step8. 单击该对话框中的 ✔ 按钮，完成"结构构件"的创建。

Step9. 选择下拉菜单 文件(F) ➡ 📄 另存为(A)... 命令，将模型命名为 2D_sketch_01，即可保存零件模型。

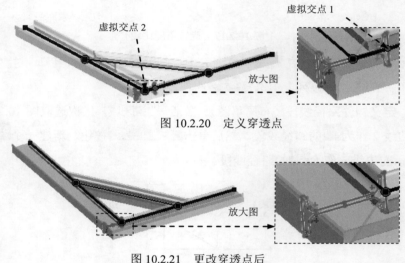

图 10.2.20　定义穿透点

图 10.2.21　更改穿透点后

10.2.4　结构构件的剪裁与延伸

"剪裁/延伸"是对结构构件中相交的部分进行剪裁，或将结构构件延伸至与其他构件相交。

下面以图 10.2.22 所示的草图来说明剪裁/延伸的一般创建过程。

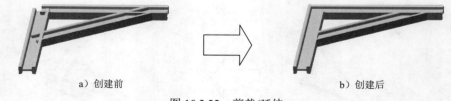

a）创建前　　　　　　　　　　　　　　　　b）创建后

图 10.2.22　剪裁/延伸

Task 1. 创建图 10.2.23 所示的剪裁/延伸 1

Step1. 打开文件 D:\swxc18\work\ch10.02.04\clipping_extend.SLDPRT。

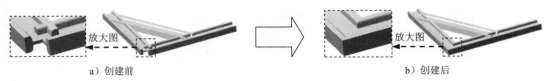

a）创建前 放大图 b）创建后

图 10.2.23 剪裁/延伸 1

Step2. 选择命令。选择下拉菜单 插入(I) ➡ 焊件(W) ▶ ➡ 剪裁/延伸(T)... 命令，或在工具栏中单击"剪裁/延伸"按钮 ，系统弹出图 10.2.24 所示的"剪裁/延伸"对话框。

说明："剪裁/延伸"对话框的 剪裁边界 区域会根据定义的边角类型而有所改变，当单击"终端剪裁"按钮 时， 剪裁边界 区域会出现 ⊙ 面/平面(F) 和 ⊙ 实体(B) 两个单选项，当单击其他三个按钮时，没有这两个单选项。

Step3. 定义边角类型。在 边角类型 区域中单击"终端斜接"按钮 。

Step4. 定义要剪裁的实体。选取图 10.2.25 所示的结构构件 1。

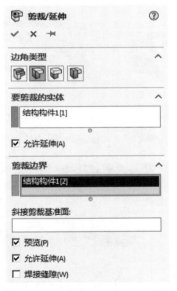

图 10.2.24 "剪裁/延伸"对话框

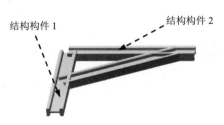

图 10.2.25 定义剪裁/延伸实体

Step5. 定义剪裁边界。选取图 10.2.25 所示的结构构件 2。选中 ☑ 预览(P) 复选框和 ☑ 允许延伸(A) 复选框。

Step6. 单击对话框中的 按钮，完成剪裁/延伸 1 的创建。

图 10.2.24 所示的"剪裁/延伸"对话框 边角类型 区域中各按钮的说明如下。

● ：终端剪裁，如图 10.2.26 所示。

- 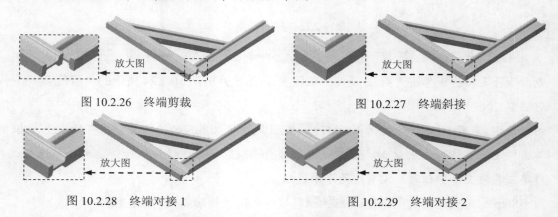: 终端斜接，如图 10.2.27 所示。
- : 终端对接 1，如图 10.2.28 所示。
- : 终端对接 2，如图 10.2.29 所示。

图 10.2.26　终端剪裁　　　　　　　　　　图 10.2.27　终端斜接

图 10.2.28　终端对接 1　　　　　　　　　图 10.2.29　终端对接 2

Task 2. 创建图 10.2.30 所示的剪裁/延伸 2

a）创建前　　　　　　　　　　　　　　b）创建后

图 10.2.30　剪裁/延伸 2

Step1. 选择命令。选择下拉菜单 插入(I) ➡ 焊件(W) ➡ 剪裁/延伸(T)... 命令，或在工具栏中单击"剪裁/延伸"按钮 ，系统弹出"剪裁/延伸"对话框。

Step2. 定义边角类型。在"剪裁/延伸"对话框的 边角类型 区域中单击"终端剪裁"按钮 。

Step3. 定义要剪裁的实体。选取图 10.2.31 所示的结构构件 1。

图 10.2.31　定义剪裁/延伸实体

Step4. 定义剪裁边界。选中 ⊙ 面/平面(F) 单选项，选取图 10.2.31 所示的剪裁面。选中 ☑ 预览(P) 复选框。

说明： 选中 ⊙ 面/平面(F) 单选项，剪裁边界可以是实体上的面，也可以是基准面。选中 ⊙ 实体(B) 单选项，剪裁边界是一个实体。

Step5. 单击对话框中的 ✔ 按钮，完成剪裁/延伸 2 的创建。

Task 3. 创建图 10.2.32 所示的剪裁/延伸特征 3

其创建过程与剪裁/延伸 2 类似，这里不再赘述。

注意：在创建图 10.2.32 所示的剪裁/延伸特征 3 时，需在图 10.2.33 所示的标签上单击，使其在"保留""丢弃"之间切换，可根据实际情况选择要保留/丢弃的实体。

图 10.2.32　剪裁/延伸特征 3　　　　　　图 10.2.33　定义保留侧

Task 4. 保存焊件模型

选择下拉菜单 文件(F) ➡ 另存为(A)... 命令，并将其命名为 clipping_extend_ok。

10.2.5　自定义构件的截面

自定义构件轮廓就是自己绘制结构构件的轮廓草图，然后通过文件转换把绘制的轮廓草图转换成能够被"结构构件"命令所调用的结构构件轮廓。有些时候，系统提供的焊件结构构件轮廓不是用户需要的轮廓，这时就涉及下载焊件轮廓或自定义焊件轮廓。

本节将通过具体的步骤来讲述自定义焊件轮廓创建结构构件的一般步骤。

1. 创建图 10.2.34 所示的构件轮廓

Step1. 创建目录。在 SolidWorks 安装目录\lang\chinese-simplified\weldment profiles 下新建 user 文件夹，在其下再次新建文件夹 square。

Step2. 新建模型文件。选择下拉菜单 文件(F) ➡ 新建(N)... 命令，在系统弹出的"新建 SOLIDWORKS 文件"对话框中选择"零件"模块，单击 确定 按钮，进入建模环境。

Step3. 选择命令。选择下拉菜单 插入(I) ➡ 草图绘制 命令。

Step4. 定义草图基准面。选取前视基准面为草图基准面。

Step5. 绘制草图。在草绘环境中绘制图 10.2.34 所示的草图。

说明：在定义草图时，必须在重要的位置设置点，以便在创建结构构件时更改穿透点。

Step6. 选择下拉菜单 插入(I) ➡ 退出草图 命令，退出草图设计环境。

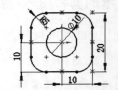

图 10.2.34　自定义轮廓草图

Step7. 保存草图。

（1）单击选中设计树中的 ⌐ (-) 草图1 特征。

（2）选择下拉菜单 文件(F) ➡ 🖫 保存(S) 命令，在 保存类型(T): 下拉列表中选择 Lib Feat Part (*.sldlfp) 类型，在 文件名(N): 文本框中输入数值 20×20。

（3）把文件保存于 SolidWorks 安装目录\lang\chinese-simplified\weldment profiles\user\square 下。

2. 创建图 10.2.35 所示的结构构件

a）创建前　　　　　　b）创建后

图 10.2.35　创建结构构件

Step1. 打开文件 D:\swxc18\work\ch10.02.05\3D_sketch.SLDPRT。

Step2. 创建图 10.2.36 所示的结构构件 1。选择下拉菜单 插入(I) ➡ 焊件(W) ▸

➡ 🔲 结构构件(S)... 命令，或在工具栏中单击"结构构件"按钮 🔲。

Step3. 定义构件轮廓。

（1）定义标准。在 标准: 下拉列表中选择 user 选项。

（2）定义类型。在 Type: 下拉列表中选择 square 选项。

（3）定义大小。在 大小: 下拉列表中选择 20x20 选项。

Step4. 定义构件路径线段（布局草图）。依次选取图 10.2.37 所示的边线 1～边线 4。

Step5. 更改穿透点。

（1）找出最佳虚拟交点。单击 找出轮廓(L) 按钮，在屏幕上放大的轮廓草图中显示图 10.2.38 所示的虚拟交点。

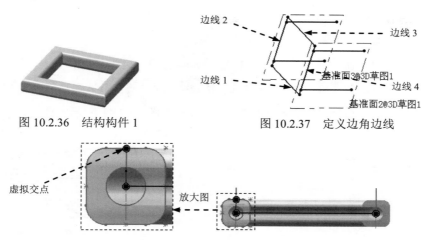

图 10.2.36 结构构件 1　　　　　图 10.2.37 定义边角边线

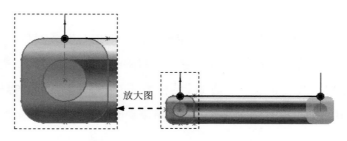

图 10.2.38 定义穿透点

说明：虚拟交点的位置和个数是在自定义轮廓时定义的，这里只能选取最佳的一个，并且把它约束到路径上的草图原点上。

（2）调整视图方位。把结构构件轮廓草图调整到最佳位置（通常是使轮廓草图正视于屏幕）。本例是在"视图"工具栏中选取"前视"选项。

说明：每一个零件在视图中的最佳位置不一样，选取时要根据实际情况而定。

（3）选取虚拟交点。在图 10.2.38 所示的虚拟交点上单击，系统自动约束此点与路径的草图原点重合，如图 10.2.39 所示。

图 10.2.39 更改穿透点

Step6. 调整草图到合适大小并隐藏框架草图。

Step7. 边角处理。在 设定 区域中选中 ☑ 应用边角处理(C) 复选框之后单击"终端斜接"按钮 。单击该对话框中的 ✓ 按钮，完成自定义轮廓结构构件 1 的创建。

Step8. 创建图 10.2.40 所示的结构构件 2。

（1）选择下拉菜单 插入(I) ➡ 焊件(W) ➡ 结构构件 (S)... 命令，或在工具栏中单击"结构构件"按钮 。

（2）定义构件轮廓。

① 定义标准。在 标准: 下拉列表中选择 user 选项。

② 定义类型。在 Type: 下拉列表中选择 square 选项。

③ 定义大小。在 大小: 下拉列表中选择 20x20 选项。

（3）定义构件路径线段（布局草图）。依次选取图 10.2.41 所示的边线。

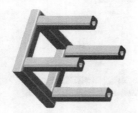

图 10.2.40　结构构件 2

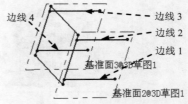

图 10.2.41　定义边角边线

（4）单击对话框中的 ✓ 按钮，完成结构构件 2 的创建。

（5）调整草图到合适大小并隐藏框架草图。

Step9. 至此，"结构构件"创建完毕。选择下拉菜单 文件(F) ➡ 另存为(A)… 命令，将模型命名为 3D_sketch_01，即可保存零件模型。

10.3　焊件支撑与盖板

10.3.1　三角形角撑板

角撑板是在两个相交结构构件的相邻两个面之间创建的一块材料，起加固焊件的作用。"角撑板"命令可创建角撑板特征，它并不只限于在焊件中使用，也可用于其他任何零件中。角撑板包括"三角形""多边形"两种类型，值得注意的是角撑板没有轮廓草图。

下面以图 10.3.1 所示的模型为例，介绍角撑板的一般创建过程。

a）创建前　　　　　　　　　　　　　　　b）创建后

图 10.3.1　角撑板

Step1. 打开文件 D:\swxc18\work\ch10.03.01\corner_prop_up_board.SLDPRT。

Step2. 选取命令。选择下拉菜单 插入(I) ➡ 焊件(W) ▶ ➡ 角撑板(G)… 命令，或在工具栏中单击"角撑板"按钮 ，系统弹出图 10.3.2 所示的"角撑板"对话框。

Step3. 定义支撑面。选取图 10.3.3 所示的面 1 和面 2 为支撑面。

图 10.3.2 所示"角撑板"对话框中各选项说明如下。

- 在 **轮廓(P)** 区域中选择多边形轮廓 ，生成"角撑板"的形状如图 10.3.4 所示。

- 在 **轮廓(P)** 区域中选择三边形轮廓 ，生成"角撑板"的形状如图 10.3.5 所示。

图 10.3.2 "角撑板"对话框

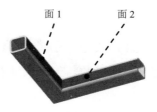

图 10.3.3 定义支撑面

图 10.3.4 多边形轮廓

图 10.3.5 三边形轮廓

- 当在 **位置(L)** 区域中把定位点设置为 （轮廓定位于中点）时， **厚度:** 选项中选择 （轮廓线内边）、 （轮廓线两边）、 （轮廓线外边）三种选项的区别如图 10.3.6 所示。

- 当在 位置(L) 区域中把定位点设置为 ▣（轮廓定位于起点）时，厚度: 选项中选择 ▤（轮廓线内边）、▦（轮廓线两边）、▤（轮廓线外边）三个选项的区别如图 10.3.7 所示。
- 当在 位置(L) 区域中把定位点设置为 ▣（轮廓定位于端点）时，厚度: 选项中选择 ▤（轮廓线内边）、▦（轮廓线两边）、▤（轮廓线外边）三个选项的区别如图 10.3.8 所示。

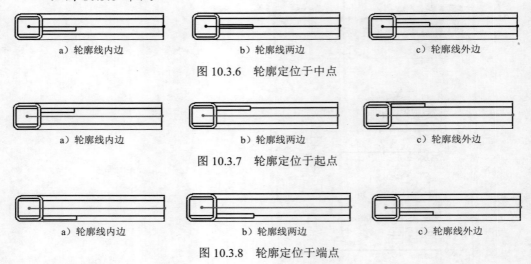

a）轮廓线内边　　　　　　　　b）轮廓线两边　　　　　　　　c）轮廓线外边

图 10.3.6　轮廓定位于中点

a）轮廓线内边　　　　　　　　b）轮廓线两边　　　　　　　　c）轮廓线外边

图 10.3.7　轮廓定位于起点

a）轮廓线内边　　　　　　　　b）轮廓线两边　　　　　　　　c）轮廓线外边

图 10.3.8　轮廓定位于端点

Step4. 定义轮廓。

（1）定义轮廓类型。在 轮廓(P) 区域中选择三角形轮廓 ◹。

（2）定义轮廓参数。在 d1: 文本框中输入轮廓距离值 25；在 d2: 文本框中输入轮廓距离值 25。

说明：单击"反转轮廓 d1 和 d2 参数"按钮 ↗ 可以交换"轮廓距离 d1""轮廓距离 d2"两个参数数值。

（3）定义厚度参数。在 厚度: 选项中单击"轮廓线两边"按钮 ▦，在 🔄 文本框中输入角撑板厚度值 5。

说明：角撑板的厚度设置方式与肋的设置方式相同。值得注意的是，当在 参数(A) 中设置定位点时，厚度设置方式会随定位点的改变而改变（选中"轮廓定位于中点"按钮 ▣ 时除外）。

Step5. 定义参数。在 位置(L) 区域中选择"轮廓定位于中点"按钮 ▣。

说明：假如选中 ☑ 等距(O) 复选框，然后在 ↗ 文本框中输入一个数值，角撑板就相对于原来位置"等距"一个距离。单击"反转等距方向"按钮 ↗ 可以反转等距方向。

Step6. 单击对话框中的 ✔ 按钮，完成"角撑板"的创建。

Step7. 保存焊件模型。选择下拉菜单 文件(F) ➡ 🖫 另存为(A)... 命令，并将其命名为 corner_prop_up_board_ok。

10.3.2 多边形角撑板

下面以图 10.3.9 所示的模型为例，介绍多边形角撑板的一般创建过程。

a）创建前　　　　　　　　　　　　　　　b）创建后

图 10.3.9　多边形角撑板

Step1. 打开文件 D:\swxc18\work\ch10.03.02\corner_prop_up_board.SLDPRT。

Step2. 选取命令。选择下拉菜单 插入(I) ➡ 焊件(W) ▸ ➡ ◢ 角撑板(G)... 命令。

Step3. 定义支撑面。选取图 10.3.10 所示的面 1 和面 2 为支撑面。

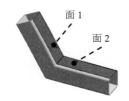

面 1
面 2

图 10.3.10　定义支撑面

Step4. 定义轮廓。

（1）定义轮廓类型。在 **轮廓(P)** 区域中选中多边形轮廓 ▦。

（2）定义轮廓参数。在 d1: 文本框中输入轮廓距离值 80.0；在 d2: 文本框中输入轮廓距离值 80.0；在 d3: 文本框中输入轮廓距离值 60.0，选中 ◉ d4: 单选项，在其后的文本框内输入轮廓距离值 60.0。

（3）定义厚度参数。在 **厚度:** 选项中单击"轮廓线两边"按钮 ☰，在 🔁 文本框中输入角撑板厚度值 15.0。

Step5. 定义位置。在 **位置(L)** 区域中单击"轮廓定位于中点"按钮 ⊡。

Step6. 单击对话框中的 ✔ 按钮，完成角撑板的创建。

Step7. 保存焊件模型。选择下拉菜单 文件(F) ➡ 🖫 另存为(A)... 命令，并将其命名为 corner_prop_up_board_ok。

10.3.3　顶端盖

顶端盖就是在结构构件的开放端创建的一块材料，用来封闭开放的端口。运用"顶端盖"命令，可以创建顶端盖特征，但是"顶端盖"命令只能运用于有线性边线的轮廓。

下面以图 10.3.11 所示的模型为例，介绍顶端盖的创建过程。

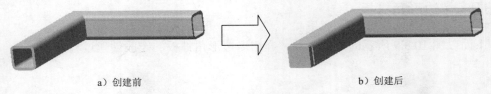

a）创建前　　　　　　　　　　　　　　　　b）创建后

图 10.3.11　顶端盖

Step1. 打开文件 D:\swxc18\work\ch10.03.03\tectorial.SLDPRT。

Step2. 选择命令。选择下拉菜单 插入(I) ➡ 焊件(W) ➡ 顶端盖 (E)··· 命令，或在工具栏中单击"顶端盖"按钮，系统弹出图 10.3.12 所示的"顶端盖"对话框。

Step3. 定义顶端盖参数。

（1）定义顶面。选取图 10.3.13 所示的顶面。

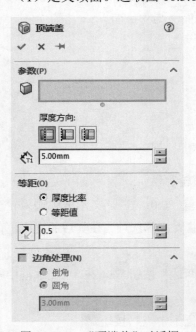

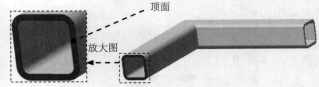

图 10.3.12　"顶端盖"对话框　　　　　　图 10.3.13　定义顶面

（2）定义厚度。在 文本框中输入厚度值 5。

Step4. 定义等距参数。在 等距(O) 区域中选中 ⊙ 厚度比率 复选框，在 文本框中输入厚度比例值 0.5，选中 ☑ **边角处理(N)** 复选框，然后选中 ⊙ **倒角** 单选项，在 📐**D²** 文本框中输入倒角距离值 1。

说明：选中 ⊙ **等距值** 单选项，则采用等距距离来定义结构构件边线到顶端盖边线之间的距离。

Step5. 单击对话框中的 ✓ 按钮，完成顶端盖的创建。

Step6. 保存焊件模型。选择下拉菜单 **文件(F)** ➡ 🖼 **另存为(A)...** 命令，并将其命名为 tectorial_ok，保存零件模型。

10.4 焊缝

10.4.1 概述

焊缝就是在交叉的焊件构件之间通过焊接而把焊件零件固定在一起的材料。使用"圆角焊缝"命令可在任何交叉的焊件构件之间创建焊缝特征。圆角焊缝有三种类型：全长圆角焊缝、间歇圆角焊缝和交错圆角焊缝。

10.4.2 创建圆角焊缝的一般过程

Task1. 创建图 10.4.1 所示的"全长"圆角焊缝

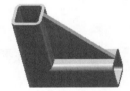
a）创建前

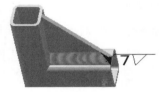
b）创建后

图 10.4.1 "全长"圆角焊缝

Step1. 打开文件 D:\swxc18\work\ch10.04.01\garden_corner.SLDPRT。

Step2. 选择命令。选择下拉菜单 **插入(I)** ➡ **焊件(W)** ➡ 🖼 **圆角焊缝(B)...** 命令，系统弹出图 10.4.2 所示的"圆角焊缝"对话框。

Step3. 定义圆角焊缝各参数。

（1）定义类型。在 **箭头边(A)** 区域的下拉列表中选择 **全长** 选项。

（2）定义圆角大小。在 **圆角大小:** 文本框中输入焊缝圆角值 7，选中 ☑ **切线延伸(G)** 复选框。

（3）定义面组 1。选取图 10.4.3 所示的面 1。

（4）定义面组 2。激活 **第二组面:** 列表框，选取图 10.4.3 所示的面 2。

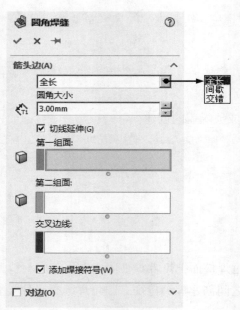

图 10.4.2　"圆角焊缝"对话框

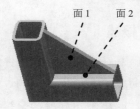

图 10.4.3　定义面组

说明： 当 **箭头边(A)** 区域选择 **全长** 或 **间歇** 选项后， **☐ 对边(O)** 区域的"焊缝"类型不能选择 **交错** 选项；选中 **☑ 切线延伸(G)** 复选框，可在非平面、相切面定义圆角焊缝；定义完面组 1 和面组 2 后，系统自动把它们的交线定义为 **交叉边线:** 。

Step4. 单击对话框中的 **☑** 按钮，完成"全长"圆角焊缝的创建。

Step5. 保存焊件模型。选择下拉菜单 **文件(F)** ➡ **🗐 另存为(A)...** 命令，并将其命名为 garden_corner_01_ok。

图 10.4.2 所示"圆角焊缝"对话框中各选项说明如下。

- **箭头边(A)** 区域包含了设置焊缝的所有参数。

- **箭头边(A)** 区域的下拉列表用于设置焊缝类型。

  ☑ **全长**：将焊缝设置为连续的，如图 10.4.4 所示，当选择该选项后， **圆角大小:** 文本框用于设置焊缝圆角值。

  ☑ **间歇**：将焊缝设置为均匀间断的，如图 10.4.5 所示，当选择该选项后，其下面的参数将发生变化，如图 10.4.6 所示，其中 **焊缝长度:** 文本框用于设置每个焊缝段的长度； **节距:** 文本框用于设置每个焊缝起点之间的距离。

  ☑ **交错**：选择该选项后系统将在构件的两侧均生成焊缝，并且两侧的焊缝为交叉类型，如图 10.4.7 所示。另外，选择 **交错** 选项后， **☐ 对边(O)** 区域将被激活，其设置与 **箭头边(A)** 区域的设置相同。

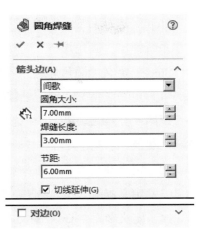

图 10.4.4 "全长"焊缝

图 10.4.5 "间歇"焊缝

图 10.4.6 选择"间歇"选项后

图 10.4.7 "交错"焊缝

- ☑ 切线延伸(G) 复选框：选中该复选框，系统在与交叉边线相切的边线生成焊缝。

- 第一组面: 列表框：用于显示选取的需要添加焊缝的第一面。单击以激活该列表框后，可在图形区中选取需要添加焊缝的第一面。

- 第二组面: 列表框：用于显示选取的需要添加焊缝的第二面。单击以激活该列表框后，可在图形区中选取需要添加焊缝的第二面。

- 交叉边线: 列表框：用于显示第一面与第二面的交线，该交线为系统自动计算，无需用户选取。

Task2. 创建图 10.4.8 所示的"间歇"圆角焊缝

a) 创建前

b) 创建后

图 10.4.8 "间歇"圆角焊缝

Step1. 打开文件 D:\swxc18\work\ch10.04.02\garden_corner.SLDPRT。

Step2. 选择命令。选择下拉菜单 插入(I) ➡ 焊件(W) ➡ 圆角焊缝(B)... 命令，系统弹出"圆角焊缝"对话框。

Step3. 定义"圆角焊缝"各参数。

（1）定义类型。在 箭头边(A) 区域的下拉列表中选择 间歇 选项。

说明： 当 箭头边(A) 区域选择 间歇 或 交错 选项后， □ 对边(O) 区域定义的焊缝必须与 箭头边(A) 区域定义的焊缝对称。

（2）定义圆角大小。在 文本框中输入数值 7，选中 ☑ 切线延伸(G) 复选框。

（3）定义焊缝长度。在 焊缝长度: 文本框中输入焊缝长度值 3。

（4）定义节距。在 节距: 文本框中输入焊缝节距值 6。

（5）定义面组 1。选取图 10.4.9 所示的面 1。

（6）定义面组 2。激活 第二组面: 列表框，选取图 10.4.9 所示的面 2。

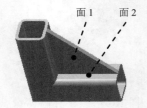

图 10.4.9 定义面组

Step4. 单击对话框中的 ✔ 按钮，完成"间歇"圆角焊缝的创建。

Step5. 保存焊件模型。选择下拉菜单 文件(F) ➡ 另存为(A)... 命令，并将其命名为 garden_corner_02_ok。

Task3. 创建图 10.4.10 所示的"交错"圆角焊缝

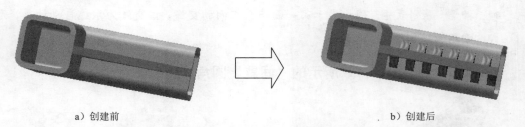

a）创建前   b）创建后

图 10.4.10 "交错"圆角焊缝

Step1. 打开文件 D:\swxc18\work\ch10.04.03\garden_corner.SLDPRT。

Step2. 选择命令。选择下拉菜单 插入(I) ➡ 焊件(W) ➡ 圆角焊缝(B)... 命令，系统弹出"圆角焊缝"对话框。

Step3. 定义"圆角焊缝"各参数。

（1）定义类型。在 [箭头边(A)] 区域的下拉列表中选择 [交错] 选项。

说明：当选择 [交错] 选项后，[□ 对边(O)] 复选框自动被选中，[圆角大小:] 文本框和 [焊缝长度:] 文本框中默认的参数都与 [箭头边(A)] 区域的相同。但是，除定义的类型不能修改外，[圆角大小:] 文本框和 [焊缝长度:] 文本框中的数值都能修改。

（2）定义圆角大小。在 [箭头边(A)] 区域的 [⟨T⟩] 文本框中输入数值 4。选中 [☑ 切线延伸(G)] 复选框。

（3）定义焊缝长度。在 [焊缝长度:] 文本框中输入焊缝长度值 3。

（4）定义节距。在 [节距:] 文本框中输入焊缝节距值 6。

（5）定义面组 1。选取图 10.4.11 所示的面 1。

（6）定义面组 2。激活 [第二组面:] 列表框，选取图 10.4.11 所示的面 2。

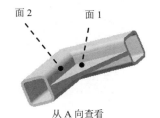
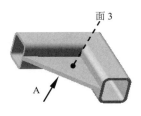

图 10.4.11　定义面组

Step4. 定义 [☑ 对边(O)] 区域中的"圆角焊缝"各参数。

（1）定义圆角大小。在 [⟨T⟩] 文本框中输入数值 4，选中 [☑ 切线延伸(G)] 复选框。

（2）定义焊缝长度。在 [焊缝长度:] 文本框中输入焊缝长度值 3。

（3）定义面组 1。选取图 10.4.11 所示的面 3。

（4）定义面组 2。激活 [第二组面:] 列表框，选取图 10.4.11 所示的面 2。

Step5. 单击对话框中的 [✔] 按钮，完成"交错"圆角焊缝的创建。

Step6. 保存焊件模型。选择下拉菜单 [文件(F)] ➡ [🖫 另存为(A)...] 命令，并将其命名为 garden_corner_03_ok，保存零件模型。

图 10.4.12 所示的各"圆角焊缝"数值说明如下。

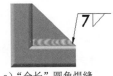
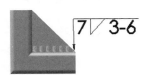
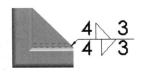

a)"全长"圆角焊缝　　　　　b)"间歇"圆角焊缝　　　　　c)"交错"圆角焊缝

图 10.4.12　各"圆角焊缝"数值说明

- 7/4 是指焊缝大小，代表圆角焊缝的长度。
- 3 是指焊缝长度，代表焊缝段的长度，只用于 间歇 或 变错 类型。
- 6 是指焊缝节距，代表一个焊缝起点与下一个焊缝起点之间的距离，只用于 间歇 及 变错 类型。

10.5 子焊件

对于一个庞大的焊件，有时会因为某些原因而把它分解成很多独立的小焊件，这些小焊件就称为"子焊件"。子焊件可以单独保存，但是它与父焊件是相关联的。

下面以图 10.5.1 所示的焊件来说明子焊件的一般创建过程。

图 10.5.1　焊件模型及设计树

Step1. 打开文件 D:\swxc18\work\ch10.05\seed_solder_piece.SLDPRT。

Step2. 展开设计树中的 ▶ 📇 切割清单 (5)，如图 10.5.2 所示。

说明：▶ 📇 切割清单 (5) 上的 "5" 是指切割清单里包括 5 个项目。

Step3. 右击 📦 结构构件1[1]，此时所选的构件高亮显示。在系统弹出的快捷菜单中选择 生成子焊件 (A) 选项，在设计树中的 ▶ 📇 切割清单 (5) 下面出现 ▶ 📁 子焊件1 (1)，如图 10.5.3 所示。

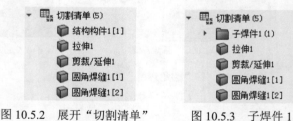

图 10.5.2　展开"切割清单"　　图 10.5.3　子焊件 1

Step4. 右击 `📁 子焊件1(1)`，在系统弹出的快捷菜单中选择 `插入到新零件... (B)` 选项，系统弹出"插入到新零件"对话框，然后在绘图区域中选取图 10.5.4 所示的实体，单击插入到新零件"对话框 `文件名称:` 文本框后的 `···` 按钮，系统弹出"另存为"对话框，在 `文件名(N):` 文本框中输入 seed_solder_piece_01，并保存于 D:\swxc18\work\ch10.05\ok 文件夹中，单击 `保存(S)` 按钮，返回到"插入到新零件"对话框，单击 ✓ 按钮完成创建。

Step5. 用同样的方法为设计树中的 `📦 拉伸1` 和 `📦 剪裁/延伸1` 创建子焊件，并单独保存。子焊件在设计树中的显示如图 10.5.5 所示。

图 10.5.4 选取实体

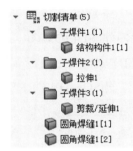

图 10.5.5 "子焊件"显示

说明：要选取多个选项时，只需按住 Ctrl 键的同时分别单击要选取的项目即可。

10.6 焊件工程图

焊件工程图的制作与其他工程图的制作一样，只不过焊件工程图中可以给独立的实体添加视图和添加切割清单表格。

10.6.1 添加独立实体视图

下面以图 10.6.1 所示的焊件来讲述独立实体视图的一般创建过程。

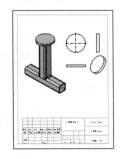

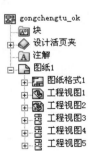

图 10.6.1 焊件模型、工程图及设计树

Step1. 打开文件 D:\swxc18\work\ch10.06\engineering_chart.SLDPRT。

Step2. 创建前的设置。

（1）选择命令。选择下拉菜单 工具(T) ➡ ⚙ 选项(P)... 命令。

（2）在系统弹出的"系统选项（S）–普通"对话框的 系统选项(S) 选项卡中单击 工程图 中的 显示类型 选项，在 在新视图中显示切边 区域中选中 ⊙ 使用线型(U) 单选项。单击 确定 按钮，完成创建前的设置。

Step3. 新建工程图文件。

（1）选择下拉菜单 文件(F) ➡ 🗋 新建(N)... 命令，系统弹出"新建 SOLIDWORKS 文件"对话框（一）。

（2）在"新建 SOLIDWORKS 文件"对话框（一）中单击 高级 按钮，系统弹出"新建 SOLIDWORKS 文件"对话框（二）。

（3）在"新建 SOLIDWORKS 文件"对话框（二）中选择"模板"，以选择创建工程图文件，单击 确定 按钮，完成工程图的创建。

Step4. 创建相对视图。

（1）选取模型。单击"模型视图"对话框中的 ➡ 按钮，默认选取 engineering_chart 模型。

说明：可选择下拉菜单 插入(I) ➡ 工程图视图(V) ▸ ➡ 🕹 模型(M)... 命令，进入"模型视图"对话框。

（2）创建一个"等轴测"视图，单击"带边上色"按钮 🔲，在图样上的显示如图 10.6.2 所示。

（3）把比例设为 1:1。

Step5. 创建独立实体视图。

（1）选择命令。选择下拉菜单 插入(I) ➡ 工程图视图(V) ▸ ➡ 🕹 相对于模型(R) 命令，系统自动切换到零件窗口，切换后屏幕的左侧出现图 10.6.3 所示的"相对视图"对话框。

（2）定义视图参数。

① 选取实体。在"相对视图"对话框的 范围(S) 区域中选中 ⊙ 所选实体 单选项，选取图 10.6.4 所示的实体 1。

② 定义方向。在 方向(O) 区域 第一方向: 的下拉列表中选择 前视 选项，并选取图 10.6.4 所示的面 1；在 第二方向: 的下拉列表中选择 右视 选项，并选取图 10.6.4 所示的面 2。

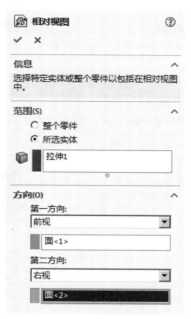

图 10.6.3 "相对视图"对话框

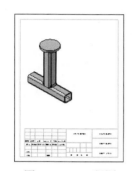

图 10.6.2 工程图

③ 单击 ✔ 按钮，完成"相对视图"的定义，系统自动切换到"工程图"对话框。

（3）定义工程图中的"相对视图"对话框。

① 在工程图纸上选取理想的位置单击，零件的前视图就出现在工程图中。

② 定义显示样式。在 **显示样式(D)** 区域中单击"取消隐藏线"按钮 ☐。

③ 定义缩放比例。在 **比例(S)** 区域选中 ⦿ **使用自定义比例(C)** 单选项，在下拉列表中选择 **1:1** 选项，如图 10.6.5 所示。

图 10.6.4 焊件模型

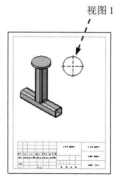

图 10.6.5 工程图

Step6. 定义"投影视图"。

（1）选择命令。选择下拉菜单 插入(I) ➡ 工程图视图(V) ➡ 🔡 投影视图(P) 命令。

（2）定义投影视图。选取图 10.6.5 所示工程图的视图 1，并创建图 10.6.6 所示的投影视图。

Step7. 保存焊件模型。选择下拉菜单 文件(F) ➡ 另存为(A)... 命令，并将其命名为 engineering_chart_ok，保存工程图文件。

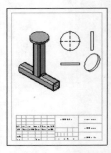

图 10.6.6　投影视图

10.6.2　添加切割清单表

下面以添加独立视图的创建过程来讲解添加切割清单的一般过程。

Step1. 打开文件 D:\swxc18\work\ch10.06\engineering_chart_ok.SLDPRT。

Step2. 添加前的设置。

（1）选择命令。选择下拉菜单 工具(T) ➡ 选项(P)... 命令。

（2）在系统弹出的"系统选项（S）-普通"对话框的 文档属性(D) 选项卡中单击 表格 选项，在对话框中单击 字体(F)... 按钮，在系统弹出的"选择字体"对话框中选择 宋体 选项。

（3）单击 确定 按钮，完成创建前的设置。

Step3. 添加切割清单表。

（1）选择命令。选择下拉菜单 插入(I) ➡ 表格 (A) ▸ ➡ 焊件切割清单 (W)... 命令，系统弹出图 10.6.7 所示的"信息"对话框。

（2）指定模型。选取图 10.6.8 所示的模型，系统弹出图 10.6.9 所示的"焊件切割清单"对话框。

（3）定义"焊件切割清单"对话框各选项。接受系统默认的设置，在"焊件切割清单"对话框中单击 ✓ 按钮，把"焊件切割清单"表格放到合适的位置，如图 10.6.10 所示。

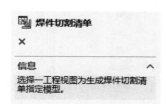

图 10.6.7 焊件切割清单的"信息"对话框

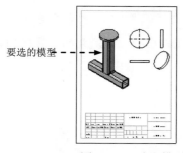

图 10.6.8 选取模型

图 10.6.9 "焊件切割清单"对话框

Step4. 选取表格的第一列，系统弹出图 10.6.11 所示的"列"对话框，在 **列属性(C)** 区域中选中 **⊙ 项目号(I)** ，**标题(E):** 文本框的内容自动变成"项目号"。

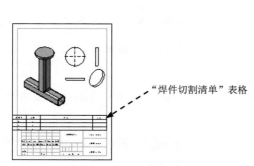

图 10.6.10 "焊件切割清单"表格

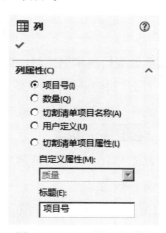

图 10.6.11 "列"对话框

Step5. 采用相同的方法将第二列设置为数量。

Step6. 选取表格的第三列，系统弹出"列"对话框，在 **标题(E):** 文本框中输入"说明"。

Step7. 选取表格的第四列，系统弹出"列"对话框，在 标题(E): 文本框中输入"长度"。

Step8. 在表格中添加一列。右击"说明"列，在系统弹出的快捷菜单中选择 插入 ▶ ➡ 左列 (B) 命令，系统弹出"插入左列"对话框。

Step9. 定义"插入左列"对话框中各选项。

（1）在 列属性(C) 区域中选中 ⦿ 切割清单项目属性(L) 单选项。

（2）在 自定义属性(M): 的下拉列表中选择 材质 选项，标题(E): 文本框的内容自动变成 材质 。

（3）单击 ✓ 按钮，完成"插入左列"的设置。

说明：标题(E): 文本框中的内容可以自定义。在 自定义属性(M): 下拉列表中选取任何一个选项，在"切割清单列表"的"插入列"中都会出现相应的已经定义的"焊件切割清单"属性（图 10.6.12）。

图 10.6.12 插入"焊件切割清单"属性

当需要改变行高和列宽时，有以下两种方法。

● 右击"切割清单列表"单元格，从系统弹出的快捷菜单中选择 格式化 ▶ 中的"行高度""列宽""整个表"等选项，在系统弹出的对话框中输入适当的数值，单击 确定 按钮。

● 把光标放在"切割清单列表"单元格边线上，通过按住左键拖动边线来改变行高和列宽。

Step10. 至此，"焊件工程图"创建完毕。选择下拉菜单 文件(F) ➡ 🔲 另存为(A)... 命令，将模型命名为 engineering_chart_incise_01_ok，保存零件模型。

第11章 焊件设计综合实例

实例概述:

本实例是一个框架的创建过程, 在创建时运用了"结构构件"命令。具体模型如图 11.1.1 所示。

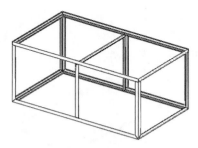

图 11.1.1 零件模型

1. 创建零件模型

Step1. 新建模型文件。选择下拉菜单 文件(F) ➡ 新建(N)... 命令, 在系统弹出 的"新建 SolidWorks 文件"对话框中选择"零件"模块, 单击 确定 按钮, 进入建模环境。

Step2. 创建草图 1。选择下拉菜单 插入(I) ➡ 草图绘制 命令; 选取上视基准面 为草图基准面, 绘制图 11.1.2 所示的草图 1。

Step3. 创建图 11.1.3 所示的基准面 1。选择下拉菜单 插入(I) ➡ 参考几何体(G) ▸ ➡ 基准面(P)... 命令; 选取上视基准面为参考面, 按下"偏移距离"按钮 ⟠, 并 在 ⟠ 后的文本框中输入偏移距离值 600.0; 单击 ✔ 按钮, 完成基准面 1 的创建。

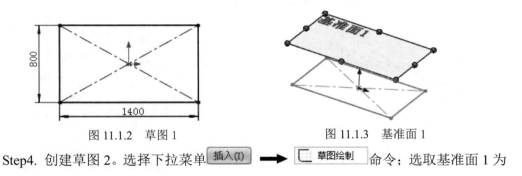

图 11.1.2 草图 1   图 11.1.3 基准面 1

Step4. 创建草图 2。选择下拉菜单 插入(I) ➡ 草图绘制 命令; 选取基准面 1 为草图基准面，绘制图 11.1.4 所示的草图 2。

Step5. 绘制 3D 草图 1。选择下拉菜单 插入(I) ➡ 3D 3D 草图(3) 命令，绘制图 11.1.5 所示的 6 条直线。

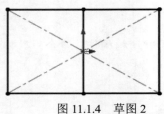

图 11.1.4　草图 2

图 11.1.5　3D 草图 1

Step6. 创建图 11.1.6 所示的结构构件 1。

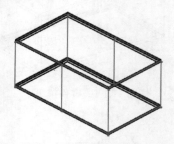

图 11.1.6　结构构件 1

（1）选择命令。选择下拉菜单 插入(I) ➡ 焊件(W) ▸ ➡ 结构构件(S)... 命令。

（2）定义各选项。

① 定义标准。在 标准: 下拉列表中选择 iso 选项。

② 定义类型。在 Type: 下拉列表中选择 角铁 选项。

③ 定义大小。在 大小: 下拉列表中选择 35 × 35 × 5 选项。

④ 定义路径线段。选取图 11.1.7 所示的 4 条直线作为 组1 的路径线段，在 设定 区域选中 ☑ 应用边角处理(C) 复选框，并选中"终端斜接"按钮 ；单击 新组(N) 按钮，选取图 11.1.8 所示的 4 条直线作为 组2 的路径线段。

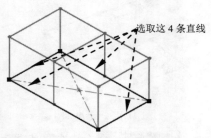

图 11.1.7　定义组 1 的 4 条直线

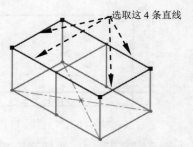

图 11.1.8　定义组 2 的 4 条直线

（3）单击对话框中的 ✅ 按钮，完成结构构件 1 的创建。

Step7. 创建图 11.1.9 所示的结构构件 2。

（1）选择命令。选择下拉菜单 插入(I) ➞ 焊件(W) ➞ 🔲 结构构件(S)... 命令。

（2）定义各选项。

① 定义标准。在 标准: 下拉列表中选择 iso 选项。

② 定义类型。在 Type: 下拉列表中选择 角铁 选项。

③ 定义大小。在 大小: 下拉列表中选择 35 x 35 x 5 选项。

④ 定义路径线段。选取图 11.1.10 所示的直线作为路径线段，在 设定 区域的 ↻ᴬ（旋转角度）文本框中输入旋转角度值 270.0。

（3）单击对话框中的 ✅ 按钮，完成结构构件 2 的创建。

图 11.1.9　结构构件 2

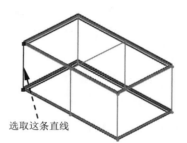

图 11.1.10　定义路径线段

Step8. 参照上一步创建图 11.1.11 所示的结构构件 3、4、5。

Step9. 创建图 11.1.12 所示的结构构件 6。在 标准: 下拉列表中选择 iso 选项，在 Type: 下拉列表中选择 角铁 选项，在 大小: 下拉列表中选择 35 x 35 x 5 选项；选取图 11.1.13 所示的 3 条直线作为路径线段，在 设定 区域的 ↻ᴬ（旋转角度）文本框中输入旋转角度值 270.0。

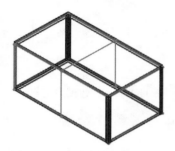

图 11.1.11　结构构件 3、4、5

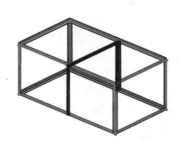

图 11.1.12　结构构件 6

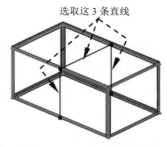

图 11.1.13　定义路径线段

Step10. 右击 ▸ 🔲 切割清单(15) 节点，在弹出的快捷菜单中选择 更新 (I) 命令，此时设计树中的 ▸ 🔲 切割清单(15) 自动变成 ▸ 🔲 切割清单(15)，并且自动生成"切割清单项目"文件夹。

Step11. 至此，模型创建完毕。选择下拉菜单 文件(F) ➞ 📳 保存(S) 命令，将模型命名为 frame.SLDPRT，保存零件模型。

2. 创建焊件工程图

Step1. 打开文件 D:\swxc18\work\ch11.01\frame.SLDPRT。

Step2. 新建图样文件。选择下拉菜单 文件(F) ➞ 📄 新建(N)… 命令，在系统"新建 SolidWorks 文件"对话框中选择"gb_a3"模板，以选择创建工程图文件。单击 确定 按钮，完成工程图的创建。

Step3. 创建模型视图。

（1）选取模型。选取 frame.SLDPRT 模型。

（2）创建一个"等轴测"视图，将比例设为 1:10。

（3）在工程图中定位视图，选择"消除隐藏线"按钮 🔲，在合适的位置单击以放置视图。

（4）在绘图区域中选中并右击等轴测视图，在弹出的快捷菜单中选择 切边 ➞ 切边可见 (A) 命令，结果如图 11.1.14 所示。

Step4. 创建切割清单。

（1）选择命令。选择下拉菜单 插入(I) ➞ 表格(A) ▶ ➞ 📊 焊件切割清单(W)… 命令。

（2）指定视图。选取图 11.1.14 所示的视图，系统弹出"焊件切割清单"对话框。

（3）放置表格。单击 ✅ 按钮，移动鼠标至合适位置放置表格。

Step5. 设置表格中的数据。

（1）选取表格的第一列，系统弹出"列"对话框，在 列属性(C) 区域中选中 ⦿ 项目号(I) ，标题(E): 文本框的内容自动变成"项目号"。

（2）采用相同的方法将第二列设置为数量。

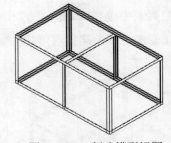

图 11.1.14　创建模型视图

（3）选取表格的第三列，在 列属性(C) 区域中选中 ⦿ 切割清单项目属性(L) ，在 自定义属性(M): 的下拉列表中选择 角度1 选项。

（4）采用相同的方法将第四列设置为长度。

Step6. 插入数据列。

（1）右击"长度"列，在弹出的快捷菜单中选择 插入 ▶ ➞ 左列 (B) 命令，系统弹出"插入左列"对话框。

（2）定义列属性类型。在 **列属性(C)** 区域中选中 ⊙ **切割清单项目属性(L)** 单选项。

（3）定义表格项目。在 **自定义属性(M):** 的下拉列表中选择 **角度2** 选项。

（4）单击 ✓ 按钮，完成"插入左列"的设置。调整表格列宽并将表格拖动到合适的位置，完成编辑的切割清单如图 11.1.15 所示。

项目号	数量	角度1	角度2	长度
1	4	45.00	45.00	1400
2	5	45.00	45.00	800
3	4	0.00	0.00	600
4	1	45.00	0.00	600
5	1	0.00	45.00	600

图 11.1.15 焊件切割清单

Step7. 创建焊件序号。

（1）选择命令。在绘图区域中选中图 11.1.14 所示的视图，然后选择下拉菜单 **插入(I)** ➡ **注解(A)** ➡ **自动零件序号(N)…** 命令，系统弹出"自动零件序号"对话框。

（2）在 **零件序号布局(O)** 区域的 **阵列类型:** 区域选中 ⊞ 单选项，在 **引线附加点:** 区域选中 ⊙ **面(A)** 单选项。

（3）在 **零件序号设定(B)** 区域的 **样式:** 下拉列表中选择 **圆形** 选项，在 **大小:** 下拉列表中选择 **5个字符** 选项，在 **零件序号文字:** 下拉列表中选择 **项目数** 选项。

（4）调整零件序号至合适的位置，结果如图 11.1.16 所示。

Step8. 至此，焊件工程图创建完毕。选择下拉菜单 **文件(F)** ➡ **另存为(A)…** 命令，将工程图命名为 triangle_frame_dwg_ok，保存工程图文件。

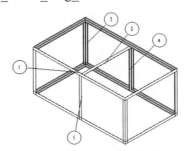

图 11.1.16 创建焊件序号

第 **12** 章　装 配 设 计

12.1　装配设计基础入门

12.1.1　概述

1. 装配概念

一个产品往往由多个零件组合（装配）而成，装配模块用来建立零件间的相对位置关系，从而形成复杂的装配体。零件间位置关系的确定主要通过添加配合实现。

装配设计一般有两种基本方式：自底向上装配和自顶向下装配。如果首先设计好全部零件，然后将零件作为部件添加到装配体中，则称之为自底向上装配；如果是首先设计好装配体模型，然后在装配体中组建模型，最后生成零件模型，则称之为自顶向下装配。

SolidWorks 提供了自底向上和自顶向下两种装配方法，并且两种方法可以混合使用。自底向上装配是一种常用的装配模式，本书主要介绍自底向上装配。

SolidWorks 的装配模块具有下面一些特点。

◆　提供了方便的部件定位方法，轻松设置部件间的位置关系。系统提供了十几种配合方式，通过对部件添加多个配合，可以准确地把部件装配到位。

◆　提供了强大的爆炸图工具，可以方便地生成装配体的爆炸视图。

2. 相关术语和概念

零件：是组成部件与产品最基本的单元。

部件：既可以是一个零件，也可以是多个零件的装配结果。它是组成产品的主要单元。

装配体：也称为产品，是装配设计的最终结果。它是由部件之间的配合关系及部件组成的。

配合：在装配过程中，配合是指部件之间相对的限制条件，可用于确定部件的位置。

12.1.2　装配设计命令及工具条介绍

在装配体环境中，"插入"菜单中包含了大量进行装配操作的命令，而"装配体"工具条（图 12.1.1）中则包含了装配操作的常用按钮，这些按钮是进行装配的主要工具，而且有些按钮是在下拉菜单中找不到的。

图 12.1.1 "装配体（A）"工具条

图 12.1.1 所示的"装配体（A）"工具条中各按钮的说明如下。

A1：插入零部件。将一个现有零件或子装配体插入装配体中。

A2：配合。为零部件添加配合。

A3：线性阵列。将零部件沿着一个或两个方向进行线性阵列。

A4：智能扣件。使用 SolidWorks Toolbox 标准件库，将扣件添加到装配体中。

A5：移动零部件。在零部件的自由度内移动零部件。

A6：显示隐藏的零部件。隐藏或显示零部件。

A7：装配体特征。用于创建各种装配体特征。

A8：参考几何体。用于创建装配体中的各种参考特征。

A9：新建运动算例。插入新运动算例。

A10：材料明细表。用于创建材料明细表。

A11：爆炸视图。将零部件按指定的方向分离。

A12：爆炸直线草图。添加或编辑显示爆炸的零部件之间的 3D 草图。

A13：干涉检查。检查零部件之间的任何干涉。

A14：间隙验证。验证零部件之间的间隙。

A15：孔对齐。检查装配体中零部件之间的孔是否对齐。

A16：装配体直观。为零部件添加不同外观颜色便于区分。

A17：性能评估。显示相应的零件、装配体等相关统计，如零部件的重建次数和数量。

A18：带/链。插入传动带/传动链。

A19：Instant3D。启用拖动控标、尺寸及草图来动态修改特征。

12.1.3 装配配合

通过装配配合，可以指定零件相对于装配体中其他零部件的位置。装配配合的类型包括重合、平行、垂直、相切和同轴心等。在 SolidWorks 中，一个零件通过装配配合添加到装配体后，它的位置会随着与其有配合关系的零部件改变而相应改变，而且配合设置值作为参数可随时修改，并可与其他参数建立关系方程，这样整个装配体实际上是一个参数化的装配体。

关于装配配合，请注意以下几点。

◆ 一般来说，建立一个装配配合时，应选取零件参照和部件参照。零件参照和部件参照是零件和装配体中用于配合定位和定向的点、线、面。例如，通过"重合"约束将一根轴放入装配体的一个孔中，轴的中心线就是零件参照，而孔的中心线就是部件参照。

◆ 系统一次只添加一个配合。例如，不能用一个"重合"约束将一个零件上两个不同的孔与装配体中的另一个零件上两个不同的孔对齐，必须定义两个不同的重合约束。

◆ 要在装配体中完整地指定一个零件的放置和定向（即完整约束），往往需要定义数个装配配合。

◆ 在 SolidWorks 中装配零件时，可以将多于所需的配合添加到零件上。即使从数学的角度来说，零件的位置已完全约束，还可能需要指定附加配合，以确保装配件达到设计意图。

1. "重合"配合

"重合"配合可以使两个零件的点、直线或平面处于同一点、直线或平面内，并且可以改变它们的朝向，如图 12.1.2 所示。

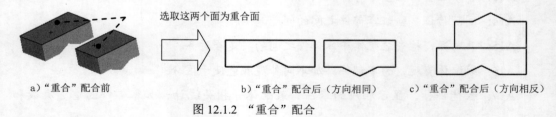

选取这两个面为重合面

a)"重合"配合前   b)"重合"配合后（方向相同）   c)"重合"配合后（方向相反）

图 12.1.2　"重合"配合

2. "平行"配合

"平行"配合可以使两个零件的直线或面处于彼此间距相等的位置，并且可以改变它们的朝向，如图 12.1.3 所示。

3. "垂直"配合

"垂直"配合可以将所选直线或平面处于彼此之间的夹角为 90°的位置，并且可以改变它们的朝向，如图 12.1.4 所示。

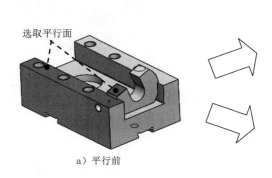

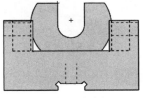

b）平行后（方向相同）

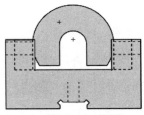

c）平行后（方向相反）

a）平行前

图 12.1.3 "平行"配合

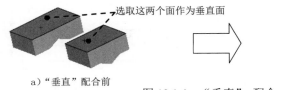

a）"垂直"配合前

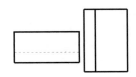

b）"垂直"配合后

图 12.1.4 "垂直" 配合

4. "相切"配合

"相切"配合可以将所选元素处于相切状态（至少有一个元素必须为圆柱面、圆锥面或球面），并且可以改变它们的朝向，如图 12.1.5 所示。

a）"相切"配合前

b）"相切"配合后

图 12.1.5 "相切" 配合

5. "同轴心"配合

"同轴心"配合可以使所选的轴线或直线处于重合位置（图 12.1.6），该配合经常用于轴类零件的装配。

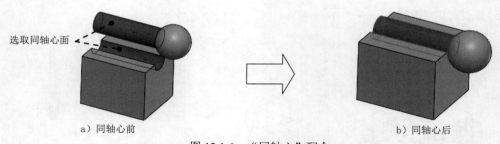

a）同轴心前   b）同轴心后

图 12.1.6   "同轴心"配合

6．"距离"配合

用"距离"配合可以使两个零部件上的点、线或面建立一定距离来限制零部件的相对位置关系，而"平行"配合只是将线或面处于平行状态，却无法调整它们的相对距离，所以"平行"配合与"距离"配合经常一起使用，从而更准确地将零部件放置到理想位置，如图 12.1.7 所示。

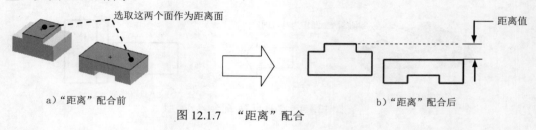

a）"距离"配合前   b）"距离"配合后

图 12.1.7   "距离"配合

7．"角度"配合

用"角度"配合可使两个元件上的线或面建立一个角度，从而限制部件的相对位置关系，如图 12.1.8 所示。

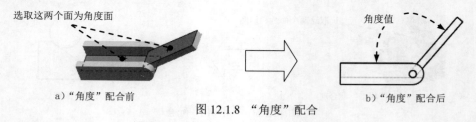

a）"角度"配合前   b）"角度"配合后

图 12.1.8   "角度"配合

12.2　装配设计一般过程

12.2.1　新建装配文件

新建装配体文件的一般操作过程如下。

Step1. 选择命令。选择下拉菜单 文件(F) ➡ 新建 (N)... 命令，系统弹出"新建

SolidWorks 文件"对话框。

Step2. 选择新建模板。在"新建 SolidWorks 文件"对话框中选择"装配体"模板，单击 确定 按钮，系统进入装配环境。

12.2.2 装配第一个零件

Step1. 完成上步操作后，系统自动弹出"开始装配体"对话框。

Step2. 选取添加模型。在"开始装配体"对话框的 要插入的零件/装配体(P) ∧ 区域中单击 浏览(B)... 按钮，系统弹出"打开"对话框；在 D:\swxc18\work\ch12.02.02 下选取轴零件模型文件 shaft. SLDPRT，单击 打开 ▾ 按钮。

Step3. 确定零件位置。在图形区合适的位置处单击，即可把零件放置到当前位置。

说明：在引入第一个零件后，直接单击"开始装配体"对话框中的 ✔ 按钮，系统将零件固定在原点位置，不需要任何配合就已完全定位。

12.2.3 装配其余零件

1. 引入第二个零件

Step1. 选择命令。选择下拉菜单 插入(I) ➡ 零部件(O) ▸ ➡ 🖼 现有零件/装配体 (E)... 命令（或在"装配体"工具栏中单击 🖼 按钮），系统弹出"插入零部件"对话框。

Step2. 选取添加模型。在"插入零部件"对话框的 要插入的零件/装配体(P) ∧ 区域中单击 浏览(B)... 按钮，系统弹出"打开"对话框；在 D:\swxc18\work\ch12.02.03 下选取轴套零件模型文件 bush.SLDPRT，单击 打开 ▾ 按钮。

Step3. 放置第二个零件。在合适的位置单击，将第二个零件放置在当前位置。

2. 添加配合前的准备

在放置第二个零件时，可能与第一个组件重合，或者其方向和方位不便于进行装配放置。解决这种问题的方法如下。

Step1. 选择命令。单击"装配体"工具栏中的"移动零部件"按钮 🖼 ，系统弹出"移动零部件"对话框。

"移动零部件"对话框中各选项的功能说明如下。

● ✛ 后的下拉列表中提供了五种移动方式。

　　☑ 自由拖动 ：选中所要移动的零件后拖动鼠标，零件将随鼠标移动。

☑ 沿装配体 XYZ：零件沿装配体的 X 轴、Y 轴或 Z 轴移动。

☑ 沿实体：零件沿所选的实体移动。

☑ 由 Delta XYZ：通过输入 X 轴、Y 轴和 Z 轴的变化值来移动零件。

☑ 到 XYZ 位置：通过输入移动后 X、Y、Z 的具体数值来移动零件。

● ⊙ 标准拖动：系统默认的选项，选中此单选项可以根据移动方式移动零件。

● ⊙ 碰撞检查：系统会自动检测，所移动零件将无法与其余零件发生碰撞。

● ⊙ 物理动力学：选中此单选项后，用鼠标拖动零部件时，此零部件就会向其接触的零部件施加一个力。

Step2. 选择移动方式。在"移动零部件"对话框 移动(M) 区域的 ✛ 下拉列表中选择 自由拖动 选项。

Step3. 调整第二个零件的位置。在图形区中选定轴套模型，并拖动鼠标，可以看到轴套模型随着鼠标移动，将轴套模型移动到合适位置。

Step4. 单击"移动零部件"对话框中的 ✔ 按钮，完成第二个零件的移动。

说明：在图形区中将鼠标放在要移动的零件上，按住左键并移动鼠标，可以直接拖动该零件。

3. 完全约束第二个零件

若使轴套完全定位，则共需要向它添加三种约束，分别为同轴配合、轴向配合和径向配合。选择下拉菜单 插入(I) ➡ 🖉 配合 (M)... 命令，系统弹出图 12.2.1 所示的"配合"对话框，以下的所有配合都将在"配合"对话框中完成。

Step1. 定义第一个装配配合。

（1）确定配合类型。在"配合"对话框的 标准配合(A) 区域中单击"同轴心"按钮 ◎。

（2）选取配合面。分别选取图 12.2.2 所示的面 1 与面 2 作为配合面，系统弹出图 12.2.3 所示的快捷工具栏。

（3）在快捷工具栏中单击 ✔ 按钮，完成第一个装配配合，如图 12.2.4 所示。

Step2. 定义第二个装配配合。

（1）确定配合类型。在"配合"对话框的 标准配合(A) 区域中单击"重合"按钮 ⼈。

（2）选取配合面。选取图 12.2.5 所示的面 1 与面 2 作为配合面，系统弹出快捷工具栏。

图 12.2.1 "配合"对话框

图 12.2.2 选取配合面

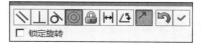

图 12.2.3 快捷工具条

图 12.2.4 完成第一个装配配合

（3）改变方向。在"配合"对话框 **标准配合(A)** 区域的 配合对齐: 后单击"反向对齐"按钮 。

（4）在快捷工具栏中单击 按钮，完成第二个装配配合，如图 12.2.6 所示。

图 12.2.5 选取配合面

图 12.2.6 完成第二个装配配合

Step3. 定义第三个装配配合。

（1）确定配合类型。在"配合"对话框的 **标准配合(A)** 区域中单击"重合"按钮 。

（2）选取配合面。分别选取图 12.2.7 所示的面 1 与面 2 作为配合面，系统弹出快捷工具栏。

（3）在快捷工具栏中单击 <input disabled="" type="checkbox"> 按钮，完成第三个装配配合。

Step4. 单击"配合"对话框中的 <input disabled="" type="checkbox"> 按钮，完成装配体的创建。

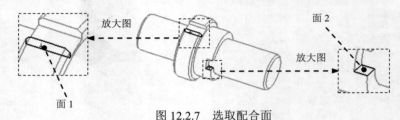

图 12.2.7　选取配合面

12.3　高级装配技术

12.3.1　复制零件

在装配环境中，按住 Ctrl 键并拖动某个零件，可以对零件进行复制。当需要重复引用某个零件时，可以采用此操作。

12.3.2　镜像零件

在装配体中，经常会出现两个部件关于某一平面对称的情况，这时不需要再次为装配体插入相同的部件，只需将原有部件进行镜像复制即可，如图 12.3.1 所示。镜像复制操作的一般过程如下。

Step1. 打开装配文件 D:\swxc18\work\ch12.03.02\symmetry.SLDASM。

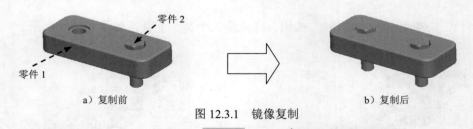

a）复制前　　　　　　　　　　　　　　　　　　b）复制后

图 12.3.1　镜像复制

Step2. 选择命令。选择下拉菜单 插入(I) ➡ ▣▣ 镜向零部件 (R)... 命令，系统弹出图 12.3.2 所示的"镜像零部件"对话框（一）。

Step3. 定义镜像基准面。在图形区选取图 12.3.3 所示的基准面作为镜像平面。

Step4. 确定要镜像的零部件。在图形区选取图 12.3.1a 所示的零件 2 为要镜像的零部件（或在设计树中选取）。

Step5. 单击"镜像零部件"对话框（一）中的 ➡ 按钮，系统弹出图 12.3.4 所示的"镜像零部件"对话框（二），进入镜像的下一步操作。

图 12.3.2　"镜像零部件"对话框（一）　图 12.3.3　选取镜像平面　图 12.3.4　"镜像零部件"对话框（二）

Step6. 单击"镜像零部件"对话框（二）中的 ✅ 按钮，完成零件的镜像。

12.3.3　放大镜工具

使用放大镜检查模型，可在不改变总视图的情况下进行对象的选择，这些操作简化了创建配合等操作的实体选择。

Step1. 打开装配文件 D:\swxc18\work\ch12.03.03\example.SLDASM。

Step2. 将鼠标指针停留在轴套上，然后按 G 键，放大镜即会打开，如图 12.3.5 所示。

Step3. 向下滚动鼠标中键，此时轴套区域可被放大，同时模型保持不动，如图 12.3.6 所示。

图 12.3.5　打开放大镜

图 12.3.6　放大区域

Step4. 单击结束放大镜检查模型。

说明：

● 要提高移动控制能力，可以同时按住 Ctrl 键和鼠标中键并拖动鼠标。

● 按住 Ctrl 键可在放大镜状态下选取多个对象。

● 当放大镜处于开启的状态下，再次按 G 键或者按 Esc 键可关闭放大镜。

12.3.4 零部件替换

在整个装配体设计过程中，其零部件可能需要进行多次修改，"替换零部件"功能是更新装配体的一种更加快捷和安全的有效方法。使用此功能可以在不重新装配的情况下更换装配体中的零部件，但在替换零部件之后，常常会出现悬空的配合实体等错误，此时就需要使用"替换配合实体"命令来替换悬空的配合实体，从而满足配合要求。下面介绍在装配体中替换零部件的操作过程。

Step1. 打开装配体文件 D:\swxc18\work\ch12.03.04\displace-part.SLDASM，如图 12.3.7 所示。

Step2. 替换零部件。

（1）在设计树中右击 🔩 (-) END-COVER-BOLT-02<1> 节点，在弹出的快捷菜单中选择 🔩 替换零部件 (Y) 命令，系统弹出图 12.3.8 所示的"替换"对话框。

（2）选择要替换的零件。在"替换"对话框的 选择(S) 区域中单击 浏览(B)... 按钮，在系统弹出的"打开"对话框中打开零件文件 D:\swxc18\work\ ch12.03.04\BOLT-02.sldprt，其他参数采用系统默认值。

（3）在对话框中单击 ✔ 按钮，系统弹出图 12.3.9 所示的"配合的实体"对话框、图 12.3.10 所示的"零件预览"对话框和图 12.3.11 所示的快捷菜单。

图 12.3.8 所示"替换"对话框中各选项的功能说明如下。

● 替换这些零部件：在其下方的文本框中显示所选取的要被替换的零部件，选中 ☑ 所有实例(A) 复选框后，将替换所有被选中的零部件。

● 使用此项替换：在其下方的文本框中显示替换零部件的路径，单击 浏览(B)... 按钮，可在"打开"对话框中选择替换零部件。

● ⊙ 匹配名称(I)：系统尽可能将被替换零部件的配置名称与替换零部件的配置相匹配。

● ⊙ 手工选择(M)：通过手动在替换零部件中选取相匹配的配置。

● ☑ 重新附加配合(R)：系统尝试将现有配合添加到替换零件中。

图 12.3.7 打开装配体文件 　　　图 12.3.8 "替换"对话框

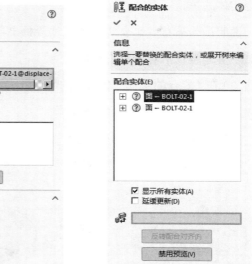

图 12.3.9 "配合的实体"对话框

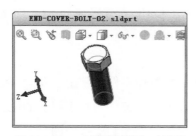

图 12.3.10 "零件预览"对话框

图 12.3.11 快捷菜单

图 12.3.9 所示"配合的实体"对话框中各选项的功能说明如下。

● ☑ 显示所有实体(A)：选中此复选框，在其上的文本框将显示所选项目的所有配合，包括满足的配合和悬空的配合；反之，只显示悬空的配合。

● 单击以激活 后的文本框，在图形区选取一个实体来替换 上方文本框中所选的配合实体。

● 反转配合对齐(F)：反转配合对齐的方向。

● 禁用预览(V)：禁止预览替换配合。

Step3. 替换配合的实体。

（1）在"配合的实体"对话框的 **配合实体(E)** 区域中单击第一个 ⊞ ⁇ **面 ← BOLT-02-2**，

此时图形中高亮显示丢失配合参照的面，选取图 12.3.12 所示的面为配合实体参照，完成配合实体的替换。

说明： 如果在"配合的实体"对话框中取消选中 ☐ 显示所有实体(A) 复选框，完成替换的配合实体将被从对话框中移除。

（2）在"配合的实体"对话框的 **配合实体(E)** 区域中单击第二个 ⊞⋯ **?** **面 ← BOLT-02-2**，选取图 12.3.13 所示的面为配合实体。

说明： 在此步操作中如果无法选中面，可以将其他部件隐藏。

（3）在对话框中单击 ✔ 按钮，完成替换零部件操作，此时装配体如图 12.3.14 所示。

图 12.3.12　替换配合的实体（一）　图 12.3.13　替换配合的实体（二）　图 12.3.14　替换后的装配体

12.3.5　装配体封套

装配体封套属于参考零部件，是一种特殊的装配体零件，常用于在大型装配体中方便快捷地选择零部件。利用封套功能，不但可以根据零部件相对于封套的位置（内部、外部或交叉）来选择零部件，还可以快速地改变零部件在装配体中的显示状态；在上色视图模式下，封套零部件以浅蓝色透明显示；配置树（Configuration Manager）中会标识封套零部件的封套特征，设计树中也标识封套零部件。下面介绍创建装配体封套的一般操作过程。

1. 生成装配体封套

Task1. 新建装配体封套

Step1. 打开图 12.3.15 所示的装配体文件 D:\swxc18\work\ch12.03.05\ clutch-asm-01 \clutch-asm-01.SLDASM。

Step2. 选择命令。选择下拉菜单 **插入(I)** ➡ **零部件(O)** ▶ ➡ 🗔 **新零件(N)**...命令，在图形区任意位置单击来放置新零件。

Step3. 编辑封套零部件。

（1）在设计树中右击 （固定）[零件1^clutch-asm-01]<1>，在弹出的快捷菜单中单击按钮，系统弹出"零部件属性"对话框。

（2）在系统弹出的"零部件属性"对话框右下角区域选中 ☑ 封套 复选框，然后单击 确定(K) 按钮。

（3）在设计树中右击 （固定）[零件1^clutch-asm-01]<1>，在弹出的快捷菜单中单击按钮，进入编辑零部件环境。

Step4. 创建封套特征。

（1）选取基准面。在设计树中选择 前视基准面 作为创建封套特征的基准面，绘制图 12.3.16 所示的横断面草图。

图 12.3.15　打开装配体文件

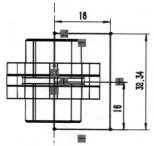

图 12.3.16　横断面草图

（2）创建图 12.3.17 所示的旋转特征。选择下拉菜单 插入(I) ➡ 凸台/基体(B) ➡ 旋转(R)... 命令，选择图 12.3.16 所示的横断面草图，在"旋转"对话框中单击 ✔ 按钮，完成旋转特征的创建。

（3）在绘图区中单击按钮，退出编辑零部件环境，如图 12.3.18 所示。

图 12.3.17　旋转特征

图 12.3.18　装配体封套

Step5. 保存封套零部件。

（1）在设计树中右击 （固定）[零件1^clutch-asm-01]<1>，在弹出的快捷菜单中单击按钮，进入建模环境。

（2）选择下拉菜单 文件(F) ➡ 另存为(A)... 命令，在"另存为"对话框中输入文件名为 entire01，单击 保存(S) 按钮，然后关闭此窗口。

Step6. 保存装配体文件。

Task2. 从文件中引入装配体封套

Step1. 打开图 12.3.19 所示的装配体文件 D:\swxc18\work\ch12.03.05\ clutch-asm-02\ clutch-asm-02.SLDASM。

Step2. 引入封套零部件。

（1）选择命令。选择下拉菜单 插入(I) ➡ 零部件(O) ➡ 现有零件/装配体(E)... 命令，系统弹出"插入零部件"对话框。

（2）选择零件。在弹出的"插入零部件"对话框的 选项(O) 区域中选中 ☑ 封套(E) 复选框，然后单击 浏览(B)... 按钮，在"打开"对话框中打开零件文件 D:\swxc18\work\ ch12.03.05\clutch-asm-02\entire02.sldprt，将引入的封套零部件放置在图 12.3.20 所示的位置。

图 12.3.19　打开装配体文件

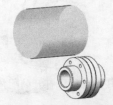
图 12.3.20　放置封套零部件

Step3. 添加配合。

（1）选择命令。选择下拉菜单 插入(I) ➡ 配合(M)... 命令，系统弹出"配合"对话框。

（2）添加同轴心配合。选取图 12.3.21 所示的两个模型表面为同轴心面，系统默认的配合类型为同轴心配合，在弹出的快捷工具条中单击 ☑ 按钮。

（3）添加距离配合。选取图 12.3.22 所示的两个模型表面为距离面，在弹出的快捷工具条中先单击 ⊬ 按钮，选中 ☑ 反转尺寸(F) 复选框，在 ⊬ 后的文本框中输入距离值 5.0，最后单击 ☑ 按钮。

Step4. 装配体封套引入完成，如图 12.3.23 所示。单击 ☑ 按钮，关闭"配合"对话框，保存装配体文件。

2. 使用封套选择零部件

Step1. 打开图 12.3.24 所示的装配体文件 D:\swxc18\work\ch12.03.05\ clutch-asm-03. SLDASM。

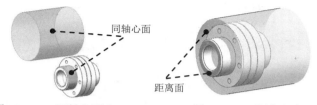

图 12.3.21 同轴心配合　　　图 12.3.22 距离配合　　　图 12.3.23 装配体封套

Step2. 显示配置树。在设计树上方单击 选项卡，系统显示图 12.3.25 所示的配置树。

Step3. 使用封套进行选择。

（1）在设计树中右击 entire02<1>，在弹出的快捷菜单中依次选择 封套 ➡

使用封套进行选择... (A) 命令，系统弹出图 12.3.26 所示的"应用封套"对话框。

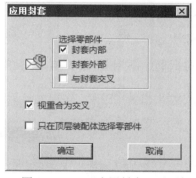

图 12.3.24 装配体文件　　图 12.3.25 配置树　　图 12.3.26 "应用封套"对话框

图 12.3.26 所示"应用封套"对话框各选项的功能说明如下。

- ☑ 封套内部：选取整体位于封套内部的零部件。

- ☑ 封套外部：选取整体位于封套外部的零部件，包括只有一个面与封套边界相连的零部件。

- ☑ 与封套交叉：选取部分位于封套内部的零部件，包括一个面与封套边界相连且位于封套内部的零部件。

- ☑ 只在顶层装配体选择零部件：用封套选取零部件时，将子装配体视为单一实体。

（2）选择零部件。在"应用封套"对话框中只选中 ☑ 与封套交叉 复选框，取消选中 ☐ 封套内部 复选框，单击 确定 按钮。被选中的零部件如图 12.3.27 所示。

Step4. 压缩零部件。选择下拉菜单 编辑(E) ➡ 压缩(S) ➡ 此配置(T) 命令，压缩选中的零部件，如图 12.3.28 所示。

Step5. 保存并关闭装配体文件。

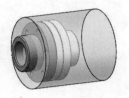

图 12.3.27　选择零部件

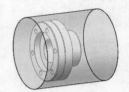

图 12.3.28　压缩零部件

3. 使用封套显示/隐藏零部件

Step1. 打开图 12.3.29 所示的装配体文件 D:\swxc18\work\ch12.03.05\clutch-asm-04\clutch-asm-04.SLDASM。

Step2. 使用封套隐藏零部件。在设计树中右击 `(-) entire02<1>`，在弹出的快捷菜单中依次选择 `封套` ➡ `使用封套显示/隐藏... (B)` 命令，系统弹出"应用封套"对话框（一），在对话框中添加图 12.3.30 所示的设置，单击 `确定` 按钮，隐藏封套内部的零部件，如图 12.3.31 所示。

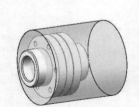

图 12.3.29　打开装配体文件

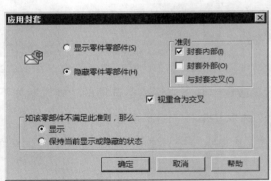

图 12.3.30　"应用封套"对话框（一）

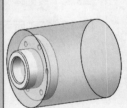

图 12.3.31　隐藏零部件

Step3. 使用封套显示零部件。在设计树中右击 `(-) entire02<1>`，在弹出的快捷菜单中依次选择 `封套` ➡ `使用封套显示/隐藏... (B)` 命令，系统弹出"应用封套"对话框（二），在对话框中添加图 12.3.32 所示的设置，单击 `确定` 按钮，在显示封套内部零部件的同时，将与封套交叉的零部件隐藏，如图 12.3.33 所示。

Step4. 保存并关闭装配体文件。

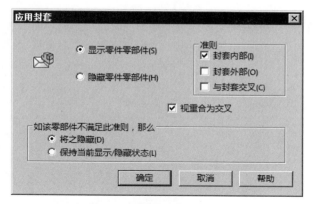

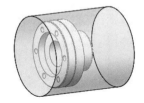

图 12.3.32 "应用封套"对话框（二）　　　图 12.3.33 显示零部件

12.4 阵列装配

12.4.1 线性阵列

线性阵列可以将一个部件沿指定的方向进行阵列复制。下面以图 12.4.1 所示的模型为例，说明装配体"线性阵列"的一般过程。

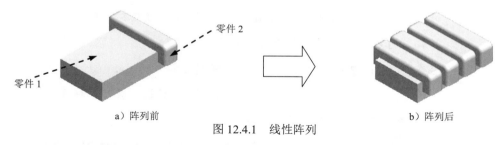

a）阵列前　　　　　　　　　　　　　　b）阵列后

图 12.4.1 线性阵列

Step1. 打开装配文件 D:\swxc18\work\ch12.04.01\size.SLDASM。

Step2. 选择命令。选择下拉菜单 插入(I) ➡ 零部件阵列(P)··· ➡ 线性阵列(L)··· 命令，系统弹出图 12.4.2 所示的"线性阵列"对话框。

Step3. 确定阵列方向。在图形区选取图 12.4.3 所示的边为阵列参考方向，然后在"线性阵列"对话框的 **方向 1(1)** 区域中单击"反向"按钮 。

Step4. 设置间距及个数。在"线性阵列"对话框 **方向 1(1)** 区域的 文本框中输入数值 20.00，在 文本框中输入数值 4。

Step5. 定义要阵列的零部件。在"线性阵列"对话框的 **要阵列的零部件(C)** 区域中单击 后的文本框，选取图 12.4.1a 所示的零件 2 作为要阵列的零部件。

Step6. 单击 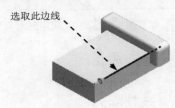 按钮，完成线性阵列的操作。

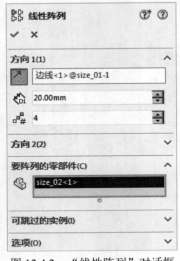

图 12.4.2　"线性阵列"对话框

图 12.4.3　选取方向

图 12.4.2 所示的"线性阵列"对话框的部分选项说明如下。

- **方向 1(1)** 区域是关于零件在一个方向上阵列的相关设置。
  - ☑ 单击 ⤢ 按钮可以使阵列方向相反。该按钮后面的文本框中显示阵列的参考方向，可以通过单击来激活此文本框。
  - ☑ 在 ↔ 文本框中输入数值，可以设置阵列后零件的间距。
  - ☑ 在 # 文本框中输入数值，可以设置阵列零件的总个数（包括源零件）。
- **要阵列的零部件(C)** 区域用来选择源零件。
- 若在 **可跳过的实例(I)** 区域中选择了零件，则在阵列时跳过所选的零件后继续阵列。

12.4.2　圆周阵列

下面以图 12.4.4 所示模型为例，说明创建零部件圆周阵列的一般操作步骤。

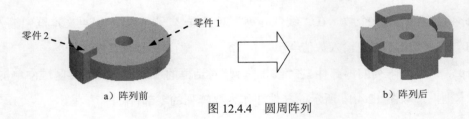

零件 2　　零件 1

a）阵列前　　　　　　　　　　b）阵列后

图 12.4.4　圆周阵列

Step1. 打开装配文件 D:\swxc18\work\ch12.04.02\rotund.SLDASM。

Step2. 选择命令。选择下拉菜单 插入(I) ➡ 零部件阵列(P)··· ➡ 圆周阵列(R)···
命令，系统弹出图 12.4.5 所示的"圆周阵列"对话框。

Step3. 确定阵列轴。在图形区选取图 12.4.6 所示的临时轴为阵列轴。

图 12.4.5 "圆周阵列"对话框

选取此临时轴

图 12.4.6 选取阵列轴

Step4. 设置角度间距及个数。在"圆周阵列"对话框 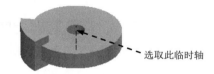 区域的 文本框中输入数值 90.00，在 文本框中输入数值 4。

Step5. 定义要阵列的零部件。在"圆周阵列"对话框的 要阵列的零部件(C) 区域中单击
后的文本框，选取图 12.4.4a 所示的零件 2 作为要阵列的零部件。

Step6. 单击 按钮，完成圆周阵列的操作。

图 12.4.5 所示的"圆周阵列"对话框的部分选项说明如下。

● 参数(P) 区域是关于零件圆周阵列的相关设置。

☑ 单击 按钮可以使阵列方向相反。该按钮后面的文本框中需要选取一条基准轴或线性边线，阵列是绕此轴进行旋转的，可以通过单击激活此文本框。

☑ 在 文本框中输入数值，可以设置阵列后零件的角度间距。

☑ 在 文本框中输入数值，可以设置阵列零件的总个数（包括原零件）。

☑ ☑ 等间距(E) 复选框：选中此复选框，系统默认将零件按相应的个数在 360° 内等间距地阵列。

12.4.3　特征驱动阵列

图案驱动是以装配体中某一部件的阵列特征为参照来进行部件复制的。在图 12.4.7b 中，四个螺钉是参照装配体中零件 1 上的四个阵列孔进行创建的，所以在使用"图案驱动"命令之前，应提前在装配体的某一零件中创建阵列特征。下面以图 12.4.7 为例，说明图案驱动的一般操作步骤。

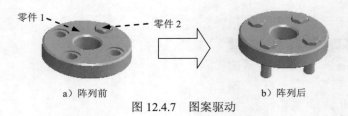

a）阵列前　　　　　　　　　　　b）阵列后

图 12.4.7　图案驱动

Step1.　打开装配文件 D:\swxc18\work\ch12.04.03\reusepattern.SLDASM。

Step2.　选择命令。选择下拉菜单 插入(I) ➡ 零部件阵列(P)··· ➡ 🔳 图案驱动(P)··· 命令，系统弹出图 12.4.8 所示的"阵列驱动"对话框。

Step3.　定义要阵列的零部件。在图形区选取图 12.4.7a 所示的零件 2 为要阵列的零部件。

Step4.　确定驱动特征。单击"阵列驱动"对话框中 驱动特征或零部件(D) 区域的文本框，然后在设计树中展开"（固定）cover<1>"节点，在其节点下选取 🔳 阵列（圆周)1 为驱动特征。

Step5.　单击 ✅ 按钮，完成图案驱动操作。

图 12.4.8　"阵列驱动"对话框

12.5 编辑装配体中的零件

一个装配体完成后，可以对该装配体中的任何零部件进行操作，包括零部件的打开与删除、零部件尺寸的修改、零部件装配配合的修改（如距离配合中距离值的修改）及零部件装配配合的重定义等。完成这些操作一般要从设计树开始。

1. 修改零部件的名称

大型的装配体中会包括数百个零部件，若要选取某个零件就只能在设计树中进行操作，这样设计树中零部件的名称就显得十分重要。下面以图 12.5.1 为例，说明在设计树中更改零部件名称的一般过程。

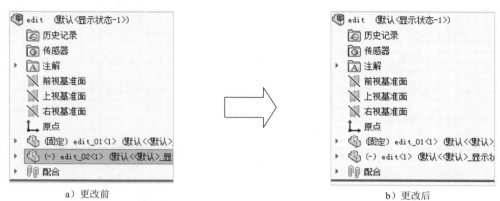

a）更改前   b）更改后

图 12.5.1 在设计树中更改零部件名称

Step1. 打开装配文件 D:\swxc18\work\ch12.05.01\edit.SLDASM。

Step2. 更改名称前的准备。

（1）选择下拉菜单 工具(T) ➡ ⚙ 选项(P)... 命令，系统弹出"系统选项"对话框。

（2）在"系统选项"对话框的 系统选项(S) 选项卡左侧的列表框中单击 外部参考 选项，如图 12.5.2 所示。

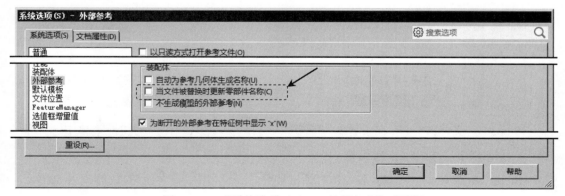

图 12.5.2 "系统选项（S）－外部参考"对话框

（3）在 装配体 区域取消选中 □当文件被替换时更新零部件名称(C) 复选框。

（4）单击 确定 按钮，关闭"系统选项"对话框。

Step3. 在设计树中右击 ⊞ 🔩 (-) edit_02<1>，在系统弹出的快捷菜单中选择 ▤ 命令，系统弹出图 12.5.3 所示的"零部件属性"对话框。

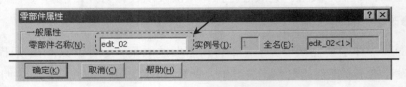

图 12.5.3　"零部件属性"对话框

Step4. 在"零部件属性"对话框的 一般属性 区域中，将 零部件名称(N): 文本框中的内容更改为 edit。

Step5. 单击 确定(K) 按钮，完成更改设计树中零部件名称的操作。

注意：这里更改的名称是在设计树中显示的名称，而不是更改零件模型文件的名称。

2. 修改零部件的尺寸

下面以在图 12.5.4 所示的装配体 edit.SLDASM 中修改 edit_02.SLDPRT 零件的尺寸为例，说明修改装配体中零部件尺寸的一般操作步骤。

Step1. 打开装配文件 D:\swxc18\work\ch12.05.02\edit.SLDASM。

Step2. 定义要更改的零部件。在设计树（或在图形区）中选取 ⊞ 🔩 (-) edit_02<1> 零件。

Step3. 选择命令。在"装配体"工具栏中单击 🖉 按钮（或右击 ⊞ 🔩 (-) edit_02<1>，在系统弹出的快捷菜单中选择 🖉 命令），此时装配体如图 12.5.5 所示。

a）修改前　　　　　　　　　　b）修改后

图 12.5.4　零部件的操作过程　　　　　　　　　图 12.5.5　装配体

Step4. 单击 ⊞ 🔩 (-) edit_02<1> 前的"+"号，展开 ⊞ 🔩 (-) edit_02<1> 模型的设计树。

Step5. 定义修改特征。在设计树中右击 ▸ 🗐拉伸2，在系统弹出的快捷菜单中选择 🖫 命令，系统弹出"拉伸 2"对话框。

Step6. 更改尺寸。在"拉伸 2"对话框的 方向 1(1) 区域中将 🖋 后的数值改为 50.00。

Step7. 单击 ✔ 按钮，完成对"拉伸 2"的修改。

Step8. 单击"装配体"工具栏中的 🌠 按钮，完成对 edit_02 零件的尺寸的修改。

12.6 装配干涉检查

在产品设计过程中，当各零部件组装完成后，设计者最关心的是各个零部件之间的干涉情况，使用 **工具(T)** 下拉菜单 评估(E) ▶ 中的 🔲 干涉检查(R)... 命令可以帮助用户了解这些信息。下面以一个简单的装配为例，说明干涉检查的一般操作步骤。

Step1. 打开文件 D:\swxc18\work\ch12.06\asm_clutch.sldasm。

Step2. 选择命令。选择下拉菜单 **工具(T)** ➡ 评估(E) ▶ ➡ 🔲 干涉检查(R)... 命令，系统弹出图 12.6.1 所示的"干涉检查"对话框。

Step3. 选择需检查的零部件。在设计树中选取整个装配体。

说明：选择 🔲 干涉检查(R)... 命令后，系统默认选取整个装配体为需检查的零部件。如果只需要检查装配体中的几个零部件，则可在"干涉检查"对话框 **所选零部件** 区域的列表框中删除系统默认选取的装配体，然后选取需要检查的零部件。

Step4. 设置参数。在图 12.6.1 所示对话框的 **选项(O)** 区域中选中 ☑ 使干涉零件透明(T) 复选框，在 **非干涉零部件(N)** 区域中选中 ⦿ 使用当前项(E) 单选项。

Step5. 查看检查结果。完成上步操作后，单击"干涉检查"对话框 **所选零部件** 区域中的 计算(C) 按钮，此时在"干涉检查"对话框的 **结果(R)** 区域中显示检查的结果，如图 12.6.1 所示；同时图形区中发生干涉的面也会高亮显示，如图 12.6.2 所示。

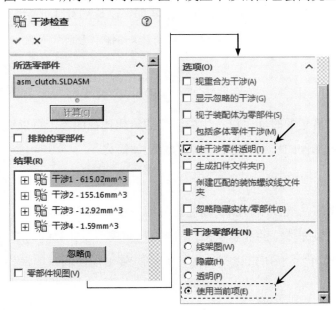

图 12.6.1 "干涉检查"对话框

图 12.6.2 装配干涉分析

图 12.6.1 所示的"干涉检查"对话框中各选项的说明如下。

- ☐ 视重合为干涉(A) 复选框：若选中该复选框，分析时，系统将零件重合的部分视为干涉。

- ☐ 显示忽略的干涉(G) 复选框：若选中该复选框，分析时，系统显示忽略的干涉。

- ☐ 视子装配体为零部件(S) 复选框：若选中该复选框，系统将子装配体作为单一零部件处理。

- ☐ 包括多体零件干涉(M) 复选框：选择将实体之间的干涉包括在多实体零件内。

- ☑ 使干涉零件透明(T) 复选框：若选中该复选框，则系统以透明模式显示所选干涉的零部件。

- ☐ 生成扣件文件夹(F) 复选框：若选中该复选框，则系统将扣件（如螺母和螺栓）之间的干涉隔离为结果下的单独文件夹。

- ☐ 创建匹配的装饰螺纹线文件夹 复选框：若选中该复选框，则系统在结果下，将带有适当匹配装饰螺纹线的零部件之间的干涉隔离至命名为匹配装饰螺纹线的单独文件夹。

- ☐ 忽略隐藏实体/零部件(B) 复选框：若选中该复选框，则系统将忽略隐藏的实体。

- ◯ 线架图(W) 单选项：若选中该单选项，则非干涉零部件以线架图模式显示。

- ◯ 隐藏(H) 单选项：若选中该单选项，则系统将非干涉零部件隐藏。

- ◯ 透明(P) 单选项：若选中该单选项，则系统将非干涉零部件以透明模式显示。

- ◉ 使用当前项(E) 单选项：若选中该单选项，则系统将非干涉零部件以当前模式显示。

12.7 简化装配

为了提高系统性能，减少模型重建的时间，以及生成简化的装配体视图等，可以通过切换零部件的显示状态和改变零部件的压缩状态使复杂的装配体简化。

1. 切换零部件的显示状态

暂时关闭零部件的显示可以将它从视图中移除，以便容易地处理被遮蔽的零部件。隐藏或显示零部件仅影响零部件在装配体中的显示状态，不影响重建模型及计算的速度，但是可提高显示的性能。下面以图 12.7.1 所示模型为例，介绍隐藏零部件的一般操作步骤。

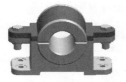
a）隐藏前

b）隐藏后

图 12.7.1　隐藏零部件

Step1. 打开文件 D:\swxc18\work\ch12.07.01\asm_example.SLDASM。

Step2. 在设计树中选取 top_cover<1>为要隐藏的零件。

Step3. 右击 top_cover<1>，在系统弹出的快捷菜单中选择 命令，图形区中的该零件已被隐藏，如图 12.7.1b 所示。

说明：显示零部件的方法与隐藏零部件的方法基本相同，即在设计树上右击要显示的零件名称，然后在系统弹出的快捷菜单中选择 命令。

2. 压缩状态

压缩状态包括零部件的压缩及轻化。

类型 1：压缩零部件

使用压缩状态可暂时将零部件从装配体中移除，在图形区将隐藏所压缩的零部件。被压缩的零部件无法被选取，并且不装入内存，不再是装配体中有功能的部分。在设计树中，压缩后的零部件呈暗色显示。下面以图 12.7.2 所示模型为例，介绍压缩零部件的一般操作步骤。

a）压缩前

b）压缩后

图 12.7.2　压缩零部件

Step1. 打开文件 D:\swxc18\work\ch12.07\asm_example.sldasm。

Step2. 在设计树中选择 top_cover<1>为要压缩的零件。

Step3. 右击 top_cover<1>，在系统弹出的快捷菜单中选择 命令，弹出图 12.7.3 所示的"零部件属性"对话框。

Step4. 在"零部件属性"对话框的 压缩状态 区域中选中 压缩(S) 单选项。

Step5. 单击 确定(K) 按钮，完成压缩零部件的操作。

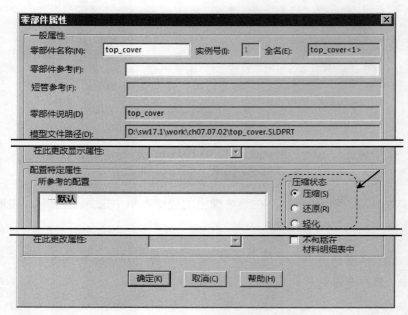

图 12.7.3　"零部件属性"对话框

说明：还原零部件的压缩状态可以在"零部件属性"对话框中更改，也可以直接在设计树上右击要还原的零部件，然后在系统弹出的快捷菜单中选择 🔲 设定为还原 (I) 命令。

类型 2：轻化零部件

当零部件为轻化状态时，只有零件模型的部分数据装入内存，其余的模型数据根据需要装入。使用轻化的零件可以明显地提高大型装配体的性能，使装配体的装入速度更快，计算数据的效率更高。在设计树中，轻化后的零部件的图标为 🔲 。

轻化零部件的设置操作方法与压缩零部件的方法基本相同，此处不再赘述。

12.8　爆炸视图

装配体中的爆炸视图就是将装配体中的各零部件沿着坐标轴或直线移动，使各个零件从装配体中分离出来。爆炸视图对于表达各零部件的相对位置十分有帮助，因而常常用于表达装配体的装配过程。

12.8.1　创建爆炸视图

下面以图 12.8.1 所示模型为例，说明生成爆炸视图的一般过程。

Step1. 打开装配文件 D:\swxc18\work\ch12.08.01\cluthc_asm.SLDASM。

a）爆炸前　　　　　　　　　　　b）爆炸后

图 12.8.1　爆炸视图

Step2. 选择命令。选择下拉菜单 插入(I) ➡ 爆炸视图(V)... 命令，系统弹出图 12.8.2 所示的"爆炸"对话框。

Step3. 创建图 12.8.3b 所示的爆炸步骤 1。

（1）定义要爆炸的零件。在图形区选取图 12.8.3a 所示的螺钉。

（2）确定爆炸方向。选取 X 轴（红色箭头）为移动参考方向。

图 12.8.2　"爆炸"对话框

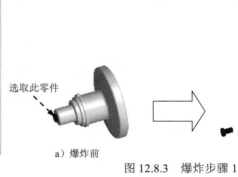

选取此零件

a）爆炸前　　　　　　　　　　b）爆炸后

图 12.8.3　爆炸步骤 1

（3）定义移动距离。在"爆炸"对话框 设定(T) 区域的 文本框中输入数值 80.00，单击"反向"按钮 。

（4）存储爆炸步骤 1。在"爆炸"对话框的 设定(T) 区域中单击 应用(P) 按钮。

（5）单击 完成(D) 按钮，完成爆炸步骤 1 的创建。

Step4. 创建图 12.8.4b 所示的爆炸步骤 2。操作方法参见 Step3，爆炸零件为图 12.8.4a 所示的轴和键。爆炸方向为 X 轴的负方向，爆炸距离值为 65.00。

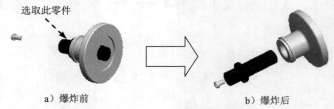

选取此零件

a）爆炸前   b）爆炸后

图 12.8.4 爆炸步骤 2

Step5. 创建图 12.8.5b 所示的爆炸步骤 3。操作方法参见 Step3，爆炸零件为图 12.8.5a 所示的键，爆炸方向为 Y 轴的正方向，爆炸距离值为 20.00。

选取此零件

a）爆炸前   b）爆炸后

图 12.8.5 爆炸步骤 3

Step6. 创建图 12.8.6b 所示的爆炸步骤 4。爆炸零件为图 12.8.6a 所示的卡环，爆炸方向为 X 轴的负方向，爆炸距离值为 15.00。

选取此零件

a）爆炸前   b）爆炸后

图 12.8.6 爆炸步骤 4

Step7. 单击"爆炸"对话框中的 按钮，完成爆炸视图的创建。

图 12.8.2 所示的"爆炸"对话框的部分选项说明如下。

● 爆炸步骤(S) 区域中只有一个文本框，用来记录爆炸零件的所有步骤。

● 设定(T) 区域用来设置关于爆炸的参数。

☑ 　文本框用来显示要爆炸的零件，可以单击激活此文本框后，再选取要爆炸的零件。

☑ 　单击按钮可以改变爆炸方向，该按钮后的文本框来显示爆炸的方向。

☑ 　在文本框中输入爆炸的距离值。

☑ 　单击按钮可以改变旋转方向，该按钮后的文本框用来显示旋转的方向。

☑ 　在文本框中可输入旋转的角度值。

☑ 　选中![绕每个零部件的原点旋转]复选框，可对每个零部件进行旋转。

☑ 　单击![应用(P)]按钮后，将存储当前爆炸步骤。

☑ 　单击![完成(D)]按钮后，完成当前爆炸步骤。

● ![选项(O)]区域提供了自动爆炸的相关设置。

☑ 　选中![拖动时自动调整零部件间距(A)]复选框后，所选零部件将沿轴心自动均匀地分布。

☑ 　调节后的滑块可以改变通过![拖动时自动调整零部件间距(A)]爆炸后零部件之间的距离。

☑ 　选中![选择子装配体零件(B)]复选框后，可以选择子装配体中的单个零部件；取消选中此复选框，则只能选择整个子装配体。

☑ 　选中![显示旋转环]复选框，可在图形中显示旋转环。

☑ 　单击![重新使用子装配体爆炸(R)]按钮后，可以使用所选子装配体中已经定义的爆炸步骤。

12.8.2　爆炸直线草图

下面以图 12.8.7 所示模型为例，说明创建步路线的一般操作步骤。

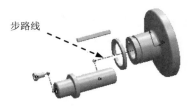

a）创建前　　　　　　　　　　　　　　　　　　步路线

图 12.8.7　创建步路线　　　　　　　　b）创建后

Step1. 打开装配文件 D:\swxc18\work\ch12.08.02\cluthc_asm.SLDASM。

Step2. 选择命令。选择下拉菜单 ![插入(I)] ➡ 爆炸直线草图(L) 命令，系统弹出图

12.8.8 所示的"步路线"对话框。

Step3. 定义连接项目。依次选取图 12.8.9 所示的圆柱面 1、圆柱面 2、圆柱面 3 和圆柱面 4。

Step4. 单击两次 ✅ 按钮后，退出草图绘制环境，完成步路线的创建。

图 12.8.8   "步路线"对话框

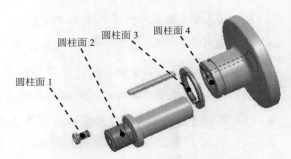

图 12.8.9   选取连接项目

12.9   模型的测量与分析

12.9.1   测量距离

下面以一个简单模型为例，说明测量距离的一般操作方法。

Step1. 打开文件 D:\swxc18\work\ch12.09.01\measure_distance.SLDPRT。

Step2. 选择命令。选择下拉菜单 工具(T) ➡ 评估(E) ▶ ➡ 📷 测量(R)...命令（或单击"工具"工具栏中的 📷 按钮），系统弹出"测量"对话框。

Step3. 在"测量"对话框中单击 按钮和 按钮，使之处于弹起状态。

Step4. 测量面到面的距离。选取图 12.9.1 所示的模型表面为要测量的面；在图形区和图 12.9.2 所示的"测量"对话框中均会显示测量的结果。

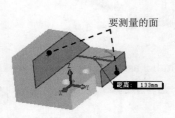

图 12.9.1   选取要测量的面

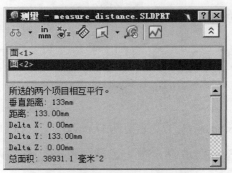

图 12.9.2   "测量"对话框

Step5. 测量点到面的距离，如图 12.9.3 所示。

Step6. 测量点到线的距离，如图 12.9.4 所示。

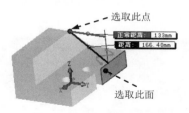

图 12.9.3　选取点和面

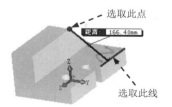

图 12.9.4　选取点和线

Step7. 测量点到点的距离，如图 12.9.5 所示。

Step8. 测量线到线的距离，如图 12.9.6 所示。

图 12.9.5　选取两点

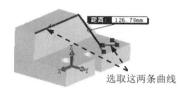

图 12.9.6　选取曲线

Step9. 测量点到曲线的距离，如图 12.9.7 所示。

Step10. 测量线到面的距离，如图 12.9.8 所示。

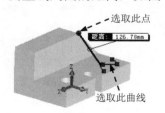

图 12.9.7　选取点和曲线

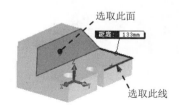

图 12.9.8　选取线和面

Step11. 测量点到点之间的投影距离，如图 12.9.9 所示。

（1）选取图 12.9.9 所示的点 1 和点 2。

（2）在"测量"对话框中单击 按钮，在系统弹出的下拉列表中选择 选择面/基准面 命令。

（3）定义投影面。在"测量"对话框的 投影于: 文本框中单击，然后选取图 12.9.9 所示的模型表面作为投影面。此时选取的两点的投影距离在"测量"对话框中显示（图 12.9.10）。

说明：如果要求显示同一个尺寸的两个不同形式，如毫米（mm）与英寸（in），则用户需在"测量"对话框中单击 按钮，在系统弹出的"测量单位/精度"对话框中选

择 ⊙ 使用自定义设定(U) 单选项，然后选中 ☑ 使用双制单位 复选框，并在其下拉列表中选择英寸为第二单位，单击 确定 按钮，关闭"测量单位/精度"对话框。测量结果如图 12.9.11 和图 12.9.12 所示。

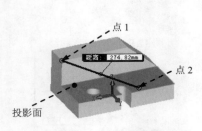

图 12.9.9　选取点和面

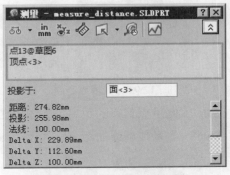

图 12.9.10　"测量"对话框

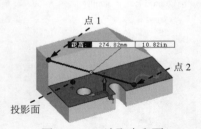

图 12.9.11　选取点和面

图 12.9.12　"测量"对话框

12.9.2　测量角度

下面以一个简单模型为例，说明测量角度的一般操作步骤。

Step1. 打开文件 D:\swxc18\work\ch12.09.02\measure_angle.SLDPRT。

Step2. 选择命令。选择下拉菜单 工具(T) ➡ 评估(E) ▶ ➡ 📐 测量(R)…命令，系统弹出"测量"对话框。

Step3. 在"测量"对话框中单击 ⁿ⁷ 按钮，使之处于弹起状态。

Step4. 测量面与面间的角度。选取图 12.9.13 所示的模型表面 1 和模型表面 2 为要测量的两个面。完成选取后，在图 12.9.14 所示的"测量"对话框（一）中可看到测量的结果。

Step5. 测量线与面间的角度，如图 12.9.15 所示。操作方法参见 Step4，结果如图

12.9.16 所示。

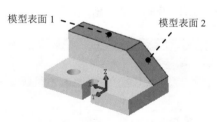

图 12.9.13　测量面与面间的角度

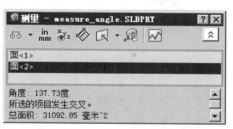

图 12.9.14　"测量"对话框（一）

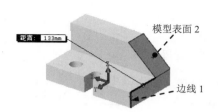

图 12.9.15　测量线与面间的角度

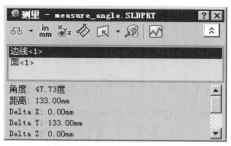

图 12.9.16　"测量"对话框（二）

　　Step6. 测量线与线间的角度，如图 12.9.17 所示。操作方法参见 Step4，结果如图 12.9.18 所示。

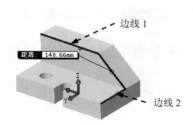

图 12.9.17　测量线与线间的角度

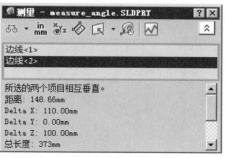

图 12.9.18　"测量"对话框（三）

12.9.3　测量曲线长度

　　下面以图 12.9.19 为例，说明测量曲线长度的一般操作步骤。

　　Step1. 打开文件 D:\swxc18\work\ch12.09.03\measure_curve_length.SLDPRT。

　　Step2. 选择命令。选择下拉菜单 工具(T) ➡ 评估(E) ▶ ➡ 📏 测量 (R)... 命令（或单击"工具"工具栏中的 📏 按钮），系统弹出"测量"对话框。

　　Step3. 在"测量"对话框中单击 按钮，使之处于弹起状态。

Step4. 测量曲线的长度。选取图 12.9.19 所示的样条曲线为要测量的曲线。完成选取后，在图形区和图 12.9.20 所示的"测量"对话框中均可看到测量的结果。

图 12.9.19　选取曲线

图 12.9.20　"测量"对话框

12.9.4　测量面积及周长

下面以图 12.9.21 为例，说明测量面积及周长的一般操作方法。

Step1. 打开文件 D:\swxc18\work\ch12.09.04\measure_area.SLDPRT。

Step2. 选择命令。选择下拉菜单 工具(T) ➡ 评估(E) ▶ ➡ 测量(R)... 命令（或单击"工具"工具栏中的 按钮），系统弹出"测量"对话框。

Step3. 定义要测量的面。选取图 12.9.21 所示的模型表面为要测量的面。

Step4. 查看测量结果。完成上步操作后，在图形区和图 12.9.22 所示的"测量"对话框中均会显示测量的结果。

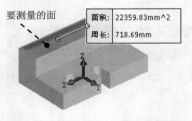

图 12.9.21　选取指示测量的模型表面

图 12.9.22　"测量"对话框

12.9.5　模型的质量属性分析

通过质量属性分析，可以获得模型的体积、总的表面积、质量、密度、重心位置、惯性力矩和惯性张量等数据，对产品设计有很大的参考价值。下面以一个简单模型为例，说明质量属性分析的一般操作步骤。

Step1. 打开文件 D:\swxc18\work\ch12.09.05\mass.SLDPRT。

Step2. 选择命令。选择下拉菜单 工具(T) ➡ 评估(E) ▶ ➡ 质量属性(M)... 命令，系统弹出"质量属性"对话框。

Step3. 选取项目。在图形区选取图 12.9.23 所示的模型。

说明：如果图形区只有一个实体，则系统将自动选取该实体作为要分析的项目。

Step4. 在"质量属性"对话框中单击 选项(O)... 按钮，系统弹出图 12.9.24 所示的"质量/剖面属性选项"对话框。

Step5. 设置单位。在"质量/剖面属性选项"对话框中选中 ⊙ 使用自定义设定(U) 单选项，然后在 质量(M) 下拉列表中选择 千克 选项，在 单位体积(V): 下拉列表中选择 米^3 选项；单击 确定 按钮，完成设置。

Step6. 在"质量属性"对话框中单击 重算(R) 按钮，其列表框中将会显示模型的质量属性，如图 12.9.25 所示。

图 12.9.23 选取模型

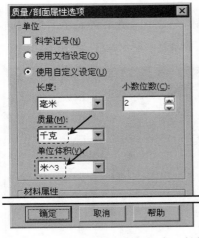

图 12.9.24 "质量/剖面属性选项"对话框

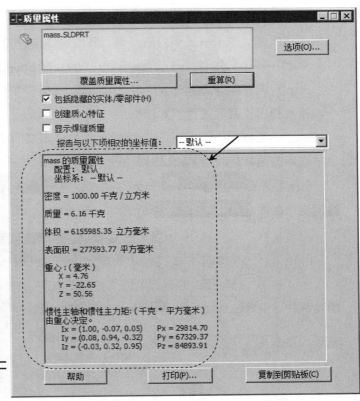

图 12.9.25 "质量属性"对话框

图 12.9.25 所示的"质量属性"对话框的部分选项说明如下。

● 选项(O)... 按钮：用于打开"质量/剖面属性选项"对话框，利用该对话框可设置质量属性数据的单位以及查看材料属性等。

- 覆盖质量属性... 按钮：手动设置一组值，覆盖质量、质量中心和惯性张量。

- 重算(R) 按钮：用于计算所选项目的质量属性。

- 打印(P)... 按钮：用于打印分析质量属性数据。

- ☑ 包括隐藏的实体/零部件(H) 复选框：选中该复选框，则在进行质量属性的计算中包括隐藏的实体和零部件。

- ☑ 创建质心特征 复选框：选中该复选框，则在模型中添加质量中心特征。

- ☑ 显示焊缝质量 复选框：选中该复选框，则显示模型中的焊缝等质量。

12.9.6 模型的截面属性分析

通过截面属性分析，可以获得模型截面的面积、重心位置、惯性矩和惯性二次矩等数据。下面以一个简单模型为例，说明截面属性分析的一般操作步骤。

Step1. 打开文件 D:\swxc18\work\ch12.09.06\section.SLDPRT。

Step2. 选择命令。选择下拉菜单 工具(T) ➡ 评估(E) ▶ ➡ 📭 截面属性(I)... 命令，系统弹出"截面属性"对话框。

Step3. 选取项目。在图形区选取图 12.9.26 所示的模型表面。

说明：选取的模型表面必须是一个平面。

Step4. 在"截面属性"对话框中单击 重算(R) 按钮，其列表框中将显示所选截面的属性，如图 12.9.27 所示。

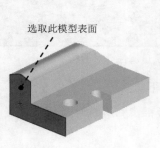

选取此模型表面

图 12.9.26　选取模型表面

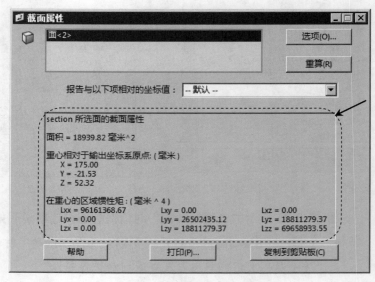

图 12.9.27　"截面属性"对话框

12.9.7 检查实体

通过"检查实体"可以检查几何体并识别出不良几何体。下面以图 12.9.28 所示的模型为例,说明检查实体的一般操作步骤。

Step1. 打开文件 D:\swxc18\work\ch12.09.07\check.SLDPRT。

Step2. 选择命令。选择下拉菜单 工具(T) ➡ 评估(E) ▸ ➡ 检查(C)... 命令,系统弹出"检查实体"对话框。

Step3. 选取项目。在"检查实体"对话框的 检查 区域中选中 ⦿ 所有(A) 单选项 ☑ 实体 复选框和 ☑ 曲面 复选框。

Step4. 在"检查实体"对话框中单击 检查(K) 按钮,在 结果清单 列表框中将显示检查的结果,如图 12.9.29 所示。

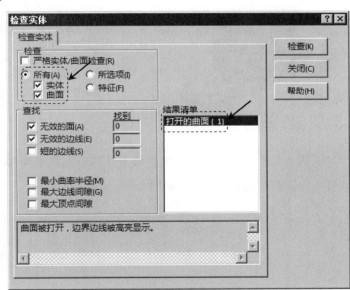

图 12.9.28 检查实体

图 12.9.29 "检查实体"对话框

学习拓展:扫码学习更多视频讲解。

讲解内容:产品自顶向下(Top-Down)设计方法。自顶向下设计方法是一种高级的装配设计方法,在电子电器、工程机械、工业机器人等产品设计中应用广泛。

第 13 章 装配设计综合实例

实例概述:

    本实例详细讲解了多部件装配体的设计过程,使读者进一步熟悉 SolidWorks 中的装配操作。可以从 D:\swxc18\work\ch13.01\中找到该装配体的所有部件,装配体最终模型和设计树如图 13.1.1 所示。

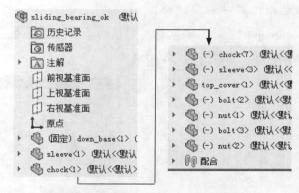

图 13.1.1　装配体模型和设计树

    说明: 本实例的详细操作过程请参见随书光盘中 video\ch13.01\文件夹下的语音视频讲解文件。模型文件在 D:\swxc18\work\ch13.01\。

    学习拓展: 扫码学习更多视频讲解。

    讲解内容: 装配设计实例精选。讲解了一些典型的装配设计案例,着重介绍了装配设计的方法流程以及一些快速操作技巧。

第 **14** 章　工程图设计

14.1　工程图设计基础入门

使用 SolidWorks 工程图环境中的工具可创建三维模型的工程图，且图样与模型具有相关性。因此，图样能够反映模型在设计阶段中的更改，可以使图样与装配模型或单个零部件保持同步。这意味着对于有参数的实体模型，更改其形状和尺寸，工程图中的视图和尺寸可以自动更新。SolidWorks 工程图的主要特点如下。

- ◆ 制图界面直观、简洁、易用，可以快速方便地创建工程图。
- ◆ 可以快速地将视图插入工程图中，系统会自动对齐视图。
- ◆ 具有从图形窗口编辑大多数工程图项目（如尺寸、符号等）的功能。读者可以创建工程图项目，并可以对其进行编辑。
- ◆ 可以通过各种方式添加注释文本，文本样式可以自定义。
- ◆ 可以根据制图需要添加符合国家标准和企业标准的基准符号、尺寸公差、几何公差、表面粗糙度符号与焊缝符号。
- ◆ 可以快速准确地打印工程图图纸。

14.1.1　工程图设计用户界面介绍

在学习本节之前，请读者先打开工程图文件 D:\swxc18\work\ch14.01.01\add-slider01.SLDDRW，进入图 14.1.1 所示的工程图工作界面。下面对该界面进行简要说明。

工程图工作界面包括设计树、下拉菜单区、工具栏按钮区、前导视图工具栏、任务窗格、状态栏和图形区。

设计树中列出了当前使用的所有视图，并以树的形式显示视图中的子视图及参考模型，通过设计树可以很方便地查看和修改视图中的项目。

- ◆ 在设计树中单击项目名称，可直接选取视图、零件、特征和块。
- ◆ 在设计树中右击视图名称，在弹出的快捷菜单中选取 编辑特征(B) 命令，可重新编辑视图。
- ◆ 在设计树中右击视图名称，在弹出的快捷菜单中选取 隐藏(E) 命令，可隐藏所选视图。

◆ 在设计树中右击视图名称，在弹出的快捷菜单中选取 切边 命令，可设置视图中切边的显示模式。

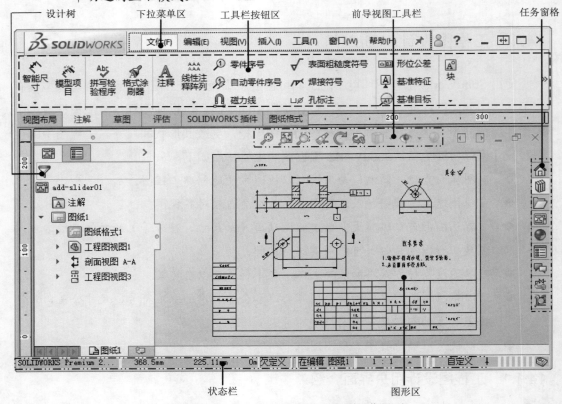

设计树　下拉菜单区　工具栏按钮区　前导视图工具栏　任务窗格

状态栏　　　图形区

图 14.1.1　SolidWorks 2018 工程图工作界面

14.1.2　工程图设计命令及菜单介绍

打开文件 D:\swxc18\ch14.01.02\down_base.SLDDRW，进入工程图环境，此时系统的下拉菜单和工具条将会发生一些变化。下面对工程图环境中较为常用的工具条进行介绍。

1．"工程图"工具条

"工程图"工具条如图 14.1.2 所示。

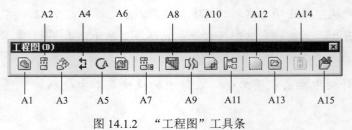

图 14.1.2　"工程图"工具条

图 14.1.2 所示的"工程图"工具条中各按钮的说明如下。

A1：模型视图。　　　　　　　A2：投影视图。

A3：辅助视图。　　　　　　　A4：剖面视图。

A5：局部视图。　　　　　　　A6：相对视图。

A7：标准三视图。　　　　　　A8：断开的剖视图。

A9：断裂视图。　　　　　　　A10：剪裁视图。

A11：交替位置视图。　　　　　A12：空白视图。

A13：预定义的视图。　　　　　A14：更新视图。

A15：替换模型。

2. "尺寸/几何关系"工具条

"尺寸/几何关系"工具条如图 14.1.3 所示。

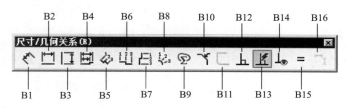

图 14.1.3　"尺寸/几何关系"工具条

图 14.1.3 所示的"尺寸/几何关系"工具条中各按钮的说明如下。

B1：智能尺寸。　　　　　　　B2：水平尺寸。

B3：竖直尺寸。　　　　　　　B4：基准尺寸。

B5：尺寸链。　　　　　　　　B6：水平尺寸链。

B7：竖直尺寸链。　　　　　　B8：角度运行尺寸。

B9：路径长度尺寸。　　　　　B10：倒角尺寸。

B11：完全定义草图。　　　　　B12：添加几何关系。

B13：自动几何关系。　　　　　B14：显示或删除几何关系。

B15：搜索相等关系。　　　　　B16：孤立更改的尺寸。

3. "注解"工具条

"注解"工具条如图 14.1.4 所示。

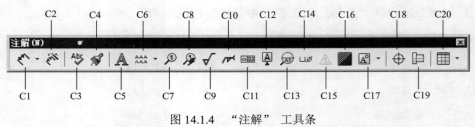

图 14.1.4 "注解" 工具条

图 14.1.4 所示的"注解"工具条中各按钮的说明如下。

C1: 智能尺寸。   C2: 模型项目。

C3: 拼写检验程序。   C4: 格式涂刷器。

C5: 注释。   C6: 线性注释阵列。

C7: 零件序号。   C8: 自动零件序号。

C9: 表面粗糙度符号。   C10: 焊接符号。

C11: 几何公差。   C12: 基准特征。

C13: 基准目标。   C14: 孔标注。

C15: 修订符号。   C16: 区域剖面线/填充。

C17: 块。   C18: 中心线符号。

C19: 中心线。   C20: 表格。

14.2 工程图管理

14.2.1 新建工程图

在学习本节前，请先将随书光盘中 sw18_system_file 文件夹中的"模板.DRWDOT"文件复制到 C:\ProgramData\SOLIDWORKS\SOLIDWORKS 2018\templates（模板文件目录）文件夹中。

下面介绍新建工程图的一般操作步骤。

Step1. 选择命令。选择下拉菜单 文件(F) ➡ 新建(N)... 命令，系统弹出"新建SOLIDWORKS 文件"对话框。

Step2. 选择模板类型。在"新建 SOLIDWORKS 文件"对话框中单击 高级 按钮，选择 模板 下的"模板"选项，以选择创建工程图文件。单击 确定 按钮，完成工程图的创建。

说明：如果 SolidWorks 软件的模板文件在该目录中不存在，则需要根据用户的安装目录找到相应的文件夹。

14.2.2　创建与管理图纸页

1. 新建工程图图纸

新建工程图图纸有以下三种方法。

◆　选择下拉菜单 插入(I) ➡ 图纸(S)… 命令。

◆　在图纸的空白处右击，在系统弹出的快捷菜单中选择 添加图纸… (I) 命令。

◆　在图纸页标签中单击 按钮。

2. 激活图纸

在工程图绘制过程中，当需要切换到另一图纸时，只需在设计树中右击需要激活的图纸，然后在系统弹出的快捷菜单中选择 激活 (B) 命令，或者在页标签中直接单击需要激活的图纸。

3. 排序图纸

可以直接在设计树或页标签中将需要移动的图纸拖曳到所需的位置。

4. 重命名图纸

在设计树中需要重新命名的图纸名称上缓慢单击三次，然后输入图纸的新名称；另外，在页标签中右击需要重新命名的图纸，在系统弹出的快捷菜单中选择 重新命名 (F) 命令，也可以重新命名图纸。

14.3　设置工程图国标环境

在 SolidWorks 工程图中，系统提供了符合我国国标的总绘图标准"GB"标准，其配置与设置可以使创建的工程图基本符合我国国标。如果需要选用其他标准或在现有的"GB"标准基础之上进行完善，可以对"GB"标准进行替换，修改后的设置还可以自行另存为新的标准文件。

下面详细介绍设置工程图标准的一般操作步骤。

Step1. 选择下拉菜单 工具(T) ➡ ⚙ 选项(P)… 命令，系统弹出图 14.3.1 所示的"系统选项（S）"对话框。

Step2. 单击 系统选项(S) 选项卡，在该选项卡左侧的列表中选择 几何关系/捕捉 选项，在对话框中进行图 14.3.1 所示的设置。

Step3. 单击 文档属性(D) 选项卡，在该选项卡左侧的列表中选择 绘图标准 选项，在对话框中进行图 14.3.2 所示的设置。

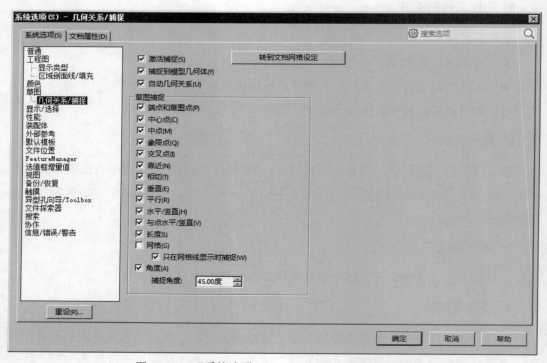

图 14.3.1 "系统选项（S）- 几何关系/捕捉"对话框

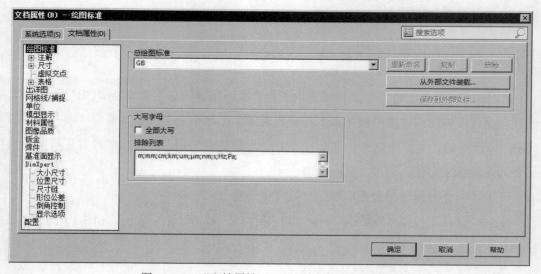

图 14.3.2 "文档属性（D）- 绘图标准"对话框

Step4. 在 文档属性(D) 选项卡左侧的列表中选择 尺寸 选项，进行图 14.3.3 所示的设置。

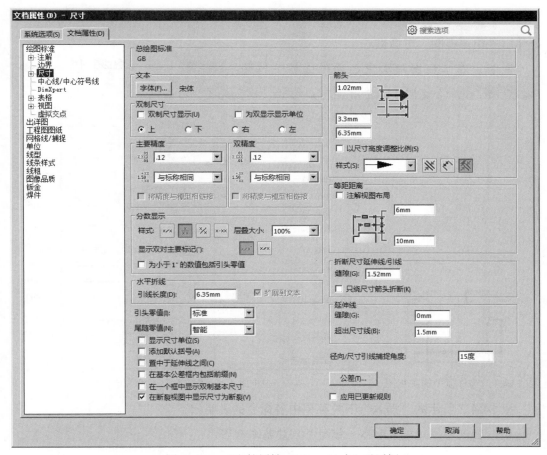

图 14.3.3 "文档属性（D）- 尺寸"对话框

14.4 工程图视图的创建

14.4.1 基本视图

基本视图包括主视图和投影视图，下面将分别进行介绍。

1. 创建主视图

下面以 connecting_base.SLDPRT 零件模型为例（图 14.4.1），说明创建主视图的一般操作步骤。

Step1. 新建一个工程图文件。

（1）选择命令。选择下拉菜单 文件(F) ➡️ 📄 新建(N)... 命令，系统弹出"新建 SOLIDWORKS 文件"对话框。

（2）在"新建 SOLIDWORKS 文件"对话框中选择模板，单击 确定 按钮，系统弹出"模型视图"对话框。

说明：在工程图模块中，通过选择下拉菜单 插入(I) ➡️ 工程图视图(V) ➡️ 🖉 模型(M)... 命令（图 14.4.2），也可以打开"模型视图"对话框。

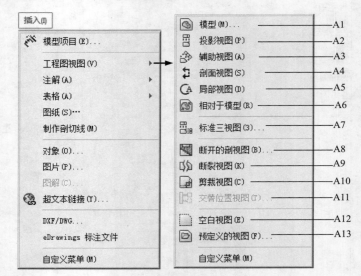

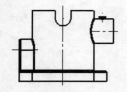

图 14.4.1　零件模型的主视图　　　　　　图 14.4.2　"插入"下拉菜单

图 14.4.2 所示的"插入"下拉菜单中各命令的说明如下。

A1：插入零件（或装配体）模型并创建基本视图。

A2：创建投影视图。

A3：创建辅助视图。

A4：创建全剖、半剖、旋转剖和阶梯剖等剖面视图。

A5：创建局部放大图。

A6：创建相对视图。

A7：创建标准三视图，包括主视图、俯视图和左视图。

A8：创建局部的剖视图。

A9：创建断裂视图。

A10：创建剪裁视图。

A11：将一个工程视图精确地叠加于另一个工程视图之上。

A12：创建空白视图。

A13：创建预定义的视图。

Step2. 选择零件模型。在系统提示下，单击 要插入的零件/装配体(E) ∧ 区域中的 浏览(B)... 按钮，系统弹出"打开"对话框；在"查找范围"下拉列表中选择目录 D:\swxc18\work\ch14.04.01，然后选择 connecting_base.SLDPRT，单击 打开 ▼ 按钮，系统弹出"模型视图"对话框。

说明：如果在 要插入的零件/装配体(E) ∧ 区域的 打开文档: 列表框中已存在该零件模型，此时只需双击该模型就可将其载入。

Step3. 定义视图参数。

（1）在"模型视图"对话框的 方向(O) 区域中单击 ⊡ 按钮，再选中 ☑ 预览(P) 复选框，预览要生成的视图。

（2）定义视图比例。在 比例(A) 区域中选中 ⊙ 使用自定义比例(C) 单选项，在其下方的列表框中选择 1:5 选项。

Step4. 放置视图。将鼠标放在图形区会出现视图的预览；选择合适的放置位置单击，以生成主视图。

Step5. 单击对话框中的 ✓ 按钮，完成操作。

说明：如果在生成主视图之前，在 选项(N) 区域中选中 ☑ 自动开始投影视图(A) 复选框，则在生成一个视图之后会继续生成其他投影视图。

2. 创建投影视图

投影视图包括仰视图、俯视图、右视图和左视图。下面以图 14.4.3 所示的视图为例，说明创建投影视图的一般操作步骤。

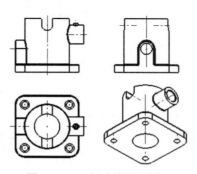

图 14.4.3　创建投影视图

Step1. 打开工程图文件 D:\swxc18\work\ch14.04.01\connecting_base01.SLDPRT。

Step2. 选择命令。选择下拉菜单 插入(I) ➡ 工程图视图(V) ➡ 投影视图(P)命令，在该对话框中出现投影视图的虚线框。

Step3. 在系统 选择一投影的工程视图 的提示下，选取图 14.4.3 所示的主视图作为投影的父视图。

说明：如果该视图中只有一个视图，则系统默认选择该视图为投影的父视图，无须再进行选取。

Step4. 放置视图。在主视图的右侧单击，生成左视图；在主视图的下方单击，生成俯视图；在主视图的右下方单击，生成轴测图。

Step5. 单击"投影视图"对话框中的 ✓ 按钮，完成投影视图的创建操作。

14.4.2　全剖视图

全剖视图是用剖切面完全地剖开零件所得到的剖视图。下面以图 14.4.4 为例，说明创建全剖视图的一般操作步骤。

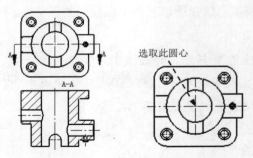

图 14.4.4　创建全剖视图

Step1. 打开文件 D:\swxc18\work\ch14.04.02\cutaway_view.SLDDRW。

Step2. 选择命令。选择下拉菜单 插入(I) ➡ 工程图视图(V) ▷ ➡ 剖面视图(S) 命令，系统弹出"剖面视图辅助"对话框。

Step3. 选取切割线类型。在 切割线 区域单击 按钮，然后选取图 14.4.4 所示的圆心，单击 ✓ 按钮。

Step4. 在"剖面视图"对话框的 文本框中输入视图标号 A。

说明：如果生成的剖视图与结果不一致，可以单击 反转方向(L) 按钮来调整。

Step5. 放置视图。选择合适的位置单击，以生成全剖视图。

Step6. 单击"剖面视图 A-A"对话框中的 ✓ 按钮，完成全剖视图的创建。

14.4.3　半剖视图

当零件有对称面时，在零件的投影视图中，以对称线为界，其一半画成剖视图，另一半画成视图，这种组合的图形称为半剖视图。下面以图 14.4.5 所示的半剖视图为例，说明创建半剖视图的一般过程。

Step1. 打开工程图文件 D:\swxc18\ch14.04.03\part_cutaway_view.SLDDRW。

Step2. 选择下拉菜单 插入(I) ➡ 工程图视图(V) ➡ 剖面视图(S) 命令，系统弹出"剖面视图辅助"对话框。

Step3. 选择 半剖面 选项卡，在 半剖面 区域单击 按钮，然后选取图 14.4.6 所示的圆心。

Step4. 放置视图。在"剖面视图"对话框的 文本框中输入视图标号 A，选择合适的位置单击，以生成半剖视图。

Step5. 单击"剖面视图 A-A"对话框中的 按钮，完成半剖视图的创建。

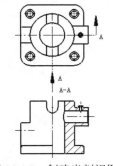

图 14.4.5　创建半剖视图

图 14.4.6　选取剖切点

14.4.4　旋转剖视图

旋转剖视图是完整的截面视图，但它的截面是一个偏距截面（因此需要创建偏距剖截面）。其显示的是绕某一轴的展开区域的截面视图，且该轴是一条折线。下面以图 14.4.7 为例，说明创建旋转剖视图的一般操作步骤。

Step1. 打开工程图文件 D: \swxc18\work\ch14.04.04\revolved_cutting_ view. SLDDRW。

Step2. 选择下拉菜单 插入(I) ➡ 工程图视图(V) ➡ 剖面视图(S) 命令，系统弹出"剖面视图辅助"对话框。

Step3. 选取切割线类型。在 切割线 区域单击 按钮，取消选中 □ 自动启动剖面实体 复选框。

Step4. 选取图 14.4.8 所示的圆心 1、圆心 2、圆心 3，然后单击 按钮。

Step5. 放置视图。在"剖面视图"对话框的 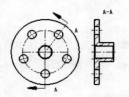 文本框中输入视图标号 A，取消选中 下的 □自动反转 复选框，选择合适的位置单击以生成旋转剖视图。

Step6. 单击"剖面视图 A-A"对话框中的 ✓ 按钮，完成旋转剖视图的创建。

图 14.4.7 创建旋转剖视图

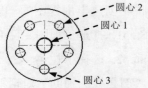

图 14.4.8 选取剖切点

14.4.5 阶梯剖视图

阶梯剖视图属于 2D 截面视图，它与全剖视图在本质上没有区别，但其截面是偏距截面。创建阶梯剖视图的关键是创建好偏距截面，可以根据不同的需要创建偏距截面来实现阶梯剖视图，以满足充分表达视图的需要。下面以图 14.4.9 为例，说明创建阶梯剖视图的一般操作步骤。

Step1. 打开文件 D:\swxc18\work\ch14.04.05\stepped_cutting_view.SLDDRW。

Step2. 选择下拉菜单 插入(I) ➡ 工程图视图(V) ➡ 剖面视图(S) 命令，系统弹出"剖面视图辅助"对话框。

Step3. 选取切割线类型。在 切割线 区域单击 按钮，取消选中 □自动启动剖面实体 复选框。

Step4. 然后选取图 14.4.10 所示的圆心 1，在系统弹出的快捷菜单中单击 按钮，在图 14.4.10 所示的点 1 处单击，在圆心 2 处单击，单击 按钮。

说明：点 1 与圆心 1 在同一条水平线上。

Step5. 放置视图。在"剖面视图"对话框的 文本框中输入视图标号 A，然后单击 反转方向(L) 按钮，选择合适的位置单击以生成阶梯剖视图。

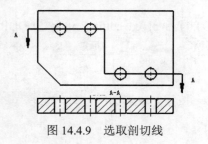

图 14.4.9 选取剖切线

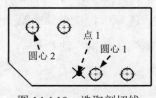

图 14.4.10 选取剖切线

Step6. 单击"剖面视图 A-A"对话框中的 按钮，完成阶梯剖视图的创建。

14.4.6 局部剖视图

用剖切面局部地切开零件所得的剖视图，称为局部剖视图。下面以图 14.4.11 为例，说明创建局部剖视图的一般过程。

Step1. 打开文件 D:\swxc18\ch14.04.06\connecting_base.SLDDRW。

Step2. 选择命令。选择下拉菜单 插入(I) ➡ 工程图视图(V) ➡ 断开的剖视图(B)... 命令。

Step3. 绘制剖切范围。绘制图 14.4.12 所示的样条曲线作为剖切范围。

Step4. 定义深度参考。选择图 14.4.12 所示的圆作为深度参考放置视图。

Step5. 选中"断开的剖视图"对话框（图 14.4.13）中的 ☑ 预览(P) 复选框，预览生成的视图。

Step6. 单击"断开的剖视图"对话框中的 按钮，完成局部剖视图的创建。

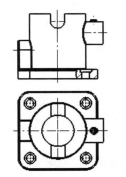

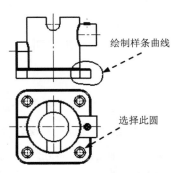

图 14.4.11　创建局部剖视图　　　图 14.4.12　绘制剖切范围　　　图 14.4.13　选中"预览"复选框

14.4.7 局部放大视图

局部放大视图是将机件的部分结构用大于原图形所采用的比例画出的图形。根据需要可以画成视图、剖视图和断面图，放置时应尽量放在被放大部位的附近。下面以图 14.4.14 为例，说明创建局部放大图的一般操作步骤。

Step1. 打开文件 D:\swxc18\work\ch14.04.07\connecting01.SLDDRW。

Step2. 选择命令。选择下拉菜单 插入(I) ➡ 工程图视图(V) ➡ 局部视图(D) 命令，系统弹出"局部视图"对话框。

Step3. 绘制剖切范围。绘制图 14.4.14 所示的圆作为剖切范围。

Step4. 定义放大比例。在"局部视图 I"对话框的 比例(S) 区域中选中

⊙ 使用自定义比例(C) 单选项，在其下方的下拉列表中选择 用户定义 选项，再在其下方的文本框中输入比例 4:5，按 Enter 键确认，如图 14.4.15 所示。

Step5. 放置视图。选择合适的位置单击以生成局部放大图。

Step6. 单击"局部视图 I"对话框中的 ✅ 按钮，完成局部放大图的创建。

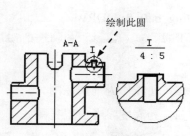

图 14.4.14　创建局部放大图

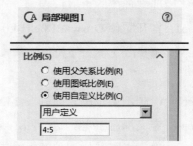

图 14.4.15　定义视图比例

14.4.8　局部剪裁视图

利用"剪裁视图"命令可以裁剪现有的视图，只保留其局部信息，被保留的部分通常用样条曲线或其他封闭的草图轮廓来定义。注意，剪裁视图不能应用于爆炸视图、局部视图及其父视图，在剪裁视图中不能创建局部剖视图。下面分别讲解剪裁视图的创建和编辑。

1. 创建剪裁视图

下面以图 14.4.16 为例来说明创建剪裁视图的一般操作步骤。

Step1. 打开工程图文件 D:\swxc18\work\ch14.04.08\cut-out-view01.SLDDRW。

Step2. 绘制封闭轮廓。利用草图绘制工具绘制图 14.4.17 所示的样条曲线。

Step3. 选择命令。在图形区先选中绘制的样条曲线，然后选择下拉菜单 插入(I) ➡ 工程图视图(V) ➡ 剪裁视图(C) 命令，结果如图 14.4.16 所示。

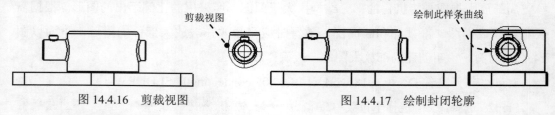

图 14.4.16　剪裁视图　　　　　　　　　　图 14.4.17　绘制封闭轮廓

2. 编辑剪裁视图

下面讲解编辑剪裁视图的一般操作步骤。

Step1. 打开工程图文件 D:\swxc18\work\ch14.04.08\cut-out-view02.SLDDRW。

Step2. 选取命令。右击图 14.4.18 所示的剪裁视图，在弹出的快捷菜单中选择 剪裁视图 ▶ ➡ 编辑剪裁视图 (A) 命令，系统进入编辑视图环境，此时剪裁视图如图 14.4.19 所示。

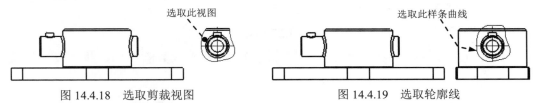

图 14.4.18　选取剪裁视图　　　　　　图 14.4.19　选取轮廓线

Step3. 重新定义封闭轮廓。在图形区选取图 14.4.19 所示的样条曲线，按 Delete 键将其删除，然后利用草图绘制工具绘制图 14.4.20 所示的矩形。

Step4. 在图形区的右上角单击 ↵ 按钮，退出剪裁视图的编辑，结果如图 14.4.21 所示。

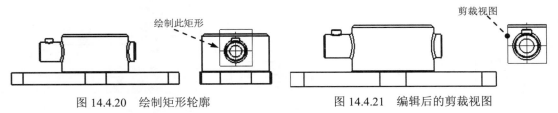

图 14.4.20　绘制矩形轮廓　　　　　　图 14.4.21　编辑后的剪裁视图

说明：如果想撤销对剪裁视图的裁剪，可右击剪裁视图，在弹出的快捷菜单中选择 剪裁视图 ▶ ➡ 移除剪裁视图 (B) 命令来取消裁剪。

14.4.9　折断视图

在机械制图中经常遇到一些长细形的零组件，若要完整地反映零件的尺寸形状，需用大幅面的图纸来绘制。为了既节省图纸幅面，又反映零件形状尺寸，在实际绘图中常采用断裂视图。断裂视图指的是从零件视图中删除选定两点之间的视图部分，将余下的两部分合并成一个带破断线的视图。下面以图 14.4.22 为例，说明创建断裂视图的一般操作步骤。

图 14.4.22　创建断裂视图

Step1. 打开工程图文件 D:\swxc18\work\ch14.04.09\broken_view.SLDDRW。

Step2. 选择命令。选择下拉菜单 插入(I) ➡ 工程图视图(V) ➡ 〖§〗断裂视图(K) 命令，系统弹出"断裂视图"对话框。

Step3. 选取要断裂的视图，如图 14.4.23 所示。

Step4. 放置第一条折断线，如图 14.4.23 所示。

Step5. 放置第二条折断线，如图 14.4.23 所示。

Step6. 在 断裂视图设置(B) 区域的 缝隙大小: 文本框中输入数值 3，在 折断线样式: 区域中选择 〖〗选项，如图 14.4.24 所示。

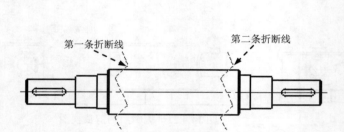

图 14.4.23　选择断裂视图和放置折断线

图 14.4.24　选择锯齿线切断

Step7. 单击"断裂视图"对话框中的 ✔ 按钮，完成操作。

图 14.4.24 所示的"断裂视图"对话框中"折断线样式"的各选项说明如下。

● 〖〗选项：折断线为直线，如图 14.4.25 所示。

● 〖〗选项：折断线为曲线，如图 14.4.26 所示。

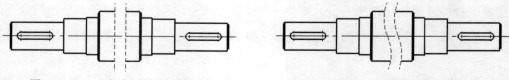

图 14.4.25　"直线切断"折断样式　　　　图 14.4.26　"曲线切断"折断样式

● 〖〗选项：折断线为锯齿线，如图 14.4.22 所示。

● 〖〗选项：折断线为小锯齿线，如图 14.4.27 所示。

● 〖〗选项：折断线为锯齿状线，如图 14.4.28 所示。

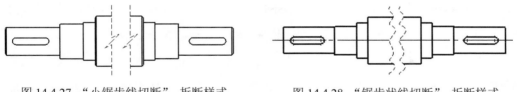

图 14.4.27 "小锯齿线切断" 折断样式　　　　图 14.4.28 "锯齿状线切断" 折断样式

14.4.10　辅助视图

辅助视图类似于投影视图，但它是垂直于现有视图中参考边线的展开视图。下面以图 14.4.29 为例，说明创建辅助视图的一般过程。

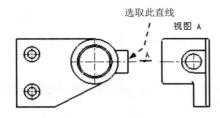

图 14.4.29　创建辅助视图

Step1. 打开文件 D:\swxc18\ch14.04.10\connecting01.SLDDRW。

Step2. 选择命令。选择下拉菜单 插入(I) ➡ 工程图视图(V) ➡ 辅助视图(A) 命令，系统弹出"辅助视图"对话框。

Step3. 选择参考线。在系统 选择展开视图的一个边线、轴、或草图直线。 的提示下，选取图 14.4.29 所示的直线作为投影的参考边线。

Step4. 放置视图。选择合适的位置单击，生成辅助视图。

Step5. 定义视图符号。在"辅助视图"对话框的 A→↓A→↓ 文本框中输入视图标号 A。

说明：如果生成的视图与结果不一致，可以选中 ☑ 反转方向(F) 复选框调整。

Step6. 单击"工程图视图 1"对话框中的 ✔ 按钮，完成辅助视图的创建。

说明：拖动箭头，可以调整箭头的位置。

14.5　工程图视图操作

14.5.1　视图的移动、旋转和锁定

（1）移动视图和锁定视图。

在创建完主视图和投影视图后，如果它们在图样上的位置不合适，视图间距太小或

太大，用户可以根据自己的需要移动视图，具体方法是：将鼠标指针停放在视图的虚线框上，此时光标会变成 ，按住鼠标左键并移动至合适的位置后放开。

当视图的位置放置好了后，可以右击该视图，在系统弹出的快捷菜单中选择 锁住视图位置 命令，使其不能被移动。再次右击，在系统弹出的快捷菜单中选择 解除锁住视图位置 命令，该视图又可被移动。

（2）旋转视图。

右击要旋转的视图，在系统弹出的快捷菜单中依次选择 缩放/平移/旋转 ▶ ━━▶

 旋转视图 (P) 命令，系统弹出图 14.5.1 所示的"旋转工程视图"对话框。在"工程视图角度"文本框中输入要旋转的角度值，单击 应用 按钮即可旋转视图，旋转完成后单击 关闭 按钮。也可直接将鼠标指针移至该视图上，按住鼠标左键并移动以旋转视图。

图 14.5.1 "旋转工程视图"对话框

14.5.2 视图的对齐操作

根据"长对正、高平齐"的原则（左视图、右视图与主视图水平对齐，俯视图、仰视图与主视图竖直对齐），用户移动投影视图时，只能横向或纵向移动视图。在设计树中选择要移动的视图并右击，在弹出的快捷菜单中依次选择 视图对齐 ▶ ━━▶

解除对齐关系 (A) 命令，如图 14.5.2 所示，可移动视图至任意位置。当用户再次右击选择 视图对齐 ▶ ━━▶ 中心水平对齐 (D) 命令时，选择要对齐的视图，此时被移动的视图又会自动与所选试图横向对齐。

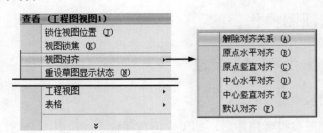

图 14.5.2 解除对齐关系

14.5.3 视图的显示样式

在 SolidWorks 的工程图模块中选中视图，利用系统弹出的"工程图视图"对话框可以设置视图的显示模式。下面介绍几种一般的显示模式。

- ⊞（线架图）：视图中的不可见边线以实线显示，如图 14.5.3 所示。
- ⊞（隐藏线可见）：视图中的不可见边线以虚线显示，如图 14.5.4 所示。
- ▱（消除隐藏线）：视图中的不可见边线以实线显示，如图 14.5.5 所示。
- ▦（带边线上色）：视图以带边上色零件的颜色显示，如图 14.5.6 所示。
- ◼（上色）：视图以上色零件的颜色显示，如图 14.5.7 所示。

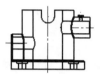 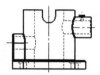

图 14.5.3 "线架图"显示模式　图 14.5.4 "隐藏线可见"显示模式　图 14.5.5 "消除隐藏线"显示模式

下面以图 14.5.3 为例，说明如何将视图设置为"隐藏线可见"显示状态。

Step1. 打开文件 D:\swxc18\work\ch14.05.03\view01.SLDDRW。

Step2. 在设计树中选择 🖼 工程图视图1 并右击，在系统弹出的快捷菜单中选择 编辑特征 (C) 命令（或在视图上单击），系统弹出"工程视图 1"对话框。

Step3. 在"工程视图 1"对话框的"显示样式"区域中单击"隐藏线可见"按钮 ⊞，如图 14.5.8 所示。

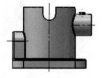  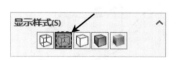

图 14.5.6 "带边线上色"显示模式　图 14.5.7 "上色"显示模式　图 14.5.8 "显示样式"区域

Step4. 单击 ✔ 按钮，完成操作。

说明：生成投影视图时，在 **显示样式(D)** 区域中选中 ☑ 使用父关系样式(U) 复选框，改变父视图的显示状态时，与其保持父子关系的子视图的显示状态也会相应地发生变化；如果取消选中 ☐ 使用父关系样式(U) 复选框，则在改变父视图时，与其保持父子关系的子视图的显示状态不会发生变化。

14.5.4 视图图线的显示和隐藏

1. 切边显示

切边是两个面在相切处所形成的过渡边线，最常见的切边是圆角过渡形成的边线。在工程视图中，一般轴测视图需要显示切边，而在正交视图中则需要隐藏切边。下面以一个模型的轴测视图为例来讲解切边的显示和隐藏。

Step1. 打开工程图文件 D:\swxc18\work\ch14.05.04\view-of-edges01.SLDDRW，系统默认的切边显示状态为"切边可见"，如图 14.5.9 所示。

Step2. 隐藏切边。在图形区选中视图，选择下拉菜单 视图(V) ➡ 显示(D) ▶ ➡ 切边不可见(R) 命令，隐藏视图中的切边，如图 14.5.10 所示。

说明：

◆ 选择下拉菜单 视图(V) ➡ 显示(D) ▶ ➡ 带线型显示切边(F) 命令，将以其他形式的线型显示所有可见边线，系统默认的线型为"双点画线"，如图 14.5.11 所示。改变线型的方法：选择下拉菜单 工具(T) ➡ ⚙ 选项(P)... 命令，系统弹出"系统选项(S)-普通"对话框，在 文档属性(D) 选项卡中选择 线型 选项，在图 14.5.12 所示的"文档属性（D）-线型"对话框的 边线类型(T): 区域中选择 切边 选项，在 样式(S): 下拉列表中选择切线线型，在 线粗(H): 下拉列表中选择切线线粗。

◆ 改变切边显示状态的其他方法是右击工程视图，在弹出的快捷菜单中选择 切边 ▶ 命令，并选择所需的切边类型。

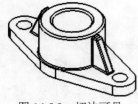
图 14.5.9 切边可见

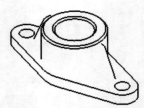
图 14.5.10 切边不可见

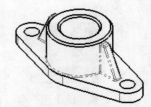
图 14.5.11 带线型显示切边

2. 隐藏/显示边线

在工程视图中，用户可手动隐藏或显示模型的边线。下面介绍隐藏/显示模型边线的一般操作步骤。

Step1. 打开工程图文件 D:\swxc18\work\ch14.05.04\view-of-edges02.SLDDRW。

图 14.5.12 "文档属性(D)-线型"对话框

Step2. 隐藏边线。右击视图，在弹出的快捷菜单中选择 命令，系统弹出图 14.5.13 所示的"隐藏/显示边线"对话框，在图形区选取图 14.5.14a 所示的两条边线，然后在"隐藏/显示边线"对话框中单击 按钮，完成边线的隐藏，结果如图 14.5.14b 所示。

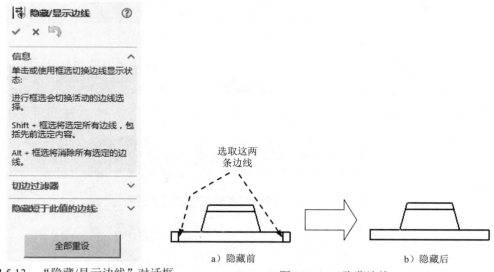

图 14.5.13 "隐藏/显示边线"对话框

图 14.5.14 隐藏边线

Step3. 显示边线。右击视图，在弹出的快捷菜单中选择 命令，系统弹出"隐藏/显示边线"对话框，在图形区选取在 Step2 中隐藏的两条边线，然后在"隐藏/显示边线"对话框中单击 按钮，完成隐藏边线的显示，结果如图 14.5.15b 所示。

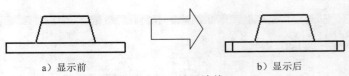

a）显示前　　　　　　　　　　　　b）显示后

图 14.5.15　显示边线

3. 显示隐藏的边线

"显示隐藏的边线"功能是另外一种显示隐藏边线的方法，此方法可以针对指定的特征显示被隐藏的特征边线。下面介绍"显示隐藏的边线"的一般操作步骤。

Step1. 打开工程图文件 D:\swxc18\work\ch14.05.04\view-of-edges03.SLDDRW。

Step2. 显示隐藏的边线。

（1）在图形区中右击工程视图，在弹出的快捷菜单中选择 ▤ 属性… ⒫ 命令，系统弹出"工程视图属性"对话框（一），在对话框中单击 显示隐藏的边线 选项卡，如图 14.5.16 所示。

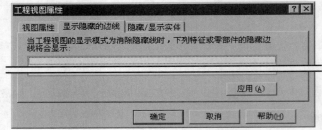

图 14.5.16　"工程视图属性"对话框（一）

（2）在"工程图视图 1"对话框上方单击 ▦ 按钮（即显示设计树），在设计树中依次展开 图纸1 、 工程图视图1 和 add-slider01〈1〉，选择特征 凸台-拉伸1 、 凸台-拉伸2 和 切除-拉伸4 ，此时图 14.5.17 所示的"工程视图属性"对话框（二）中显示所选特征。

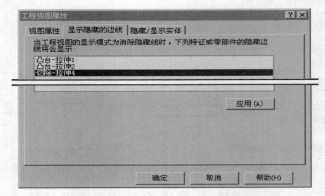

图 14.5.17　"工程视图属性"对话框（二）

（3）在"工程视图属性"对话框中单击 应用(A) 按钮，查看显示结果，确认无误后，单

击 确定 按钮，完成"显示隐藏的边线"的操作，结果如图 14.5.18b 所示。

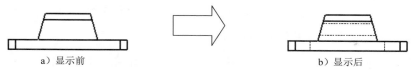

a）显示前   b）显示后

图 14.5.18 显示隐藏的边线

14.5.5 修改视图剖面线

当创建剖视图时，零件被剖到的部分以剖面线显示，读者可以通过调整剖面线的间距和角度等使剖面线符合工程图要求；而在装配体工程图中，为了看清各零件之间的配合关系，剖面线的调整就显得更为重要，因为不同零件的剖面线要有所区别，否则容易产生错觉与混淆。在 SolidWorks 软件中，剖面线默认的样式由零件的材质决定，读者也可根据自己的需要来修改剖面线，或对封闭区域进行剖面线填充。下面讲解修改剖面线和剖面线填充的一般操作步骤。

1. 修改剖面线

下面介绍利用"区域剖面线/填充"对话框修改剖面线的一般操作步骤。

Step1. 打开工程图文件 D:\swxc18\work\ch14.05.05\edit-view-hatch.SLDDRW。

Step2. 选择剖面线。在左视图中单击图 14.5.19a 所示的剖面线，系统弹出图 14.5.20 所示的"区域剖面线/填充"对话框。

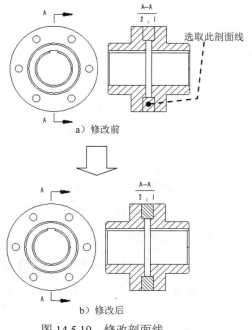

图 14.5.19 修改剖面线

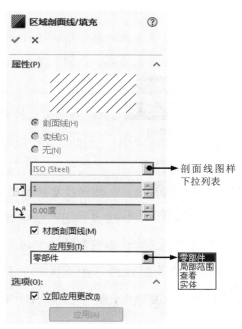

图 14.5.20 "区域剖面线/填充"对话框

图 14.5.20 所示的"区域剖面线/填充"对话框中各选项说明如下。

- ◉ 剖面线(H) 单选项：将剖面线应用到指定区域中，在图 14.5.20 所示的剖面线图
  样下拉列表中可设置剖面线的图样类型。

- ◉ 实线(S) 单选项：将指定的区域用黑色填充色填充，如图 14.5.21 所示。

- ◉ 无(N) 单选项：取消显示某区域的剖面线或填充色，以空白显示，如图 14.5.22
  所示。

- ↗ 文本框：在该文本框中可设置剖面线图样比例，即剖面线间距比例。

- ↘ᴬ 文本框：在该文本框中可设置剖面线图样角度。

- ☑ 材质剖面线(M) 复选框：该复选框只适用于剖面视图和旋转剖视图；选中该复选
  框后，视图中的剖面线将使用零部件材质指定的剖面线，当在零部件环境中为
  零部件指定材质时，可预览此剖面线。

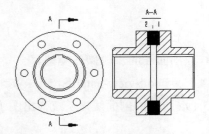

图 14.5.21　剖面线属性为"实线"

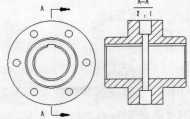

图 14.5.22　剖面线属性为"无"

- 应用到(T): 下拉列表：用来设置剖面线或填充色应用的范围，此下拉列表适用于
  剖面视图和旋转剖视图，各选项说明如下。

  - ☑ 零部件 选项：将所设置的剖面线或填充色应用到当前所选零部件中。

  - ☑ 局部范围 选项：将所设置的剖面线或填充色应用到当前所选区域中。

  - ☑ 查看 选项：将所设置的剖面线或填充色应用到当前所选剖视图中的所有
    实例。

  - ☑ 实体 选项：将所设置的剖面线或填充色应用到当前所选实体中。

- ☑ 立即应用更改(I) 复选框：选中该复选框后，对话框中所作的更改在视图中会立
  即得到更新；如果取消选中该复选框，需单击 应用(A) 按钮来更新视图。

Step3. 修改剖面线。在"区域剖面线/填充"对话框的 属性(P) 区域中取消选中
☐ 材质剖面线(M) 复选框，即不使用零部件材质剖面线；确认选中 ◉ 剖面线(H) 单选项，在 ↗

后的文本框中输入剖面线图样比例值 2，在 后的文本框中输入剖面线图样角度值 90.0，其他参数采用系统默认设置值。

Step4. 在对话框中单击 ✅ 按钮，完成剖面线的修改，结果如图 14.5.19b 所示。

2. 剖面线填充

利用"区域剖面线/填充"命令，可以对模型面、封闭的草图轮廓或由模型边线和草图实体组合成的封闭区域中应用剖面线或实体填充，其一般操作步骤如下。

Step1. 打开工程图文件 D:\swxc18\work\ch14.05.05\add-view-hatch.SLDDRW。

Step2. 选择命令。选择下拉菜单 插入(I) ➡ 注解(A) ➡ 区域剖面线/填充(T) 命令，系统弹出图 14.5.23 所示的"区域剖面线/填充"对话框。

Step3. 选择封闭区域。选取图 14.5.24a 所示的六个区域为填充对象。

Step4. 设置剖面线属性。在"区域剖面线/填充"对话框 属性(P) 区域的 文本框中输入剖面线图样比例值 2，其他参数采用系统默认设置值。

Step5. 在对话框中单击 ✅ 按钮，完成剖面线的填充，结果如图 14.5.24b 所示。

说明：如果要删除剖面线，可在图形区直接选取剖面线，然后按 Delete 键，即可删除。

图 14.5.23 "区域剖面线/填充"对话框

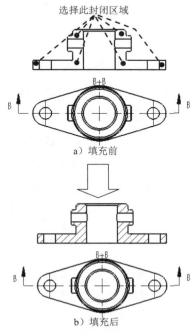

图 14.5.24 剖面线填充

图 14.5.23 所示的"区域剖面线/填充"对话框 加剖面线的区域(A) 区域中各选项的功能说明如下。

- 区域(R) 单选项：选中该单选项后，可直接选取封闭区域来指定剖面线填充对象。

- 边界(B) 单选项：选中该单选项后，需选取封闭区域的边界来指定剖面线填充对象，该边界为草图绘制实体才可以选取；也可以直接选取非草图绘制实体定义的封闭区域来指定剖面线填充对象。

14.6 工程图的标注

工程图的标注是工程图的一个重要组成部分。使用 Solidworks 创建工程图，除了创建所需视图之外，还需对视图进行相关的标注，如加工要求的尺寸精度、几何公差和表面粗糙度等。本章将着重介绍有关工程图的标注知识。

14.6.1 标注中心线与中心符号线

在工程图中，中心线与中心符号线不但可以用来标记视图的对称轴线和圆心位置，还可以参照中心线与中心符号线添加注解或标注尺寸。下面介绍中心线与中心符号线的创建方法。

1. 创建中心线

中心线是以点画线标记工程图中的对称轴。用户可以在视图中手动添加中心线，也可以在创建视图时自动添加中心线。SolidWorks 系统可避免中心线的重复添加。

方法一：手动创建中心线。

Step1. 打开工程图文件 D:\swxc18\work\ch14.06.01\centre-line01.SLDDRW。

Step2. 选择命令。选择下拉菜单 插入(I) ➡ 注解(A) ➡ 中心线(L)… 命令，系统弹出图 14.6.1 所示的"中心线"对话框。

Step3. 选取要添加中心线的两直线。选取图 14.6.2 所示的两条边线。

图 14.6.1 "中心线"对话框

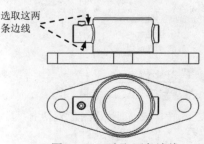

图 14.6.2 选取两条边线

Step4. 单击"完成"按钮 ✅，完成中心线的创建，如图 14.6.3 所示。

方法二：自动创建中心线。

Step1. 新建一个工程图文件。

（1）选择命令。选择下拉菜单 文件(F) ➡ 📄 新建 (N)... 命令，系统弹出"新建 SolidWorks 文件"对话框。

（2）选择新建类型。在"新建 SolidWorks 文件"对话框中选择"工程图"选项，然后单击 确定 按钮，系统进入工程图环境，且在图形区左侧显示"模型视图"对话框。

Step2. 设置自动生成中心线。选择下拉菜单 工具(T) ➡ ⚙ 选项(P)... 命令，系统弹出"系统选项（S）-普通"对话框。在该对话框中单击 文档属性(D) 选项卡，选中 出详图 选项，然后在该选项卡的 视图生成时自动插入 区域中选中 ☑ 中心线(E) 复选框，单击 确定 按钮。

Step3. 插入零件模型。单击"模型视图"对话框中的 浏览(B)... 按钮，系统弹出"打开"对话框；在该对话框中选择零件模型 D:\swxc18\work\ch14.06.01\ support-base02. SLDPRT，单击 打开(O) 按钮。

Step4. 创建视图。在 方向(O) 区域单击"前视"按钮 🔲，在绘图区域单击放置视图，如图 14.6.3 所示。

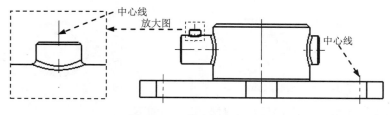

图 14.6.3　自动创建中心线

Step5. 单击"完成"按钮 ✅，完成中心线的创建。

Step6. 保存文件。选择下拉菜单 文件(F) ➡ 💾 保存 (S) 命令。

说明：使用该方法创建的中心线较凌乱，读者可以根据实际要求删除多余的中心线。

2. 创建中心符号线

在工程图中，中心符号线用来标记视图中圆或圆弧的圆心，可以作为尺寸标注的参考体。读者可以在视图中手动添加中心符号线，也可以在创建视图时自动添加中心符号线。下面分别介绍这两种创建中心符号线的方法。

方法一：手动创建中心符号线。

手动创建中心符号线的一般操作步骤如下。

Step1. 打开工程图文件 D:\swxc18\work\ch14.06.01\centre-symbol01.SLDDRW。

Step2. 选择命令。选择下拉菜单 插入(I) ➡ 注解(A) ➡ ⊕ 中心符号线(C)… 命令，系统弹出图 14.6.4 所示的"中心符号线"对话框。

Step3. 选取要添加中心符号线的圆弧（圆）。选取图 14.6.5 所示的圆弧（圆）。

Step4. 单击"完成" ✔ 按钮，完成中心符号线的创建，如图 14.6.6 所示。

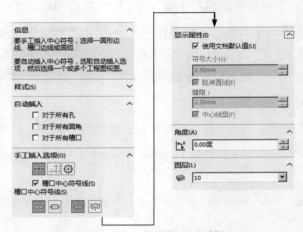

图 14.6.4　"中心符号线"对话框

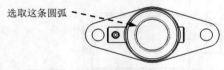

图 14.6.5　选取圆弧

选取这条圆弧

图 14.6.6　中心符号线

图 14.6.4 所示的"中心符号线"对话框说明如下。

- **手工插入选项(O)** 区域：该区域可选择中心符号线的类型。
  - ☑ （单一中心符号线）按钮：选中此按钮后，在图形区选取单一圆或圆弧，即可创建中心符号线，如图 14.6.7 所示。
  - ☑ （线性中心符号线）按钮：选中此按钮后，在图形区选取两个或两个以上的圆弧或圆，即可创建出图 14.6.8 所示的线性中心符号线。
  - ☑ （圆形中心符号线）按钮：选中此按钮后，在图形区选取三个圆弧，即可生成图 14.6.9 所示的圆形中心符号线。
  - ☑ ☑连接线(N) 复选框：该复选框在按下"线性中心符号线"按钮 时才显示可用。选中该复选框后，创建的线性中心符号线之间有连接线，如图 14.6.10a

所示；反之则没有连接线，如图 14.6.10b 所示。

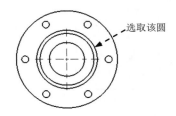

图 14.6.7　单一中心符号线

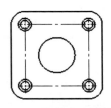

图 14.6.8　线性中心符号线

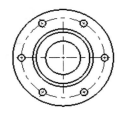

图 14.6.9　圆形中心符号线

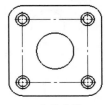

a）选中时

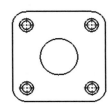

b）不选中时

图 14.6.10　创建线性中心符号线

● ┃**显示属性(I)**┃ 区域：该区域用于设置中心符号线是否延伸和线型。

☑　☑ **使用文档默认值(U)** 复选框：该复选框用于确定是否接受中心符号线在"选项"对话框里的设置。选中该复选框则接受"选项"对话框里的设置，反之则通过自定义来设置中心符号线属性。

☑　**符号大小(S):** 文本框：该文本框中的数值用于设置中心符号线的大小。

☑　☑ **延伸直线(E)** 复选框：该复选框用于指定是否延伸中心符号线。选中该复选框则延伸中心符号线，如图 14.6.11b 所示。

☑　☑ **中心线型(F)** 复选框：该复选框用于切换中心符号线的线型。选中该复选框，中心符号线的线型为点画线，不选则采用系统默认的线型，如实线，如图 14.6.12 所示。

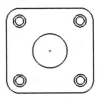

a）不延伸

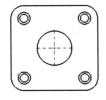

b）延伸

图 14.6.11　延伸中心符号线

☑　┃**角度(A)**┃ 区域：该区域用于设置单一中心符号线的旋转角度。📐 文本框中的数值用于设置中心符号线的旋转角度值,如图 14.6.13 所示。

a)默认线型

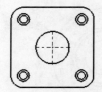
b)中心线线型

图 14.6.12　切换中心符号线

a)旋转 0°

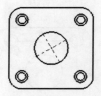
b)旋转 30°

图 14.6.13　单一中心符号线旋转角度

方法二:自动创建中心符号线(孔)。

Step1. 新建一个工程图文件。

(1)选择命令。选择下拉菜单 文件(F) ➡ 新建(N)... 命令,系统弹出"新建 SolidWorks 文件"对话框。

(2)选择新建类型。在"新建 SolidWorks 文件"对话框中选择"gb_a4p"模板,然后单击 确定 按钮,系统进入工程图环境,在图形区左侧显示"模型视图"对话框。

Step2. 设置自动生成中心符号线。

(1)选择下拉菜单 工具(T) ➡ 选项(P)... 命令,系统弹出"系统选项(S)-普通"对话框。在该对话框中单击 文档属性(D) 选项卡,选中 出详图 选项,在该选项卡的 视图生成时自动插入 区域中选中 ☑ 中心符号-孔 - 零件(M) 复选框。

(2)在 文档属性(D) 选项卡中选中 中心线/中心符号线 选项,在 中心符号线 区域的 大小(Z): 文本框中输入中心符号线的大小值为 1.5,并选中 ☑ 延伸直线(E) 和 ☑ 中心线型(R) 复选框,单击 确定 按钮。

Step3. 插入零件模型。单击"模型视图"对话框中的 浏览(B)... 按钮,系统弹出"打开"对话框;在该对话框中选择零件模型 D:\swxc18\work\ch14.06.01\ support-base03.SLDPRT,单击 打开(O) 按钮。

Step4. 创建视图。在 方向(O) 区域单击"上视"按钮 ,在绘图区域单击放置视图,如图 14.6.14 所示。

Step5. 单击"完成"按钮 ✔，完成中心符号线的创建。

说明：在选项对话框中添加设置，只能为圆和圆弧添加单一中心符号线。

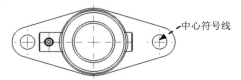

图 14.6.14 自动创建中心符号线

14.6.2 尺寸标注

工程图中的尺寸标注是与模型相关联的,而且模型中的尺寸修改会反映到工程图中。通常用户在生成每个零件特征时就会首先生成尺寸,然后将这些尺寸插入各个工程视图中。在模型中改变尺寸会更新工程图,在工程图中改变尺寸,模型也会发生相应的改变。本节将详细介绍尺寸标注的各种方法和基本操作。

SolidWorks 的工程图模块具有方便的尺寸标注功能,既可以由系统根据已有约束自动地标注尺寸,也可以由用户根据需要手动标注。

1. 自动标注尺寸

使用"自动标注尺寸"命令可以直接生成全部的尺寸标注,如图 14.6.15 所示。下面介绍其操作过程。

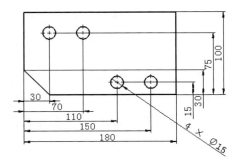

图 14.6.15 自动生成尺寸

Step1. 打开文件 D:\swxc18\work\ch14.06.02\01\autogeneration_dimension.SLDDRW。

Step2. 选择命令。选择下拉菜单 工具(T) ➡ 尺寸(S) ➡ 🖋 智能尺寸(S) 命令,系统弹出图 14.6.16 所示的"尺寸"对话框;单击 自动标注尺寸 选项卡,系统弹出图 14.6.17 所示的"自动标注尺寸"对话框。

Step3. 在 要标注尺寸的实体(E) 区域中选中 ⦿ 所有视图中实体(L) 单选项,在 水平尺寸(H) 和 整直尺寸(V) 区域的 略图(M): 下拉列表中均选择 基准 选项。

Step4. 选取要标注尺寸的视图。

图 14.6.16 "尺寸"对话框

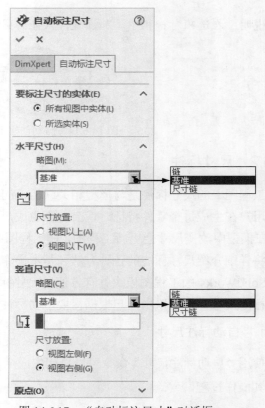

图 14.6.17 "自动标注尺寸"对话框

说明： 本例中只有一个视图，所以系统默认将其选中。在选择要标注尺寸的视图时，必须要在视图以外、视图虚线框以内的区域单击。

Step5. 单击 ✔ 按钮，完成尺寸的标注。

图 14.6.17 所示的"自动标注尺寸"对话框中各命令的说明如下。

- **要标注尺寸的实体(E)** 区域有以下两个单选项。
  - ☑ ⊙ **所有视图中实体(L)** 单选项：标注所选视图中所有实体的尺寸。
  - ☑ ○ **所选实体(S)** 单选项：只标注所选实体的尺寸。
- **水平尺寸(H)** 区域水平尺寸标注方案控制的尺寸类型包括以下几种。
  - ☑ **链** 选项：以链的方式标注尺寸，如图 14.6.18 所示。
  - ☑ **基准** 选项：以基准尺寸的方式标注尺寸，如图 14.6.15 所示。
  - ☑ **尺寸链** 选项：以尺寸链的方式标注尺寸，如图 14.6.19 所示。

- ☑ ⊙ 视图以上(A) 单选项：将尺寸放置在视图上方。

- ☑ ⊙ 视图以下(W) 单选项：将尺寸放置在视图下方。

- ● 竖直尺寸(V) 区域类似于 水平尺寸(H) 区域。

  - ☑ ⊙ 视图左侧(F) 单选项：将尺寸放置在视图左侧。

  - ☑ ⊙ 视图右侧(G) 单选项：将尺寸放置在视图右侧。

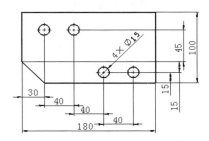

图 14.6.18　以链的方式标注尺寸

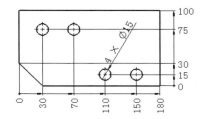

图 14.6.19　以尺寸链的方式标注尺寸

2. 手动标注尺寸

　　当自动生成尺寸不能全面地表达零件的结构，或在工程图中需要增加一些特定的标注时，就需要手动标注尺寸。这类尺寸受零件模型所驱动，所以又常被称为"从动尺寸"。手动标注的尺寸与零件或组件具有单向关联性，即这些尺寸受零件模型所驱动，当零件模型的尺寸改变时，工程图中的尺寸也随之改变；但这些尺寸的值在工程图中不能被修改。选择 工具(T) 下拉菜单中的 标注尺寸(S) ▸ 命令，系统弹出图 14.6.20 所示的"标注尺寸"子菜单，使用该菜单可以标注尺寸。

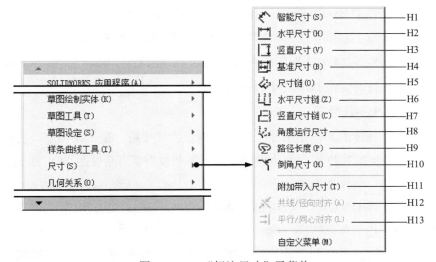

图 14.6.20　"标注尺寸"子菜单

图 14.6.20 所示"标注尺寸"子菜单的说明如下。

H1：根据用户选取的对象以及光标位置，智能地判断尺寸类型。

H2：创建水平尺寸。

H3：创建竖直尺寸。

H4：创建基准尺寸。

H5：创建尺寸链，包括水平尺寸链和竖直尺寸链，且尺寸链的类型（水平或竖直）由用户所选点的方位来定义。

H6：创建水平尺寸链。

H7：创建竖直尺寸链。

H8：创建角度运行尺寸。

H9：创建路径长度尺寸。

H10：创建倒角尺寸。

H11：添加工程图附加带入的尺寸。

H12：使所选尺寸共线或径向对齐。

H13：使所选尺寸平行或同心对齐。

下面详细介绍标注基准尺寸、尺寸链和倒角尺寸的方法。

类型 1．标注基准尺寸

基准尺寸为工程图的参考尺寸，用户无法更改其数值或使用其数值来驱动模型。下面以图 14.6.21 为例，说明标注基准尺寸的一般操作步骤。

Step1. 打开文件 D:\swxc18\work\ch14.06.02\02\dimension.SLDDRW。

Step2. 选择命令。选择下拉菜单 工具(T) ➡ 尺寸(S) ➡ 基准尺寸(B) 命令。

Step3. 依次选取图 14.6.22 所示的直线 1、圆心 1、圆心 2、圆心 3、圆心 4 和直线 2。

Step4. 按 Esc 键，完成基准尺寸的标注。

类型 2：标注水平尺寸链

尺寸链为从工程图或草图中的零坐标开始测量的尺寸组。在工程图中，它们属于参考尺寸，用户不能更改其数值或者使用其数值来驱动模型。下面以图 14.6.23 为例，说明标注水平尺寸链的一般操作步骤。

Step1. 打开文件 D:\swxc18\work\ch14.06.02\02\dimension.SLDDRW。

Step2. 选择下拉菜单 工具(T) ➡ 尺寸(S) ➡ 水平尺寸链(Z) 命令。

Step3. 定义尺寸放置位置。在系统 选择一个边线/顶点后再选择尺寸文字标注的位置 的提示下，选取图 14.6.22 所示的直线 1，再选择合适的位置单击，以放置第一个尺寸。

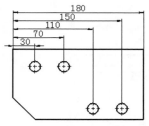

图 14.6.21　标注基准尺寸

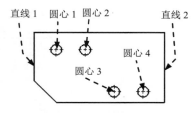

图 14.6.22　选取标注对象

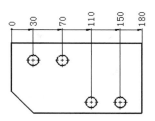

图 14.6.23　标注水平尺寸链

Step4. 依次选取图 14.6.22 所示的圆心 1、圆心 2、圆心 3、圆心 4 和直线 2。

Step5. 单击"尺寸"对话框中的 ✓ 按钮，完成水平尺寸链的标注。

类型 3：标注竖直尺寸链

下面以图 14.6.24 为例，说明标注竖直尺寸链的一般操作过程。

Step1. 打开文件 D: \swxc18\work\ch14.06.02\02\dimension.SLDDRW。

Step2. 选择命令。选择下拉菜单 工具(T) ➡ 尺寸(S) ➡ 竖直尺寸链(C) 命令。

Step3. 定义尺寸放置位置。在系统 选择一个边线/顶点后再选择尺寸文字标注的位置 的提示下，选取图 14.6.25 所示的直线 1，再选择合适的位置单击以放置第一个尺寸。

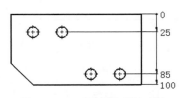

图 14.6.24　标注竖直尺寸链

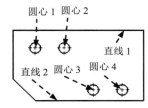

图 14.6.25　选取标注对象

Step4. 依次选取图 14.6.25 所示的圆心 2、圆心 4 和直线 2。

Step5. 单击"尺寸"对话框中的 ✓ 按钮，完成竖直尺寸链的标注。

类型 4：标注倒角尺寸

下面以图 14.6.26 为例，说明标注倒角尺寸的一般操作过程。

Step1. 打开文件 D:\swxc18\work\ch14.06.02\02\bolt.SLDDRW。

Step2. 选择下拉菜单 工具(T) ➡ 尺寸(S) ➡ 倒角尺寸(H) 命令。

Step3. 在系统 选择倒角的边线、参考边线，然后选择文字位置 的提示下，依次选取图 14.6.26 所示的直线 1 和直线 2。

Step4. 放置尺寸。选择合适的位置单击以放置尺寸。

Step5. 定义标注尺寸文字类型。在图 14.6.27 所示的 标注尺寸文字(I) 区域中单击 C1 按钮。

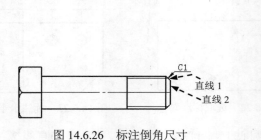

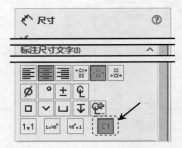

图 14.6.26　标注倒角尺寸　　　　　　图 14.6.27　"标注尺寸文字"区域

Step6. 单击"尺寸"对话框中的 ✔ 按钮，完成倒角尺寸的标注。

图 14.6.27 所示的"尺寸"对话框中的"标注尺寸文字"区域的部分按钮说明如下。

- 1x1：距离 × 距离，如图 14.6.28 所示。
- 1x45°：距离 × 角度，如图 14.6.29 所示。
- 45°x1：角度 × 距离，如图 14.6.30 所示。
- C1：C 距离，如图 14.6.26 所示。

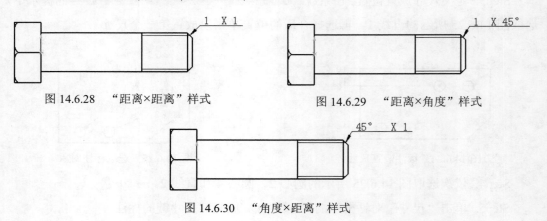

图 14.6.28　"距离×距离"样式　　　　图 14.6.29　"距离×角度"样式

图 14.6.30　"角度×距离"样式

14.6.3　尺寸公差标注

下面以图 14.6.31 为例，说明标注尺寸公差的一般操作过程。

Step1. 打开文件 D:\swxc18\work\ch14.06.03\connecting_base.SLDDRW。

Step2. 选择命令。选择下拉菜单 工具(T) ➡ 尺寸(S) ➡ ✎ 智能尺寸(S) 命令，系统弹出"尺寸"对话框。

Step3. 选取图 14.6.31 所示的直线，选择合适的位置单击以放置尺寸。

Step4. 定义公差。在"尺寸"对话框的 **公差/精度(P)** 区域中设置图 14.6.32 所示的参数。

Step5. 单击"尺寸"对话框中的 ✔ 按钮，完成尺寸公差的标注。

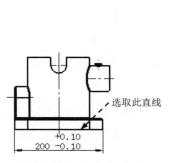

图 14.6.31　标注尺寸公差

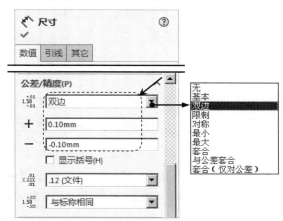

图 14.6.32　"尺寸"对话框

14.6.4　基准标注

下面标注图 14.6.33 所示的基准特征符号，操作过程如下。

Step1. 打开文件 D:\swxc18\work\ch14.06.04\tolerance.SLDDRW。

Step2. 选择命令。选择下拉菜单 **插入(I)** ➡ **注解(A)** ➡ **A 基准特征符号(U)...** 命令，系统弹出"基准特征"对话框。

Step3. 设置参数。在"基准特征"对话框 **标号设定(S)** 区域的 **A** 文本框中输入"A"，在 **引线(E)** 区域中取消选中 □ **使用文件样式(U)** 复选框，单击 □ 按钮以显示其他按钮，再单击 **A** 和 **▲** 按钮。

Step4. 放置基准特征符号。选取图 14.6.33 所示的边线，在合适的位置单击。

Step5. 单击"基准特征"对话框中的"完成"按钮 ✔，完成基准面的标注，结果如图 14.6.33 所示。

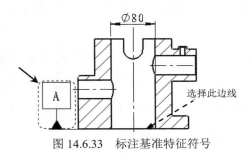

图 14.6.33　标注基准特征符号

Step6. 选择下拉菜单 文件(F) ➡ 保存(S) 命令，保存文件。

14.6.5 几何公差标注

几何公差包括形状公差和位置公差，是针对构成零件几何特征的点、线、面的形状和位置误差所规定的公差。下面介绍标注几何公差（软件中为形位公差）的操作过程。

Stage1. 标注平行度

Step1. 打开工程图文件 D:\swxc18\ch14.06.05\hardware.SLDDRW。

Step2. 选择下拉菜单 插入(I) ➡ 注解(A) ➡ 形位公差(T)... 命令，系统弹出"形位公差"对话框和"属性"对话框。

Step3. 定义形位公差。在"属性"对话框中单击 符号 区域的 按钮，在其下拉列表中选取"平行"选项 //，在 公差1 文本框中输入公差值为 0.001，在 主要 文本框中输入基准"A"。

Step4. 定义引线样式和引线箭头。在"形位公差"对话框的 引线(L) 区域中依次单击 、 和 按钮，并在其下的下拉列表中选择第二种箭头（实心箭头）。

Step5. 放置形位公差符号。选取图 14.6.34 所示的边线，再选择合适的位置单击以放置形位公差，结果如图 14.6.35 所示。

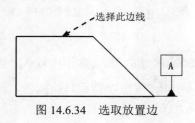

图 14.6.34　选取放置边

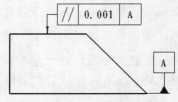

图 14.6.35　"平行度"形位公差

Stage2. 标注垂直度

Step1. 定义形位公差。在"属性"对话框中单击 符号 区域的 按钮，在其下拉列表中选取"垂直"选项 ⊥，在 公差1 文本框中输入公差值为 0.001，在 主要 文本框中输入基准"A"。

Step2. 定义引线样式和引线箭头。在"形位公差"对话框的 引线(L) 区域中依次单击 、 和 按钮，并在其下的下拉列表中选择第二种箭头（实心箭头）。

Step3. 放置形位公差符号。选取图 14.6.36 所示的边线，在合适的位置单击以放置形位公差，结果如图 14.6.37 所示。

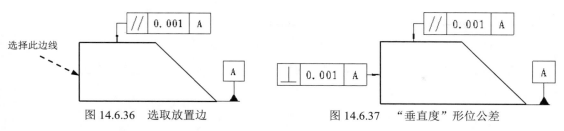

图 14.6.36　选取放置边　　　　　图 14.6.37　"垂直度"形位公差

Stage3. 标注倾斜度

Step1. 定义形位公差。在"属性"对话框中单击 符号 区域的 按钮，在其下拉列表中选择"尖角性"选项 ，在 公差1 文本框中输入公差值为 0.001，在 主要 文本框中输入基准"A"。

Step2. 定义引线样式和引线箭头。在"形位公差"对话框的 引线(L) 区域中依次单击 、 和 按钮，并在其下的下拉列表中选择第二种箭头（实心箭头）。

Step3. 放置形位公差符号。选取图 14.6.38 所示的边线，在合适的位置单击以放置形位公差，结果如图 14.6.39 所示。

Step4. 单击"形位公差"对话框中的"完成"按钮 （或单击"属性"对话框中的 确定 按钮），完成标注形位公差。

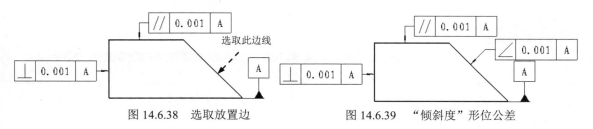

图 14.6.38　选取放置边　　　　　图 14.6.39　"倾斜度"形位公差

14.6.6　注释标注

在工程图中，除了尺寸标注外，还应有相应的文字说明，即技术要求，如工件的热处理要求、表面处理要求等。因此在创建完视图的尺寸标注后，还需要创建相应的注释标注。

选择下拉菜单 插入(I) ➡ 注解(A) ➡ **A** 注释(N) 命令，系统弹出"注释"对话框，利用该对话框可以创建用户所要求的属性注释。

下面创建图 14.6.40 所示的注释文本。操作过程如下。

Step1. 打开文件 D:\swxc18\work\ch14.06.07\text.SLDDRW。

Step2. 选择命令。选择下拉菜单 插入(I) ➡ 注解(A) ➡ **A** 注释(N) 命令，系统弹出图 14.6.41 所示的"注释"对话框。

Step3. 定义引线类型。单击 **引线(L)** 区域中的 按钮。

Step4. 创建文本。在图形区单击一点以放置注释文本，在系统弹出的注释文本框中输入图 14.6.42 所示的注释文本。

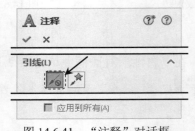

图 14.6.40　创建注释文本　　　图 14.6.41　"注释"对话框　　　图 14.6.42　注释文本

Step5. 设定文本格式。

（1）在图 14.6.42 所示的注释文本中选取图 14.6.43 所示的文本 1，设定为图 14.6.44 所示的文本格式 1。

（2）在图 14.6.42 所示的注释文本中选取图 14.6.45 所示的文本 2，设定为图 14.6.46 所示的文本格式 2。

图 14.6.43　选取文本 1　　　　　　　　　图 14.6.44　文本格式 1

图 14.6.45　选取文本 2　　　　　　　　　图 14.6.46　文本格式 2

Step6. 单击 按钮，完成注释文本的创建。

说明：单击"注释"对话框 **引线(L)** 区域中的 按钮，出现注释文本的引导线，拖动引导线的箭头至图 14.6.47 所示的直线，再调整注释文本的位置，单击 按钮即可创建带有引导线的注释文本，结果如图 14.6.47 所示。

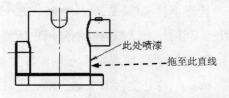

图 14.6.47　添加带有引导线的注释文本

第 **15** 章 工程图设计综合实例

实例概述：

本实例以一个机械基础——基座为载体讲述 SolidWorks 2018 工程图创建的一般过程。希望通过此例的学习，读者能对 SolidWorks 工程图的制作有比较清楚的认识。完成后的工程图如图 15.1.1 所示。

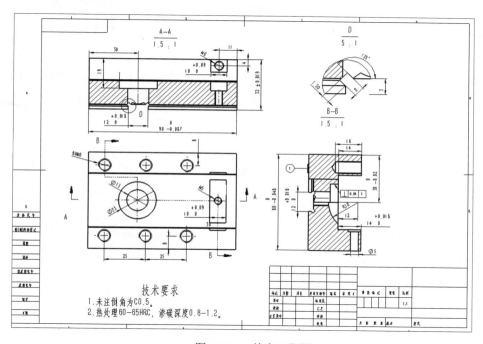

图 15.1.1　基座工程图

说明：本实例的详细操作过程请参见随书光盘中 video\ch15.01\文件夹下的语音视频讲解文件。模型文件在 D:\swxc18\work\ch15.01 \目录下。

学习拓展：扫码学习更多视频讲解。

讲解内容：工程图设计实例精选。讲解了一些典型的工程图设计案例，重点讲解了工程图设计中视图创建和尺寸标注的操作技巧。

第 16 章　模　具　设　计

16.1　模具设计概述

注射模具设计一般包括两部分：模具元件设计和模架设计。模具元件是注射模具的关键部分，其作用是构建零件的结构和形状。模具元件包括型芯（凸模）、型腔（凹模）、浇注系统（注道、流道、流道滞料部、浇口等）、型芯、滑块及销等。模架一般包括固定侧模板、移动侧模板、顶出销、回位销、冷却水线、加热管、止动销、定位螺栓和导柱等。

SolidWorks 软件可用于塑料模具设计及其他类型的模具设计，设计过程中可以创建型腔、型芯、滑块和斜销等，而且非常容易使用，同时可以提供快速的、全面的、三维实体的注射模具设计解决方案。

16.2　模具设计的一般过程

使用 SolidWorks 软件进行模具设计的一般过程为：

（1）创建模具模型。

（2）对模具模型进行拔模分析。

（3）对模具模型进行底切检查。

（4）缩放模型比例。

（5）创建分型线。

（6）创建分型面。

（7）对模具模型进行切削分割。

（8）创建模具零件。

因为载入模架（包括对推出系统、浇注系统、水线等进行布局）不是 SolidWorks 软件的自带功能，所以本章节不进行介绍。一般来说，使用 SolidWorks 模具设计包含以上几个步骤，其具体的过程可根据模型的复杂程度进行设计。

下面以创建图 16.2.1 所示的儿童赛车遥控上盖的模具为例，来说明使用 SolidWorks 软件设计模具的一般过程。

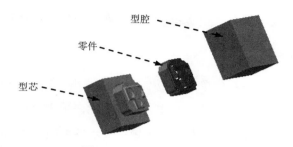

图 16.2.1 　 儿童赛车遥控上盖实例

Task1. 导入模具模型

打开文件 D:\swxc18\work\ch16.02\remote_control_cover.SLDPRT，模具模型如图 16.2.2 所示。

图 16.2.2 　 模具模型

说明：

将模型导入到 SolidWorks 时（直接将模型用 SolidWorks 打开），如果使用的模型不是由 SolidWorks 创建的，可以使用输入/输出工具将模型从另一三维软件导入到 SolidWorks 中。但输入这类模型文件时，该模型中可能会有"破面"等缺陷，SolidWorks 软件针对这些问题提供了输入诊断工具，此工具可修复不良曲面，将修复的曲面缝合成闭合曲面，然后使闭合曲面生成实体。

Task2. 拔模分析

Step1. 在"模具工具"工具栏中单击 按钮，系统弹出"拔模分析"对话框。

Step2. 定义拔模参数。选取前视基准面为拔模方向；在拔模角度 文本框中输入数值 1.0；选中 面分类 复选框，在 颜色设定 区域中显示出各类拔模面的个数，同时，模型中对应显示不同的拔模面。

Step3. 单击"拔模分析"对话框中的 按钮，单击"模具工具"工具栏中的 按钮，完成拔模分析。

说明：本例中的模型没有需要拔模面和跨立面，即此模型可以顺利脱模。

Task3. 底切分析

Step1. 在"模具工具"工具栏中单击 按钮，系统弹出"底切分析"对话框。

Step2. 选取拔模方向。选取前视基准面作为拔模方向，单击"反向"按钮。

Step3. 显示计算结果。系统自动在 底切面 区域中显示各类底切面的个数。

Step4. 单击"底切分析"对话框中的 按钮，单击"模具工具"工具栏中的 按钮，完成底切分析。

说明：本例中不存在跨立底切面，所以不需要添加边侧型芯。如果模型中存在多个实体，在进行底切分析时要指定单一实体进行分析。

Task4. 设置缩放比例

Step1. 在"模具工具"工具栏中单击 按钮，系统弹出"缩放比例"对话框，如图 16.2.3 所示。

Step2. 定义比例参数。在 比例参数(P) 区域的 比例缩放点(S): 下拉列表中选择 重心 选项；选中 ☑ 统一比例缩放(U) 复选框，在其文本框中输入数值 1.05，如图 16.2.3 所示。

Step3. 单击"缩放比例"对话框中的 按钮。完成比例缩放的设置。

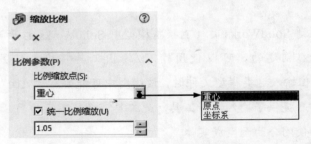

图 16.2.3 "缩放比例"对话框

Task5. 创建分型线

Step1. 在"模具工具"工具栏中单击 按钮，系统弹出"分型线"对话框。

Step2. 设定模具参数。选取前视基准面作为拔模方向；在拔模角度 文本框中输入数值 1；选中 ☑ 用于型心/型腔分割(U) 复选框；单击 拔模分析(D) 按钮，在 分型线(P) 区域中显示出所有的分型线段，此时的对话框如图 16.2.4 所示，同时在模型中显示系统自动判断的分型线，如图 16.2.5 所示。

Step3. 单击"分型线"对话框中的 按钮，完成分型线的创建。

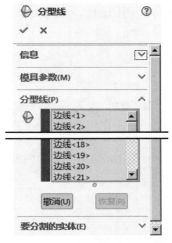

图 16.2.4 "分型线"对话框

图 16.2.5 创建分型线

Task6. 关闭曲面

Step1. 在"模具工具"工具栏中单击 按钮，系统弹出"关闭曲面"对话框。

Step2. 确认闭合面。系统自动选取图 16.2.6 所示的封闭环，默认为接触类型（此时可以在"关闭曲面"对话框 **边线(E)** 区域中删除不需要关闭的环，也可以在模型中选取其他封闭环作为关闭曲面的参照）。

Step3. 接受系统默认的封闭环参照，单击对话框中的 按钮，完成图 16.2.7 所示的关闭曲面的创建。

图 16.2.6 封闭环

图 16.2.7 创建关闭曲面

Task7. 创建分型面

Step1. 在"模具工具"工具栏中单击 按钮，系统弹出"分型面"对话框，如图 16.2.8 所示。

Step2. 定义分型面。在 **模具参数(M)** 区域中选中 **垂直于拔模(P)** 单选项；系统默认选取"分型线 1"；在"反转等距方向"按钮 的文本框中输入数值 40.0，其他选项采用系统默认设置值，如图 16.2.8 所示。

Step3. 单击"分型面"对话框中的 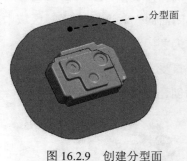 按钮，完成分型面的创建，如图 16.2.9 所示。

Task8. 切削分割

Stage1. 定义切削分割块轮廓

Step1. 选择命令。选择下拉菜单 插入(I) ➡️ 草图绘制 命令，系统弹出"编辑草图"对话框。

Step2. 绘制草图。选取前视基准面为草图基准面，绘制图 16.2.10 所示的横断面草图。

图 16.2.8 "分型面"对话框

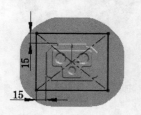

图 16.2.9 创建分型面

图 16.2.10 横断面草图

Step3. 选择下拉菜单 插入(I) ➡️ 退出草图 命令，完成横断面草图的绘制。

Stage2. 定义切削分割块

Step1. 在"模具工具"工具栏中单击 按钮，系统弹出图 16.2.11 所示的"信息"

对话框。

Step2. 选择草图。选择 Stage1 中绘制的横断面草图，系统弹出"切削分割"对话框，如图 16.2.12 所示。

Step3. 定义块的大小。在 **块大小(B)** 区域的方向 1 深度 文本框中输入数值 60.0，在方向 2 深度 文本框中输入数值 40.0，如图 16.2.12 所示。

说明：在"切削分割"对话框中，系统会自动在 **型心(C)** 区域中显示型芯曲面实体，在 **型腔(A)** 区域中显示型腔曲面实体，在 **分型面(P)** 区域中显示分型面曲面实体。

Step4. 单击"切削分割"对话框中的 按钮，完成图 16.2.13 所示的切削分割块的创建。

图 16.2.11 "信息"对话框　　图 16.2.12 "切削分割"对话框　　图 16.2.13 创建切削分割块

Task9. 创建模具零件

Stage1. 隐藏曲面实体

将模型中的型腔曲面实体、型芯曲面实体和分型面实体隐藏，这样可使屏幕简洁，方便后续的模具开启操作。

在设计树中右击 ▶ 曲面实体 (3) 节点下的 ▶ 型腔曲面实体 (1)，从弹出的快捷菜单中选择 命令；按同样步骤，将 ▶ 型心曲面实体 (1) 和 ▶ 分型面实体 (1) 隐藏。

Stage2. 开模步骤 1：移动型腔

Step1. 选择命令。选择下拉菜单 插入(I) ➡ 特征(F) ▶ ➡ 移动/复制(V)... 命令，系统弹出"移动/复制实体"对话框。

Step2. 选取移动对象。选取图 16.2.14 所示的型腔作为要移动的实体。

Step3. 定义移动距离。在 平移 区域的 ΔZ 文本框中输入数值 120.0。

Step4. 单击"移动/复制实体"对话框中的 ✔ 按钮，完成图 16.2.15 所示的型腔的移动。

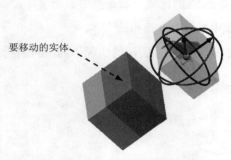

图 16.2.14　要移动的实体　　　　　图 16.2.15　移动型腔

Stage3. 开模步骤 2：移动型芯

Step1. 选择命令。选择下拉菜单 插入(I) ➡ 特征(E) ▶ ➡ 移动/复制(V)... 命令，系统弹出"移动/复制实体"对话框。

Step2. 选取移动对象。选取型芯作为移动的对象。

Step3. 定义移动距离。在 平移 区域的 ΔZ 文本框中输入数值−100.0。

Step4. 单击对话框中的 ✔ 按钮，完成图 16.2.16 所示的型芯的移动。

Stage4. 编辑颜色

Step1. 选择命令。选择下拉菜单 编辑(E) ➡ 外观(A) ➡ 外观(A)...命令，系统弹出"颜色"对话框和"外观、布景和贴图"任务窗口。

Step2. 选择编辑对象。在"颜色"对话框 所选几何体 区域中单击 按钮，然后在设计树中选择 ▶ 切削分割1 为编辑对象。

Step3. 设置常用类型。在 的下拉列表中选择 标准 选项，在 颜色 区域中选择图 16.2.17 所示的颜色。

Step4. 设置光学属性。单击 高级 按钮，打开"高级"选项卡；单击 ▷ 照明度 选项卡，打开照明度区域，在 透明量(T): 下的文本框中输入数值 0.75。

Step5. 单击"颜色"对话框中的 ✔ 按钮，完成颜色编辑，如图 16.2.18 所示。

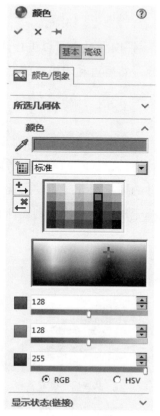

图 16.2.16　移动型芯

图 16.2.17　"颜色"对话框

图 16.2.18　颜色编辑后

Stage5. 保存模具元件

Step1. 保存型腔。在设计树中右击 ▶ 🔟 实体(3) 节点下的 ▢ 实体-移动/复制1 （即型腔实体），从系统弹出的快捷菜单中选择 插入到新零件... (G) 命令，在弹出的"插入到新零件"对话框中单击 ✔ 按钮，然后在系统弹出的"另存为"对话框中命名文件名称为"remote_control_cover_cavity.SLDPRT"，单击 保存(S) 按钮，然后关闭此对话框。

Step2. 保存型芯。在设计树中右击 ▶ 🔟 实体(3) 节点下的 ▢ 实体-移动/复制2 （即型芯实体），从系统弹出的快捷菜单中选择 插入到新零件... (G) 命令，在弹出的"插入到新零件"对话框中单击 ✔ 按钮，然后在系统弹出的"另存为"对话框中命名文件名称为"remote_control_cover_core.SLDPRT"，单击 保存(S) 按钮，然后关闭此对话框。

Step3. 保存设计结果。选择下拉菜单 文件(F) ➡ 🖫 保存(S) 命令，即可保存模具设计结果。

16.3　模具设计分析诊断工具

模具诊断工具包括拔模分析和底切分析，用于分析零件模型是否可以进行模具设计。模具诊断工具会诊断出零件模型不适合模具设计的区域，然后再利用拔模或者其他命令对零件模型进行修改。

16.3.1　拔模分析

使用此工具可以检查模型表面的拔模角度。在进行模具设计时，首先要考虑的问题就是能否使产品从模具中顺利地脱模；在进行塑料零件的模具设计时应使用此工具来检查零件模型表面的拔模情况，如果零件模型表面的拔模无法顺利脱模，则设计者需要考虑修改零件模型，使零件能够从模具中顺利地拔出。

下面以图 16.3.1 所示的模型为例，讲解拔模分析工具的应用。

图 16.3.1　拔模分析

Step1. 打开文件 D:\swxc18\work\ch16.03.01\remote_control.SLDPRT。

Step2. 在"模具工具"工具栏中单击 按钮，系统弹出"拔模分析"对话框，如图 16.3.2 所示。

Step3. 定义分析参数。选取上视基准面作为拔模方向；在拔模角度 文本框中输入数值 3.0；选中 ☑ 面分类 和 ☑ 查找陡面 复选框，在 颜色设定 区域中显示出各类拔模面的个数，如图 16.3.2 所示，同时，模型中对应显示不同的拔模面。

Step4. 单击"拔模分析"对话框中的 按钮，单击"模具工具"工具栏中的 按钮，完成图 16.3.3 所示的拔模分析结果。

图 16.3.2 所示"拔模分析"对话框中各选项说明如下。

● 分析参数 区域主要是定义拔模的方向及相关参数。

　　☑　 （反向）：单击此按钮，可以更改拔模方向。

　　☑　 （拔模角度）：用户可以在其文本框中输入一个角度值作为参考角度，

系统将该参考角度与模型中现有的拔模角度进行比较。

☑ ☑ **面分类**：选中该复选框后，系统可根据拔模角度检查模型上的所有面，并进行分类标记不同的颜色，如图 16.3.3 所示。

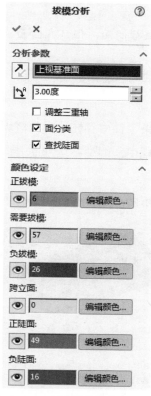

图 16.3.2 "拔模分析"对话框 　　　　　　图 16.3.3 拔模分析结果

☑ ☑ **查找陡面**：选中该复选框后，如果模型包含曲面，将会显示一些拔模角度比参考角度更小的面。

● **颜色设定** 区域用来显示拔模面并可编辑面的颜色。

☑ 显示/隐藏开关 👁：单击此按钮，使拔模面在显示与隐藏之间切换。

☑ **正拔模**：用于显示正拔模面，正拔模面是指面相对于拔模方向的角度大于参考角度。

☑ **需要拔模**：显示需要校正的任何面，这些面同拔模方向成一个角度，此角度大于负参考角度但小于正参考角度，通常情况下，竖直面显示为需要拔模的面。

☑ **负拔模**：用于显示负拔模面，负拔模面是指面相对于拔模方向的角度小于参考角度。

☑ 跨立面：显示既包含正拔模又包含负拔模的面。通常这些面需要进行分割。

☑ 正陡面：显示既包含正拔模又包含需要拔模的面，但只有曲面才能显示这种情况。

☑ 负陡面：显示既包含负拔模又包含需要拔模的面，但只有曲面才能显示这种情况。

16.3.2 底切检查

底切分析工具用于查找模型中被围困的区域，如果零件中存在这样的区域，则该区域必须通过侧型芯才能使零件顺利脱模，在开模的过程中，侧型芯运动的方向与主型芯运动方向垂直。

下面以图 16.3.4 所示的模型为例，来说明底切分析的一般操作过程。

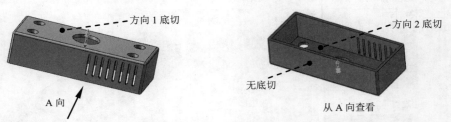

图 16.3.4　底切分析特征

Step1. 打开文件 D:\swxc18\work\ch16.03.02\emit_cover.SLDPRT。

Step2. 在"模具工具"工具栏中单击 按钮，系统弹出"底切分析"对话框，如图 16.3.5 所示。

Step3. 选取拔模方向。选取前视基准面作为拔模方向。

Step4. 显示计算结果。在 底切面 区域中显示各类底切面的个数，结果如图 16.3.5 所示。

说明：在 封闭底切 的红色列表框中显示数值 27，说明此模型中需要添加侧型芯成型，需要添加侧型芯的区域如图 16.3.6 所示。

Step5. 单击"底切分析"对话框中的 按钮，单击"模具工具"工具栏中的 按钮，完成底切分析。

图 16.3.5 所示的"底切分析"对话框（一）各选项说明如下。

● 分析参数 区域：在整个模型中确定拔模中性面。

☑ ☑ **坐标输入**：选中该复选项后，出现图 16.3.7 所示的"底切分析"对话框（二），
用户可以在 **分析参数** 区域的 X、Y 和 Z 的文本框中设定坐标值。

☑ ⬈（反向）：单击此按钮，可以更改拔模方向。

● **底切面** 区域：该区域用于显示检查的结果。

☑ **方向1底切**：该文本框中显示的数值代表零件或分型线之上不可见的面。

☑ **方向2底切t**：该文本框中显示的数值代表零件或分型线以下不可见的面。

☑ **封闭底切**：该文本框中显示的数值代表零件以上或以下不可见的面。

☑ **跨立底切**：该文本框中显示的数值代表双向拔模的面。

☑ 👓（显示/因藏开关）：单击此按钮，使拔模面在显示与隐藏之间切换。

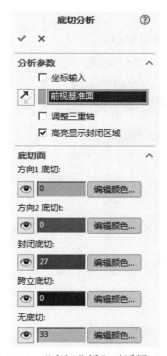

图 16.3.5 "底切分析"对话框（一）

图 16.3.6 需添加侧型芯的区域

图 16.3.7 "底切分析"对话框（二）

16.4 模具分型工具

在 SolidWorks 模具设计中，模具工具具有十分重要的作用，它包括分型线、关闭曲面、分型面、切削分割和型芯等工具。通过这些工具才能把模具顺利开模，从而把产品从模具中脱出。

16.4.1 分型线

分型线位于型芯曲面和型腔曲面之间，处于模具零件的边线上，它可以用来生成分型面并建立模仁的分开曲面。一般在模型缩放比例和应用拔模角度后再生成分型线。

下面以图 16.4.1 所示模型为例，说明创建分型线的一般过程。

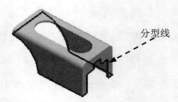

图 16.4.1　分型线模型

Step1. 打开文件 D:\swxc18\work\ch16.04.01\case_shell.SLDPRT。

Step2. 在"模具工具"工具栏中单击 按钮，系统弹出"分型线"对话框。

Step3. 设定模具参数。选取上视基准面作为拔模方向；在拔模角度 文本框中输入数值 1.0；选中 ☑ 用于型心/型腔分割(U) 复选框，单击 拔模分析(D) 按钮，此时系统并没有自动搜索到封闭环作为分型线，而是提示选择形成闭合环的边线。

Step4. 选择引导线。选取图 16.4.2 所示的模型边线作为分型线引导线。

Step5. 创建分型线。通过单击图 16.4.3 所示"分型线"对话框中的 和 按钮，选取封闭的轮廓作为分型线。

Step6. 单击"分型线"对话框中的 按钮，完成分型线的创建，如图 16.4.4 所示。

图 16.4.3 所示的"分型线"对话框中各选项说明如下。

- **信息**：此区域显示当前要操作的步骤。

- **模具参数(M)**：该区域用于定义拔模分析参数。

  ☑ ：单击此按钮，可以更改拔模方向。

  ☑ ：可在该文本框中设定一个角度值，若分析结果是小于此数值的拔模面，表示为无拔模。

  ☑ ☑ 用于型心/型腔分割(U)：选中该复选框后，将生成一分型线用于定义型芯/型腔的分割。

  ☑ ☑ 分割面(S)：选中该复选框后，将自动分割模型中的跨立面。

  ☑ ⊙ 于 +/- 拔模过渡(A)：当选中 ☑ 分割面(S) 复选框，再选中该单选项后，将分割正负拔模之间的跨立面。

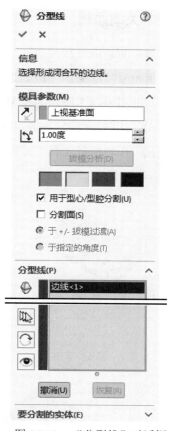

图 16.4.3　"分型线"对话框

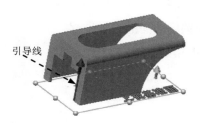

图 16.4.2　选择引导线

图 16.4.4　创建分型线

☑ ⊙ 于指定的角度(T)：当选中 ☑ 分割面(S) 复选框，再选中该单选项后，将按指定的拔模角度分割跨立面。

● 分型线(P)：该区域用于定义分型线。

☑ ⬡（边线）：在该列表框中显示所选择的分型线名称。在分型线选项中，可选择一个名称以标注在图形区域中识别的边线，也可在图形区域中选择一边线从分型线中添加或移除，右击并选择"消除选择"选项来清除分型线中的所有选择的边线。如果分型线不完整，就会在图形区域中有一红色箭头在边线的端点处出现，表示可能有下一条边线，会出现以下选项。

☑ （添加所选边线）：接受系统默认的边线作为分型线的一部分。

☑ （选择下一边线）：更改系统默认的边线，选择下一条与当前边线连续的边线。

☑ （放大所选边线）：放大所选择边线的区域。

16.4.2 关闭曲面

关闭曲面是沿分型线或连续环的边线来生成曲面修补，从而关闭通孔（通孔会连接型芯曲面和型腔曲面，一般称为破孔）。关闭曲面一般要在生成分型线以后创建。

下面以图 16.4.5 所示的模型为例，来说明创建关闭曲面的一般过程。

Step1. 打开文件 D:\swxc18\work\ch16.04.02\lath.SLDPRT。

Step2. 在"模具工具"工具栏中单击 按钮，系统弹出"关闭曲面"对话框，如图 16.4.6 所示。

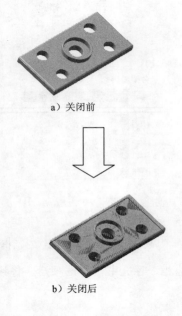

a）关闭前

b）关闭后

图 16.4.5　关闭曲面

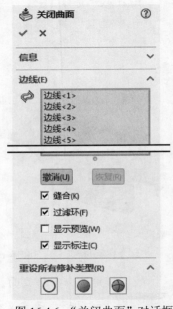

图 16.4.6　"关闭曲面"对话框

Step3. 确认闭合面。系统自动选取封闭环，默认为接触类型。

Step4. 接受系统默认的封闭环参照，单击"关闭曲面"对话框中的 按钮，完成图 16.4.5b 所示的关闭曲面的创建。

图 16.4.6 所示的"关闭曲面"对话框各选项说明如下。

● **信息**：在该区域中显示当前模具模型状态。

● **边线(E)**：该区域选项用于定义关闭区域及关闭曲面类型。

☑　 （边线）：在列表框中显示为关闭曲面所选择的边线或分型线的名称。可以在模型上选取一条边线或分型线来添加或移除要关闭的区域。

☑　 ☑ **缝合(K)**：选中该复选框后，将每个关闭曲面缝合到型腔和型芯曲面，这

样 型腔曲面实体 和 型心曲面实体 分别包含一曲面实体。当取消选中复选框，曲面修补不缝合到型芯曲面及型腔曲面，这样 型腔曲面实体 和 型心曲面实体 包含多个分散的曲面实体。

- ☑ ☑ 过滤环(F)：选中该复选框后，系统自动判断不是有效的环，然后将其过滤掉，但有时系统判断不够准确，此时就不要选中此复选框。
- ☑ ☑ 显示预览(W)：选中该复选框后，可以在图形区域中预览修补曲面。
- ☑ ☑ 显示标注(C)：选中该复选框后，将为每个环在图形区域中显示标注，可通过单击标注更改接触类型。

● **重设所有修补类型(R)**：在该区域中设置修补类型。
  - ☑ ◯（全部不填充）：不生成曲面，在此情况下，需要通过选择一个封闭环，然后选择此选项来识别通孔。
  - ☑ ◯（全部相触）：在所选的边界内生成曲面，是自动选择环曲面填充的默认类型。
  - ☑ ⊕（全部相切）：在所选的边界内生成曲面，可保持修补到相临面的相切，可以单击箭头来更改相切的面。

16.4.3　分型面

分型面是沿分型线向外延伸的曲面，用于将模具型腔和型芯分离，为下一步的切削分割作准备。若要生成切削分割，在设计树的 ▸ 曲面实体 (3) 文件夹中必须包括三种曲面实体：型腔曲面实体、型芯曲面实体和分型面实体。

Step1. 打开文件 D:\swxc18\work\ch16.04.03\case_shell.SLDPRT。

Step2. 在"模具工具"工具栏中单击 按钮，系统弹出"分型面"对话框。

Step3. 创建分型面。在 **模具参数(M)** 区域中选中 ◉ 垂直于拔模(P) 单选项；选取图 16.4.7a 所示的分型线 1；在"反转等距方向"按钮 的文本框中输入数值 25.0；单击"平滑"按钮 ，在距离 文本框中输入数值 1.25，其他选项采用系统默认设置值，"分型面"对话框如图 16.4.8 所示。

Step4. 单击"分型面"对话框中的 按钮，完成图 16.4.6b 所示分型面的创建。

图 16.4.8 所示的"分型面"对话框中各选项说明如下。

● **模具参数(M)**：该区域中的选项用于定义分型面类型。
  - ☑ ◉ 相切于曲面(T)：选中该单选项后，分型面与分型线的曲面相切。

☑ ⊙ 正交于曲面(C)：选中该单选项后，分型面与分型线的曲面正交。

☑ ⊙ 垂直于拔模(P)：选中该单选项后，分型面与拔模方向垂直，此类型为最常用的类型，也是系统默认的设置。

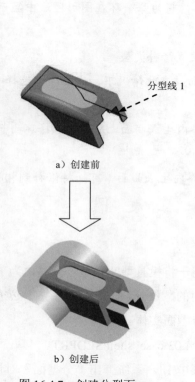

a）创建前

b）创建后

图 16.4.7　创建分型面

图 16.4.8　"分型面"对话框

● **分型线(L)**：该区域用于显示所选的分型线。

　　☑ ⬡（边线）：在列表框中显示选择分型线的名称。在分型线选项中，可以在图形区域中选择边线并从分型线区域中添加或移除；也可以右击并选择 **消除选择 (A)** 命令来清除此区域中所有选择的边线。也可以手工选择边线，在图形区域中选择一条边线，然后使用选择工具来完成环。

● **分型面(F)** 区域：该区域用于设置分型面的相关参数。

　　☑ ⬈（反转等距方向）：单击此按钮，可更改分型面从分型线延伸的方向。

　　☑ ⬈ᴬ（角度）：对于与曲面相切或正交于曲面设定一个值，将会把角度从垂直更改到拔模方向。

☑　▔▔（尖锐）：此选项为系统默认的曲面过渡类型。

☑　▔▔（平滑）：为相邻边线之间设定一距离值。数值越大，在相邻边线之间生成的曲面越平滑。

● **选项(O)** 区域：该区域用于定义分型面与其他面的关系。

☑　☑ **缝合所有曲面(K)**：选中该复选框后，系统会自动缝合曲面。

☑　☑ **显示预览(S)**：选中该复选框后，可以在图形区域中预览生成的曲面。

16.4.4　切削分割

在定义完分型面后，即可使用切削分割工具将模型分割成型芯和型腔。若对模型进行切削分割，曲面实体文件夹中应包括型芯曲面实体、型腔曲面实体以及分型面实体三部分。

下面以图 16.4.9 所示的模型为例，说明创建切削分割的一般过程。

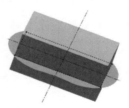

图 16.4.9　切削分割

Stage1. 绘制分割轮廓

Step1. 打开文件 D:\swxc18\work\ch16.04.04\soleplate.SLDPRT。

Step2. 选择命令。选择下拉菜单 插入(I) ➡ 草图绘制 命令，系统弹出"编辑草图"对话框。

Step3. 绘制草图。选取前视基准面为草图基准面，绘制图 16.4.10 所示的横断面草图。

Step4. 选择下拉菜单 插入(I) ➡ 退出草图 命令，完成横断面草图的绘制。

Stage2. 切削分割

Step1. 在"模具工具"工具栏中单击 按钮，系统弹出图 16.4.11 所示的"信息"对话框。

Step2. 选择草图。选取 Stage1 中绘制的横断面草图，此时系统弹出"切削分割"对话框。

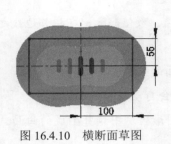

图 16.4.10 横断面草图

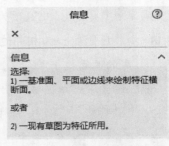

图 16.4.11 "信息"对话框

Step3. 定义块大小。在 块大小(B) 区域的方向 1 深度 文本框中输入数值 60.0，在方向 2 深度 文本框中输入数值 40.0。

Step4. 单击"切削分割"对话框中的 按钮，完成切削分割的创建。

16.4.5 创建侧型芯

当零件模型在开模方向的法向有孔或凸台时，就需要有侧型芯才能顺利开模，型芯工具主要是从切削实体中抽取几何体来生成型芯特征，除此之外，还可以用于创建和剪裁顶杆。

下面以图 16.4.12 所示的模型为例，说明用型芯工具分模的一般过程。

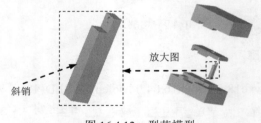

放大图

斜销

图 16.4.12 型芯模型

Stage1. 创建基准面

Step1. 打开文件 D:\swxc18\work\ch16.04.05\box_cover.SLDPRT。

Step2. 选择命令。选择下拉菜单 插入(I) ➜ 参考几何体(G) ➜ 基准面(P)... 命令，系统弹出"基准面"对话框。

Step3. 选择参考实体。选取上视基准面作为参考实体。

Step4. 定义等距距离。在偏移距离 文本框中输入数值 20.0。

Step5. 单击"基准面"对话框中的 按钮，完成图 16.4.13 所示的基准面 2 的创建。

Stage2. 绘制草图

Step1. 选择下拉菜单 插入(I) ➡ □ 草图绘制 命令。

Step2. 绘制草图。选取基准面 2 为草图基准面，绘制图 16.4.14 所示的横断面草图。

Step3. 选择下拉菜单 插入(I) ➡ □ 退出草图 命令，完成横断面草图的绘制。

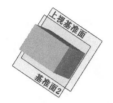

图 16.4.13　基准面 2

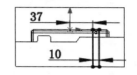

图 16.4.14　横断面草图

Stage3. 创建斜销

Step1. 在"模具工具"工具栏中单击 按钮，系统弹出"信息"对话框。

Step2. 选择草图。选取 Stage2 中绘制的横断面草图，此时系统弹出"型芯"对话框（软件为"型心"），如图 16.4.15 所示。

Step3. 选择从中抽取实体，在设计树中选择 ▶ 📦 实体 (3) 节点下的 🗋 切削分割1[2] 作为从中抽取的实体。

Step4. 定义抽取实体深度。在 参数(P) 区域的沿抽取方向 文本框中输入数值 13.0，其余选项采用系统默认设置值，如图 16.4.15 所示。

Step5. 单击"型芯"对话框中的 ✓ 按钮，完成图 16.4.16 所示的斜销的创建。

Stage4. 开启模具，显示斜销元件

Step1. 移动型腔。选择下拉菜单 插入(I) ➡ 特征(F) ▶ ➡ 🐼 移动/复制(V)... 命令，系统弹出"移动/复制实体"对话框；选取图 16.4.17 所示的型腔作为移动的实体；在 平移 区域的 ΔZ 文本框中输入数值-100.0；单击"移动/复制实体"对话框中的 ✓ 按钮，完成图 16.4.18 所示的型腔的移动。

Step2. 移动型芯。选择下拉菜单 插入(I) ➡ 特征(F) ▶ ➡ 🐼 移动/复制(V)... 命令，系统弹出"移动/复制实体"对话框；选取型芯作为移动的实体；在 平移 区域的 ΔZ 文本框中输入数值 100.0；单击"移动/复制实体"对话框中的 ✓ 按钮，完成图 16.4.19 所示的型芯的移动。

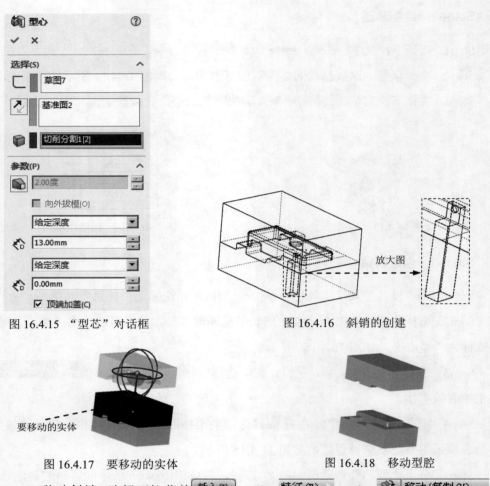

图 16.4.15 "型芯"对话框 　　　　　　　　图 16.4.16 斜销的创建

图 16.4.17 要移动的实体 　　　　　　　　图 16.4.18 移动型腔

Step3. 移动斜销。选择下拉菜单 插入(I) ➡ 特征(F) ▶ ➡ 移动/复制(V)... 命令，系统弹出"移动/复制实体"对话框；选取斜销作为移动的实体；在 平移 区域的 ΔY 文本框中输入数值-20.0，在 ΔZ 文本框中输入数值 25.0；单击"移动/复制实体"对话框中的 ✔ 按钮，完成图 16.4.20 所示的斜销的移动。

图 16.4.19 移动型芯 　　　　　　　　图 16.4.20 移动斜销

第17章 模具设计综合实例

实例概述：

　　本章介绍了一个盖类零件的模具设计。由于盖类零件包含许多圆角面，系统无法在圆角面的径向提取出分型线，所以要对圆角面进行分割处理，以便得到圆角面径向上的曲线，从而顺利提取分型线，最终完成模具设计。下面介绍图 17.1.1 所示的模具设计的一般过程。

1. 导入零件模型

　　打开文件 D:\swxc18\work\ch17.01\fancy_soap_box.SLDPRT，如图 17.1.2 所示。

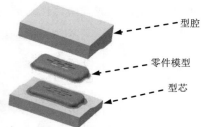

型腔

零件模型

型芯

图 17.1.1　使用分割线的模具设计

图 17.1.2　零件模型

2. 拔模分析

　　Step1. 在"模具工具"工具栏中单击 **拔模分析** 按钮，系统弹出"拔模分析"对话框。

　　Step2. 设定分析参数。

　　（1）选取拔模方向。选取前视基准面作为拔模方向。

　　（2）定义拔模角度。在拔模角度 文本框中输入值 3。

　　（3）选取检查面。在 **分析参数** 区域中选中 ☑ **面分类** 和 ☑ **查找陡面** 复选框，在 **颜色设定** 区域中显示各类拔模面的个数，同时，模型中对应显示不同的拔模面。

　　Step3. 单击"拔模分析"对话框中的 ✔ 按钮，完成拔模分析。结果如图 17.1.3 所示。

3. 底切分析

　　Step1. 在"模具工具"工具栏中单击 **底切分析** 按钮，系统弹出图 17.1.4 所示的"底切分析"对话框。

Step2. 选取拔模方向。选取前视基准面作为拔模方向，单击"反向"按钮。

Step3. 观察底切面颜色。系统自动在 底切面 区域中显示图 17.1.4 所示的检查结果。

说明： 在 跨立底切 的蓝色列表框中显示数值 20，说明此区域的空间需要进行分割，跨立底切区域如图 17.1.5 所示。

Step4. 单击"底切分析"对话框中的 ✔ 按钮，完成底切分析。

4. 定义比例缩放

Step1. 在"模具工具"工具栏中单击 比例缩放 按钮，系统弹出"缩放比例"对话框。

Step2. 设定比例参数。

（1）选择缩放对象。在工作区中选择模型特征。

（2）选择比例缩放点。在 比例参数(P) 区域的 比例缩放点(S): 下拉列表中选择 重心 选项。

（3）设定比例因子。选中 ☑ 统一比例缩放(U) 复选框，在其文本框中输入值 1.005。

Step3. 单击"缩放比例"对话框中的 ✔ 按钮，完成模型比例缩放的设置。

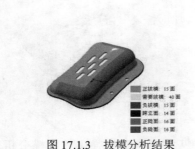

图 17.1.3　拔模分析结果

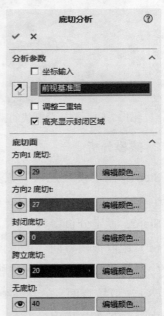

图 17.1.5　跨立底切区域　　　　　　　　图 17.1.4　"底切分析"对话框

5. 创建分割线

Step1. 在"模具工具"工具栏中单击 分割线 按钮，系统弹出"分割线"对话框。

Step2. 选择分割面。在 分割类型 区域选择 ⊙ 轮廓(S) 单选项，然后选取前视基准面为分割基准面。

Step3. 选择要分割的面。单击 选择(E) 区域中 🔲 后的文本框，在模型中选择图 17.1.6 所示的 13 个面作为要分割的面。

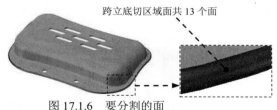

跨立底切区域面共 13 个面

图 17.1.6　要分割的面

Step4. 其余采用系统默认的设置值，单击"分割线"对话框中的 ✅ 按钮，完成分割线的创建。

6. 创建分型线

Step1. 在"模具工具"工具栏中单击 🔴 按钮，系统弹出"分型线"对话框。

Step2. 设定模具参数。

（1）选取拔模方向。选取前视基准面作为拔模方向。

（2）定义拔模角度。在拔模角度 📐 文本框中输入值 1。

（3）定义分型线。选中 ☑ 用于型心/型腔分割(U) 复选框，单击 拔模分析(D) 按钮。

Step3. 选取边线。系统自动选取图 17.1.7 所示的绕模型一圈的边线作为分型线。

Step4. 单击"分型线"对话框中的 ✅ 按钮，完成分型线的创建，结果如图 17.1.8 所示。

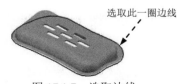

选取此一圈边线

图 17.1.7　选取边线

图 17.1.8　创建分型线

7. 关闭曲面

Step1. 在"模具工具"工具栏中单击 🔴 按钮，系统弹出"关闭曲面"对话框。

Step2. 选取边线。将系统默认的边线删除，然后选择图 17.1.9 所示的边线，在 重设所有修补类型(R) 区域选择 🔘（全部相触）选项。

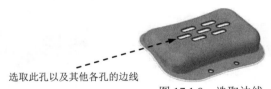

选取此孔以及其他各孔的边线

图 17.1.9　选取边线

Step3. 单击"关闭曲面"对话框中的 ✅ 按钮，完成图 17.1.10 所示的关闭曲面的创建。

8. 创建分型面

Step1. 在"模具工具"工具栏中单击 🗳 按钮，系统弹出"分型面"对话框。

Step2. 设定分型面。

（1）定义分型面类型。在 **模具参数(M)** 区域中选择 ⊙ 正交于曲面(C) 单选项。

（2）选取分型线。在设计树中选取分型线 1。

（3）定义分型面的大小。在 ↗ 后的文本框中输入值 60.0，其他选项采用系统默认设置值。

Step3. 单击"分型面"对话框中的 ✅ 按钮。完成分型面的创建，如图 17.1.11 所示。

图 17.1.10　关闭曲面　　　　　　　　图 17.1.11　分型面

9. 切削分割

Step1. 在"模具工具"工具栏中单击 ☎ 按钮，系统弹出"信息"对话框。

Step2. 绘制草图。选取前视基准面为草图基准面，在草图环境中绘制图 17.1.12 所示的横断面草图。

Step3. 定义块的大小。在 **块大小(B)** 区域的方向 1 深度 ⬆ 文本框中输入值 50.0，在方向 2 深度 ⬇ 文本框中输入值 24.0。

说明：系统会自动在 **型心(C)** 区域中出现生成的型芯曲面实体，在 **型腔(A)** 区域中出现生成的型腔曲面实体，在 **分型面(P)** 区域中出现生成的分型面曲面实体。

Step4. 单击 ✅ 按钮，完成图 17.1.13 所示的切削分割的创建。

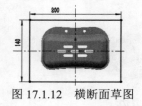

图 17.1.12　横断面草图　　　　　　　图 17.1.13　切削分割

10. 创建模具零件

Task1. 将曲面实体隐藏

在设计树中右击 [图标] 曲面实体(3) 节点，从弹出的快捷菜单中选择 [图标] 命令，将曲面实体隐藏。

Task2. 开模步骤 1：移动型腔

Step1. 选择命令。选择下拉菜单 插入(I) ➡ 特征(F) ▶ ➡ [图标] 移动/复制(V)… 命令，系统弹出"移动/复制实体"对话框。

Step2. 选取移动的实体。选取图 17.1.14 所示的型腔作为移动的实体。

Step3. 定义移动距离。在 **平移** 区域的 **△z** 文本框中输入值 100.0。

Step4. 单击"移动/复制实体"对话框中的 [图标] 按钮，完成图 17.1.15 所示型腔的移动。

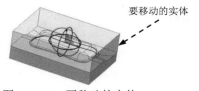

要移动的实体

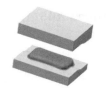

图 17.1.14　要移动的实体　　　　　图 17.1.15　移动后

Task3. 开模步骤 2：移动型芯

Step1. 选择命令。选择下拉菜单 插入(I) ➡ 特征(F) ▶ ➡ [图标] 移动/复制(V)… 命令，系统弹出"移动/复制实体"对话框。

Step2. 选取移动的实体。选取图 17.1.16 所示的型芯作为移动的实体。

Step3. 定义移动距离。在 **平移** 区域的 **△z** 文本框中输入值-80.0。

Step4. 单击"移动/复制实体"对话框中的 [图标] 按钮，完成图 17.1.17 所示型芯的移动。

要移动的实体

图 17.1.16　要移动的实体　　　　　图 17.1.17　移动后

Step5. 保存设计结果。选择下拉菜单 文件(F) ➡ [图标] 保存(S) 命令，即可保存模具设计结果。

读者意见反馈卡

尊敬的读者:

感谢您购买机械工业出版社出版的图书!

我们一直致力于 CAD、CAPP、PDM、CAM 和 CAE 等相关技术的跟踪,希望能将更多优秀作者的宝贵经验与技巧介绍给您。当然,我们的工作离不开您的支持。如果您在看完本书之后,有什么好的意见和建议,或是有一些感兴趣的技术话题,都可以直接与我联系。

策划编辑:丁锋

读者回馈活动:

为了感谢广大读者对兆迪科技图书的信任与支持,兆迪科技面向读者推出"免费送课"活动,即日起,读者凭有效购书证明,可领取价值 100 元的在线课程代金券 1 张,此券可在兆迪科技网校(http://www.zalldy.com/)免费换购在线课程 1 门,也可以在购买在线课程时抵扣现金。活动详情可以登录兆迪网校或者关注兆迪公众号查看。

兆迪网校　　兆迪公众号

书名:《SolidWorks 2018 快速入门及应用技巧》

1. 读者个人资料:

姓名:_____ 性别:___ 年龄:____ 职业:_____ 职务:_____ 学历:_____

专业:_____ 单位名称:_____ 办公电话:_____ 手机:_____

QQ:_____ 微信:_____ E-mail:_____

2. 影响您购买本书的因素(可以选择多项):

☐ 内容 　　　　　　　　　 ☐ 作者 　　　　　　　　　 ☐ 价格

☐ 朋友推荐 　　　　　　　 ☐ 出版社品牌 　　　　　　 ☐ 书评广告

☐ 工作单位(就读学校)指定 ☐ 内容提要、前言或目录 　 ☐ 封面封底

☐ 购买了本书所属丛书中的其他图书 　　　　　　　　　 ☐ 其他_____

3. 您对本书的总体感觉:

☐ 很好 　　　　　　　　　 ☐ 一般 　　　　　　　　　 ☐ 不好

4. 您认为本书的语言文字水平:

☐ 很好 　　　　　　　　　 ☐ 一般 　　　　　　　　　 ☐ 不好

5. 您认为本书的版式编排:

☐ 很好 　　　　　　　　　 ☐ 一般 　　　　　　　　　 ☐ 不好

6. 您认为 SolidWorks 其他哪些方面的内容是您所迫切需要的?

---

7. 其他哪些 CAD/CAM/CAE 方面的图书是您所需要的?

---

8. 您认为我们的图书在叙述方式、内容选择等方面还有哪些需要改进的?
